选择走程序员之路,兴趣是第一位的,当然还要为之付出不懈的努力,而拥有一本好书和一位好老师会让您在这条路上走得更快、更远。或许这并不是一本技术最好的书,但却是最适合初学者的书!

CSDN 总裁

这本书从易到难、内容丰富、案例实用,适合初学者使用,是一本顶好的教材。希望它能够帮助更多的编程爱好者走向成功!

工信部移动互联网人才培养办公室

这是一本实践性非常强的书,它融入了作者十多年开发过程中积累的经验与心得。对于想学好编程技术的广大读者而言,它将会成为你的良师益友!

普科国际 CEO

拙择走程序之路。兴趣是第一位的,当然还要为之付出不懈的努力,而拥有一本好书和一位好老师都会让您在这条路上走得更快、更远。或许这并不是一本技术最好的书,但却是最适合初学者的书!

蒋涛 CSDN 总裁

这本书是入门到提高、内容丰富、案例实用、适合初学者使用,是一本不错的教材。希望它能够帮助更多的编程爱好者走向成功。

工信部移动互联网人才培养办公室

这是一本实用性非常强的书,它凝聚了作者十多年开发过程中积累的经验与心得。对于想学好编程技术的广大读者而言,它将会成为您的良师益友!

普科国际 CEO

软件开发新课堂

Struts2 基础与案例开发详解

胡　波　邱加永　许焕新　编　著

清华大学出版社
北　京

内 容 简 介

本书以理论和实践相结合的模式，介绍如何用 Struts2 来开发基于 B/S 结构的应用程序，使读者更容易掌握 Struts2 的相关知识。

本书共分 17 章，其中第 1~12 章循序渐进地讲解 Struts2 基本知识、Struts2 配置方式、Struts2 拦截器、OGNL 表达式、Struts2 标签、Struts2 校验等相关内容，第 13~16 章讲解前端技术 jQuery、Struts2 测试以及 Struts2、Spring、Hibernate 的整合等内容，第 17 章讲解使用 Struts2 开发一个日志管理系统的方法。

本书内容结构合理，语言简练、容易理解，适合 Struts2 的初学者或有相关编程经验的用户使用，也可供广大软件开发者和编程爱好者参考使用，更是学校及培训机构的首选用书。

本书封面贴有清华大学出版社防伪标签，无标签者不得销售。
版权所有，侵权必究。侵权举报电话：010-62782989　13701121933

图书在版编目(CIP)数据

Struts2 基础与案例开发详解/胡波，邱加永，许焕新编著. --北京：清华大学出版社，2013
（软件开发新课堂）
ISBN 978-7-302-32726-4

Ⅰ. ①S… Ⅱ. ①胡… ②邱… ③许… Ⅲ. ①软件工具—程序设计 Ⅳ. ①TP311.56

中国版本图书馆 CIP 数据核字(2013)第 130817 号

责任编辑：杨作梅
装帧设计：杨玉兰
责任校对：李玉萍
责任印制：李红英

出版发行：清华大学出版社
网　　址：http://www.tup.com.cn，http://www.wqbook.com
地　　址：北京清华大学学研大厦 A 座　　邮　编：100084
社 总 机：010-62770175　　邮　购：010-62786544
投稿与读者服务：010-62776969，c-service@tup.tsinghua.edu.cn
质 量 反 馈：010-62772015，zhiliang@tup.tsinghua.edu.cn
课 件 下 载：http://www.tup.com.cn,010-62791865

印 刷 者：北京世知印务有限公司
装 订 者：北京市密云县京文制本装订厂
经　　销：全国新华书店
开　　本：190mm×260mm　印 张：28　插 页：1　字 数：680 千字
　　　　（附 DVD1 张）
版　　次：2013 年 10 月第 1 版　　印　次：2013 年 10 月第 1 次印刷
印　　数：1~3500
定　　价：58.00 元

产品编号：051145-01

丛书编委会

丛书主编： 徐明华

编　　委： (排名不分先后)

　　　　　　李天志　易　魏　王国胜　张石磊

　　　　　　王海龙　程传鹏　于　坤　李俊民

　　　　　　胡　波　邱加永　许焕新　孙连伟

　　　　　　徐　飞　韩玉民　郑彬彬　夏敏捷

　　　　　　张　莹　耿兴隆

丛 书 序

首先，感谢并祝贺您选择本系列丛书！"软件开发新课堂"系列是为了满足广大读者的需求，在原"软件开发课堂"系列书的基础上进行的升级和重新编辑。秉承了原系列书的精髓，通过大量的精彩实例、完整的学习视频，让您完全融入编程实战演练，从零开始，逐步精通相关知识，成为自学成才的编程高手。

1. 丛书内容

随着软件行业的不断升温，程序员这一职业正在成为 IT 界中的佼佼者，越来越多的程序设计爱好者开始投入相关软件开发的学习中，但是很多朋友在面对大量的代码时又感到无从下手。

实际上，一本好书不仅要教会读者怎样去实现书中的内容，更重要的是要教会读者如何去思考、去探究、去创新。鉴于此，我们精心编写了"软件开发新课堂"系列丛书。

本丛书涉及目前流行的各种相关编程技术，均以最常用的经典实例，来讲解软件最核心的知识点，让读者掌握最实用的内容。首批推出如下 10 本书：

- 《Java 基础与案例开发详解》
- 《JSP 基础与案例开发详解》
- 《Struts2 基础与案例开发详解》
- 《JavaScript 基础与案例开发详解》
- 《ASP.NET 基础与案例开发详解》
- 《C#基础与案例开发详解》
- 《C++基础与案例开发详解》
- 《PHP 基础与案例开发详解》
- 《SQL Server 基础与案例开发详解》
- 《Oracle 数据库基础与案例开发详解》

2. 丛书特色

本丛书具有以下特色。

(1) 内容精练、实用。本着"必要的基础知识+详细的程序编写步骤"原则，摒弃琐碎的东西，指导初学者采取最有效的学习方法和获得最良好的学习途径。

(2) 过程简洁、步骤详细。尽量以可视化操作讲解，讲解步骤做到详细但不繁琐，避免直接使用大量代码占用读者的阅读时间。而对关键代码则进行详细的讲解，做到清晰和透彻。

(3) 讲解风格通俗易懂。作者均是一线工作人员及教学人员，项目经验丰富，传授知识的能力强。所选案例精练、实用，具有实战性和代表性，能够使读者快速上手。

(4) 光盘内容丰富。不仅包含书中的所有代码及实例，还包含书中主要操作步骤的视频录像，有利于多媒体视频教学和自学，最大限度地提高了书中案例的可操作性。

3. 作者队伍

本丛书由知名培训师徐明华老师任主编，作者团队主要有北京达内科技、北京电子商务学院、郑州中原工学院、天津程序员俱乐部、徐州力行文化传媒工作室等机构和学院的专业人员及教师。正是有了他们无私的付出，本丛书才能顺利出版。

4. 读者对象

本丛书定位于初、中级读者。书中每个实例都是从零起步，初学者只需按照书中的操作步骤、图片说明，或根据多媒体视频，便可轻松地制作出实例的效果。不仅适合程序设计初学者以及普通编程爱好者使用，也可作为大、中专院校，高职高专学校，以及各种社会培训机构的教材与参考书。

5. 特别感谢

本丛书从立项到写作得到广大朋友的热心支持，在此特别感谢达内科技的王利锋先生、北大青鸟的张宏先生，还有单兴华、吴慧龙、聂靖宇、刘烨、孙龙、李文清、李红霞、罗加顺、冯少波、王学锋、罗立文、郑经煜等朋友，他们对本丛书的编著提出了很好的建议。祝所有关心和支持本丛书的朋友身体健康，工作顺利。

最后还要特别感谢已故的北京传智播客教学总监张孝祥老师，感谢他在原"软件开发课堂"系列书中无私的帮助与付出。

6. 提供的服务

为了有效地解答读者在阅读过程中遇到的问题，丛书专门在 http://bbs.022tomo.com/网站上开辟了论坛，并在封面中提供了互动群 QQ 号码，以方便读者交流。

丛书编委会

前 言

　　Struts2 用于构建基于 Java 平台的动态 Web 应用程序，是 Apache Struts 与 Webwork 合并后的一种应用广泛的 MVC 模型技术。Struts2 完美地继承了 Webwork 的优点，并在此基础上不断进步与发展，相对于 Struts1，Struts2 更容易学习和掌握。本书不仅讲解了 Struts2 的相关知识以及各方面的使用，而且还讲解了与其相关的 Hibernate、Spring、jQuery 的应用等内容，最后给出了一个完整的系统开发案例。

　　本书共分为 17 章，其中前 16 章属于理论介绍，最后一章属于实例开发。具体内容如下。

　　第 1 章介绍 Struts2 的背景知识、下载和安装，并在最后给出了一个快速入门的实例。

　　第 2 章介绍 Struts2 的工作原理，以让读者了解 Struts2 是如何处理客户端发送过来的请求的，并在最后给出了一个用户登录的小例子。

　　第 3 章与第 4 章详细介绍 Struts2 的配置，比较系统地涵盖 Struts2 相关配置说明与使用实例。

　　第 5 章介绍 Struts2 的核心组件——拦截器，包括其工作原理、配置方式以及相关实例。

　　第 6 章介绍 Struts2 的类型转换功能，以理解 Struts2 如何优雅地解决数据类型转换问题。

　　第 7 章介绍 OGNL 表达式的用法，为介绍后续的 Struts2 标签做准备。

　　第 8 章与第 9 章详细介绍 Struts2 的常用标签，掌握这些标签会让开发者事半功倍，考虑到标签比较多，本章节也可作为日后的参考资料。

　　第 10 章介绍 Struts2 的校验配置与使用，Struts2 的校验支持服务器端、客户端以及最新的 Ajax 校验。

　　第 11 章介绍 Struts2 国际化的相关知识。

　　第 12 章介绍 Struts2 的实用程序，包括解决表单重复提交的 Token，Struts2 上传与下载，中文乱码处理，SiteMesh 布局以及 FreeMarker 模板的整合。

　　第 13 章介绍 Struts2 与 Spring、Hibernate 技术整合的配置方法。

　　第 14 章与第 15 章介绍当前非常热门的 JS 框架——jQuery，掌握这些内容可以更好地帮助开发人员解决前端问题。

　　第 16 章介绍 Struts2 的测试技术，包括 Struts2 单独测试以及与 Spring 整合在一起的集成测试。

　　第 17 章介绍了基于 Struts2、Spring、Hibernate 开发的一个 AOP 日志系统。

　　本书对理论知识的讲解步骤清晰、由浅入深、通俗易懂；实例部分的选材结合实际应用，循序渐进，操作步骤便于用户模仿。在理论知识讲解的过程中也引用了大量的实例、截图并详细讲解了操作步骤。相关代码列举清晰，使用户更容易理解和模仿编程，具有很大的实用价值。本书添加的一些提示和注意等内容，都是作者经验的总结，目的是让读者在最短的时间内，掌握更深的技术。

本书由胡波、邱加永、许焕新编著，同时参加本书编写和校对工作的还有徐明华、于坤、单兴华、郑经煜、周大庆、卞志城、赵晓、聂静宇、尼春雨、张丽、王国胜、张石磊、伏银恋、蒋军军、蒋燕燕、王海龙、曹培培等。由于编者水平有限，书中难免存在疏漏和不足之处，恳请专家和广大读者予以指正。

编　者

目　录

第 1 章　Struts2 起步 1
1.1　Struts2 概述 2
1.2　Struts2 的安装 3
1.3　一个 HelloWorld 示例 4
1.3.1　创建 Web 应用 4
1.3.2　配置 Struts2 5
1.3.3　创建控制类 HelloWorld 5
1.3.4　创建 HelloWorld.jsp 6
1.3.5　配置 HelloWorld 7
1.3.6　发布运行 HelloWorld 8
1.4　本章小结 9
1.5　上机练习 9

第 2 章　体验 Struts2 11
2.1　Struts2 的执行流程与原理 12
2.2　登录程序示例 18
2.3　Action 的驱动模式 21
2.3.1　Property-Driven 22
2.3.2　Model-Driven 24
2.4　request、response、session、application 对象的访问 26
2.5　完善登录程序 27
2.6　本章小结 30
2.7　上机练习 30

第 3 章　Struts2 的配置方式一 31
3.1　web.xml 的配置 32
3.2　struts.xml 的配置 34
3.2.1　bean 的配置 34
3.2.2　package 的配置 36
3.2.3　namespace 的配置 37
3.2.4　constant 的配置 38
3.2.5　interceptor 的配置 38
3.2.6　include 的配置 41
3.2.7　action 的配置 41
3.2.8　result 的配置 45
3.2.9　exception 的配置 47
3.3　Result types 的配置 49
3.3.1　Chain Result 的配置 50
3.3.2　Dispatcher Result 的配置 51
3.3.3　FreeMarker Result 的配置 52
3.3.4　HttpHeader Result 的配置 52
3.3.5　Redirect Result 的配置 52
3.3.6　Stream Result 的配置 53
3.3.7　Velocity Result 的配置 54
3.3.8　XSLT Result 的配置 55
3.3.9　PlainText Result 的配置 56
3.3.10　JSON Result 的配置 57
3.3.11　全局结果 60
3.3.12　动态结果映射 62
3.4　本章小结 63
3.5　上机练习 63

第 4 章　Struts2 的配置方式二 65
4.1　Annotation 的配置 66
4.1.1　Namespace 的配置 68
4.1.2　ParentPackage 的配置 68
4.1.3　Action 的配置 70
4.1.4　Actions 的配置 71
4.1.5　InterceptorRefs 的配置 72
4.1.6　Result 的配置 72
4.1.7　Results 的配置 73
4.1.8　ResultPath 的配置 73
4.1.9　ExceptionMapping 的配置 74
4.1.10　ExceptionMappings 的配置 74
4.2　Validation Annotations 的配置 75
4.2.1　ConversionErrorFieldValidator 的配置 75
4.2.2　DateRangeFieldValidator 的配置 78

	4.2.3	DoubleRangeFieldValidator 的配置 81
	4.2.4	EmailValidator 的配置 82
	4.2.5	ExpressionValidator 的配置 82
	4.2.6	IntRangeFieldValidator 的配置 83
	4.2.7	RegexFieldValidator 的配置 85
	4.2.8	RequiredFieldValidator 的配置 86
	4.2.9	RequiredStringValidator 的配置 87
	4.2.10	StringLengthFieldValidator 的配置 87
	4.2.11	UrlValidator 的配置 88
	4.2.12	Validation 的配置 89
	4.2.13	Validations 的配置 90
	4.2.14	VisitorFieldValidator 的配置 91
	4.2.15	CustomValidator 的配置 93
4.3	struts.properties 的配置 95
4.4	struts-plugin.xml 的配置 95
4.5	各种配置文件的加载顺序 95
4.6	本章小结 95
4.7	上机练习 96

第 5 章　体验 Struts2 拦截器 97

5.1	Struts2 拦截器的体系结构 98
5.2	Struts2 拦截器 99
5.3	自定义拦截器 101
5.4	拦截器的示例 102
5.5	用 Annotation 配置拦截器 109
5.6	本章小结 110
5.7	上机练习 111

第 6 章　Struts2 的类型转换 113

6.1	Struts2 的类型转换器 114
6.2	自定义转换器 115
6.3	批量类型转换实例 119
6.4	类型转换的原理与实现 123
6.5	本章小结 124

| 6.6 | 上机练习 .... 124 |

第 7 章　OGNL 的应用 127

7.1	OGNL 概述 128
7.2	OGNL 的语法基础 128
	7.2.1 OGNL 的表达式 128
	7.2.2 常量 129
	7.2.3 操作符 129
	7.2.4 访问 JavaBean 的属性 129
	7.2.5 索引访问 129
7.3	OGNL 的使用 133
7.4	Struts2 中的 OGNL 137
7.5	本章小结 139
7.6	上机练习 139

第 8 章　Struts2 标签一 141

8.1	Struts2 标签的引入 142
8.2	通用标签 144
	8.2.1 流程控制标签 144
	8.2.2 数据标签 157
8.3	UI 标签 173
	8.3.1 表单标签 173
	8.3.2 非表单标签 193
8.4	本章小结 197
8.5	上机练习 197

第 9 章　Struts2 标签二 199

9.1	Ajax 标签 200
	9.1.1 a 标签 200
	9.1.2 autocompleter 标签 203
	9.1.3 bind 标签 206
	9.1.4 datetimepicker 标签 209
	9.1.5 div 标签 211
	9.1.6 head 标签 214
	9.1.7 submit 标签 216
	9.1.8 tabbedpanel 标签 218
	9.1.9 textarea 标签 222
	9.1.10 tree/treenode 标签 223
9.2	Struts2 主题和模板 226
9.3	本章小结 228

| 9.4 上机练习 | 228 |

第 10 章　Struts2 校验 231
- 10.1 快速上手 232
- 10.2 服务器端的校验配置 238
- 10.3 客户端的校验配置 247
- 10.4 Ajax 的校验配置 251
- 10.5 本章小结 253
- 10.6 上机练习 254

第 11 章　Struts2 的国际化 255
- 11.1 常见国际化实例 256
- 11.2 页面内容国际化 258
- 11.3 错误信息国际化 264
- 11.4 格式化输出日期和数值 266
- 11.5 资源文件的加载方式和流程 268
- 11.6 本章小结 272
- 11.7 上机练习 272

第 12 章　Struts2 的扩展功能 273
- 12.1 Token 应用 274
  - 12.1.1 TokenInterceptor 的使用 274
  - 12.1.2 TokenSessionStoreInterceptor 的使用 279
- 12.2 Struts2 的上传、下载实现 281
  - 12.2.1 Struts2 文件上传 281
  - 12.2.2 Struts2 文件下载 290
- 12.3 Struts2 中文乱码处理总结 297
- 12.4 页面跳转技巧 298
- 12.5 使用 SiteMesh 布局 299
  - 12.5.1 SiteMesh 简介 299
  - 12.5.2 SiteMesh 运行原理 300
  - 12.5.3 SiteMesh 实例 301
- 12.6 在 Struts2 中使用 FreeMarker 305
  - 12.6.1 FreeMarker 简介 305
  - 12.6.2 FreeMarker 快速上手 305
  - 12.6.3 在 Struts2 中使用 FreeMarker 307
- 12.7 本章小结 310
- 12.8 上机练习 310

第 13 章　S2SH 整合 313
- 13.1 S2SH 整合的目的 314
- 13.2 Struts2 与 Spring 整合 315
- 13.3 Struts2 与 Hibernate 整合 319
- 13.4 Struts2 + Spring + Hibernate 整合 324
- 13.5 本章小结 329
- 13.6 上机练习 330

第 14 章　jQuery 的应用一 331
- 14.1 jQuery 的安装 332
- 14.2 强大的选择器 332
  - 14.2.1 基本选择器 332
  - 14.2.2 层级选择器 333
  - 14.2.3 简单选择器 335
  - 14.2.4 内容选择器 337
  - 14.2.5 可见性选择器 339
  - 14.2.6 属性选择器 340
  - 14.2.7 子元素选择器 342
  - 14.2.8 表单选择器 344
  - 14.2.9 表单对象属性选择器 347
- 14.3 jQuery 的文档处理 348
  - 14.3.1 选择元素 349
  - 14.3.2 新增元素 350
  - 14.3.3 修改元素 351
  - 14.3.4 删除元素 352
  - 14.3.5 复制元素 352
  - 14.3.6 包裹元素 353
  - 14.3.7 添加元素 353
  - 14.3.8 属性操作 358
  - 14.3.9 获取和设置 Html、文本和值 362
- 14.4 jQuery 选择器 365
- 14.5 本章小结 368
- 14.6 上机练习 369

第 15 章　jQuery 的应用二 371
- 15.1 jQuery 的事件处理 372
  - 15.1.1 页面加载 372
  - 15.1.2 事件绑定 373

| | 15.1.3 | 移除事件 | 375 |

      15.1.3 移除事件 375
      15.1.4 切换事件 377
      15.1.5 触发事件 378
  15.2 jQuery 效果处理 380
      15.2.1 基本效果 380
      15.2.2 淡入、淡出效果 381
      15.2.3 滑动效果 382
      15.2.4 自定义动画 382
  15.3 jQuery Ajax 支持 390
      15.3.1 load()方法 390
      15.3.2 $.get()方法 392
      15.3.3 $.post()方法 395
      15.3.4 $.getScript()方法 396
      15.3.5 $.getJson()方法 396
      15.3.6 $.ajax()方法 396
      15.3.7 序列化元素 399
      15.3.8 Ajax 全局事件 401
  15.4 jQuery 工具函数 401
  15.5 本章小结 405
  15.6 上机练习 405
第 16 章 Struts2 的测试 407
  16.1 单元测试简介 408
  16.2 Struts2 的单元测试 408
      16.2.1 Struts2 单独进行单元
               测试 409

      16.2.2 Struts2 与 Spring 集成进行
               单元测试 413
  16.3 本章小结 415
  16.4 上机练习 415
第 17 章 AOP 日志管理系统 417
  17.1 系统概述 418
  17.2 系统需求 418
  17.3 系统功能描述 418
  17.4 数据库设计 422
      17.4.1 E-R 图设计 422
      17.4.2 物理建模 422
      17.4.3 设计表格 423
      17.4.4 表格脚本 423
  17.5 编码实现 424
      17.5.1 编写配置文件 424
      17.5.2 编写 Action 类 429
      17.5.3 编写业务类 430
  17.6 运行工程 430
      17.6.1 使用工具 430
      17.6.2 工程部署 431
      17.6.3 运行程序 431
  17.7 本章小结 433
附录 部分属性设置说明 434

第1章

Struts2 起步

学前提示

作为入门章节,本章对 Struts2 进行了简要的讲述,包括 Struts1、Struts2、Webwork2 三者之间的关系以及 Struts2 的安装配置,并在最后通过开发一个 Struts2 入门实例,以使读者快速体验 Struts2 的魅力。

知识要点

- Struts2 概述
- Struts2 的安装
- 创建 Hello World 示例

1.1　Struts2 概述

　　Struts2 目前由 Apache 软件基金会(简称 ASF)发起与维护，前身为 Opensymphony 的 Webwork2。当前 Struts2 软件的最新版本为 Struts 2.2.1，本书所有章节都是以 Struts 2.1.8 版本来讲解的。

　　不熟悉 Struts2 与 Webwork2 的读者，可能会认为 Struts2 是 Struts1 的简单升级。实际上 Struts2 与 Struts1 没有任何关系，Apache 发起 Struts2 时，是直接从 Webwork2 的基础上移植过来的，因此 Struts 2.0.0 发布时，打出的口号是"Webwork transitional"(Webwork 的变迁)，所以 Struts2 其实是 Webwork2 的升级。

　　那么 Struts1、Webwork2 和 Struts2 这三者目前又有什么区别呢？

　　Struts1 作为 Java EE 开发中的第一个开源 Web 框架，发布于 2001 年 7 月，它拉开了 Java EE 框架大战的序幕，此后的 10 年间，各种框架迅速崛起，因此 Struts1 具有划时代的意义。Struts1 作为老牌 MVC 框架，自然有一大批拥护者，而且它的技术与文档都非常齐全，这对于一个项目来说是非常关键的。但随着时光的流逝，Struts1 的弊端也让拥有更多框架选择的开发人员渐渐离开 Struts1 阵营。为了继续 Struts1 的辉煌，Apache 与 Opensymphony 宣布 Struts1 与 Webwork2 合并，希望 Struts1 的人气加上 Webwork2 的优秀让 Struts 系列在这个竞争激烈的舞台中仍可占有一席之地，于是 Struts2 诞生了。

　　对于 Webwork2 来说，自从宣布与 Struts1 合并后，Webwork2 一直于维护状态，不再进行新版本的发布工作，到 2007 年发布 Webwork 2.2.7 版本后就再无任何动作了。其实对于早期的 Struts2 来说 Bug 很多，因此当时还有很多人停留在 Webwork2 上，不愿意升级。它们之间的关系如图 1.1 所示。

图 1.1　Struts、Struts2 和 Webwork2 的关系

　　升级后的 Struts2 相对于 Webwork2 来说，从外观与用法上没有太大差别，主要体现在包的名称、配置文件名称、标签名称等方面有所变化。当然 Struts2 在 Webwork2 的基础上陆续增加了一系列新的特性，包括 CoC(惯例优先)的使用，基于 JDK1.5 以上的 Annotations(标注)来代替 XML 以及提供强大而又丰富的开源插件。

　　Struts2 的下载地址为 http://struts.apache.org/download.cgi。

　　Webwork2 的下载地址为 http://www.opensymphony.com/webwork/download.action。

1.2　Struts2 的安装

打开 http://struts.apache.org/download.cgi 网页，找到 Struts2 的最新版本，这里选用的是 Struts 2.1.8.1，如图 1.2 所示。如果读者朋友不方便从网络获取资源包，可以从本书配套光盘中获取 Struts 2.1.8.1 资源包。

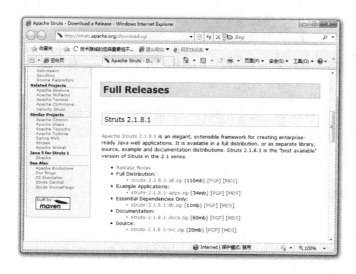

图 1.2　Struts2 的下载页面

从下载页面可以获取相关的资源。这里建议读者选择的安装包是"struts-2.1.8.1.-all.zip"，解压 struts-2.1.8.1.-all.zip 后，包含四个目录，分别是 lib、apps、docs 和 src。解压后的目录结构如图 1.3 所示。

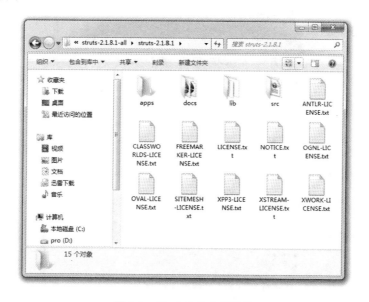

图 1.3　Struts2 的文档结构

目录结构中所包含文件夹的说明如下。
- apps：该文件夹下包含基于 Struts2 的示例应用，这些应用对于初学者是非常有用的，如果需要查看源码，需要将这些 war 文件解压。
- docs：该文件夹下包含 Struts2 的相关文档，包括 Struts2 的快速入门、Struts2 的文档和 API 文档等内容。
- lib：该文件夹下包含 Struts2 的核心类库以及 Struts2 的第三方插件类库等。
- src：该文件夹下包含 Struts2 框架的全部源代码(不包括 Xwork 部分，它需要从 Opensymphony 下载，网址为 http://www.opensymphony.com/xwork/download.action)。

1.3 一个 HelloWorld 示例

下载 Struts2 后，相信大家一定迫不及待地想快速搭建一个 Struts2 实例，感受一下 Struts2 的魅力。这里以最基础的 HelloWorld 实例来开始本书的 Struts2 之旅，接下来的例子中，你需要做以下三件事：

(1) 创建一个 JSP 页面来呈现欢迎信息。
(2) 创建一个 Action 类来创建信息。
(3) 在配置文件中配置 Action 和页面的映射关系。

这三步是 Struts2 最基本，但却也是最常用的三步。虽然本书讨论的是 Struts2，但其他框架的使用也与此类似，只是步骤不同而已。框架只是用一种比较成熟的约定或规则要求开发人员应该做什么，不应该做什么。在实际工作中将会有更深刻的体会。

1.3.1 创建 Web 应用

启动 MyEclipse，执行 File→New Project 命令创建一个 Web 项目并命名为 struts2_01_HelloWorld，将相关 jar 包集成到当前项目中，即复制如图 1.4 所示的 jar 文件至 Web 应用的 lib 文件夹下。

图 1.4 Struts2 项目所需的基本 jar 包

此时，Struts2 已经包含 xwork 这个 jar 包了。jar 的作用在后续的章节会详细讲述。

1.3.2 配置 Struts2

打开 Web 应用的 web.xml 文件，进行如下修改：

```xml
<?xml version="1.0" encoding="UTF-8"?>
<web-app id="struts2_01_HelloWorld" version="2.4"
    xmlns="http://java.sun.com/xml/ns/j2ee"
    xmlns:xsi="http://www.w3.org/2001/XMLSchema-instance"
    xsi:schemaLocation="http://java.sun.com/xml/ns/j2ee
    http://java.sun.com/xml/ns/j2ee/web-app_2_4.xsd">
    <display-name>struts2_01_HelloWorld</display-name>
    <filter>
        <filter-name>struts2</filter-name>
        <filter-class>
            org.apache.struts2.dispatcher.ng.filter.StrutsPrepareAndExecuteFilter
        </filter-class>
    </filter>

    <filter-mapping>
        <filter-name>struts2</filter-name>
        <url-pattern>/*</url-pattern>
    </filter-mapping>

    <welcome-file-list>
        <welcome-file>index.html</welcome-file>
    </welcome-file-list>

</web-app>
```

StrutsPrepareAndExecuteFilter 是 Struts2 的控制器，用于过滤客户端的所有请求。它是 Struts2 框架的入口地址，如果不进行配置，框架就不起作用。Struts2 的原理将在第 2 章进行讲述。

> **提示**
>
> 从 Struts 2.1.3 版本后，不再建议使用 org.apache.struts2.dispatcher.FilterDispatcher，而是用 org.apache.struts2.dispatcher.ng.filter.StrutsPrepareAndExecuteFilter 来代替。

StrutsPrepareAndExecuteFilter 其实是一个组合过滤器(Filter)，包括 StrutsPrepareFilter 和 StrutsExecuteFilter 两部分，在学习与 SiteMesh 集成的内容时会讲解 StrutsPrepareAndExecuteFilter 的相关用法。

1.3.3 创建控制类 HelloWorld

在 Struts 中，如果要创建一个 Action 的话，必须要继承框架所提供的 Action。在 Struts2 中，Action 可以不需要依赖 Struts2 的任何类库，不过父类 ActionSupport 已经定义好了很多

常量和方法，我们可以直接使用。请读者在 src 目录下新建一个 Java 类 HelloWorld，代码清单如下所示。

```java
package lesson1;
import com.opensymphony.xwork2.ActionSupport;
public class HelloWorld extends ActionSupport {
    private static final long serialVersionUID = -10350414605000572216L;
    private String message;

    public String execute() {
        message = "Hello World!";
        return SUCCESS;
    }

    public String getMessage() {
        return message;
    }
}
```

Struts2 的控制类一般称为 Action。其架构采用"命令模式"，实现了 Struts2 的 com.opensymphony.xwork2.Action 接口。该接口只有一个方法叫 execute()，它不依赖 Struts2 的类文件，也不依赖 Servlet 的 API，并提供了几个常用的常量。

我们在使用时，通常会继承一个名为 com.opensymphony.xwork2.ActionSupport 的类，它不仅实现了 Action 接口，还实现了以下四个接口。

- com.opensymphony.xwork2.Validateable
- com.opensymphony.xwork2.ValidationAware
- com.opensymphony.xwork2.TextProvider
- com.opensymphony.xwork2.LocaleProvider

这些接口可以用来帮助 Action 完成校验以及定位资源文件实现国际化。

1.3.4　创建 HelloWorld.jsp

既然是 Web 应用，自然少不了 JSP 页面，在 WebRoot 文件夹下创建一个名为 HelloWorld.jsp 的文件，代码如下：

```jsp
<%@ page contentType="text/html; charset=UTF-8" %>
<%@ taglib prefix="s" uri="/struts-tags" %>
<html>
<head>
    <title><s:property value="message"/></title>
</head>

<body>
    <s:property value="message"/>
</body>
</html>
```

代码中的<%@ taglib prefix="s" uri="/struts-tags" %> 表示引入 Struts2 标签，<s:property value="message"/>表示通过 struts2 标签，获取 Action 中定义的 getMessage()方法返回的信息并输出。

提示

Struts2 标签是以 get 方法后面的部分作为变量名然后在前台通过标签来输出信息，与 Action 中定义的私有字段没有任何关系。

1.3.5 配置 HelloWorld

创建 JSP 文件只是完成了准备材料的工作，这些好比是盖楼房的砖块与钢筋。而实际上要想将整个大楼盖起来，少不了用水泥将它们组合在一起。在 Struts2 中，主要有三种方法来实现这种黏合剂。

- 使用 XML 文件进行配置。
- 使用 Annotation 来配置。
- 使用 CoC 来约定命名。

无论哪一种方法，本质上都是将 Struts2 的流程串进来，至于哪一种方式更适合你的项目，这需要依据具体的项目以及团队情况来评定。目前这里采用第一种方法。

在 src 目录中新建一个名为 struts.xml 的文件，它主要包括 Struts2 的相关配置信息。代码清单如下所示。

```xml
<?xml version="1.0" encoding="UTF-8" ?>
<!DOCTYPE struts PUBLIC
    "-//Apache Software Foundation//DTD Struts Configuration 2.0//EN"
    "http://struts.apache.org/dtds/struts-2.0.dtd">
<struts>
    <package name="helloWorld" namespace="/" extends="struts-default">
        <action name="HelloWorld" class="lesson1.HelloWorld">
            <result>/helloworld.jsp</result>
        </action>
    </package>
</struts>
```

提示

对于一个标准的 XML 文件，肯定需要有 dtd 或 schema 的相关声明，读者不用记忆 struts.xml 文件中 dtd 的声明，在 Struts2 下载的文件包中有个 apps 文件夹，解压一个范例文件，直接将相关内容复制过来即可。

至此所有工作全部完成，这时项目的目录结构如图 1.5 所示。

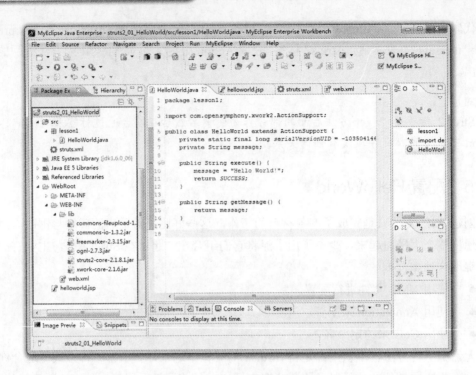

图 1.5　HelloWorld 工程示意

1.3.6　发布运行 HelloWorld

通过 MyEclipse 将项目发布，然后在 IE 地址栏中输入："http://localhost:8080/struts2_01_HelloWorld/HelloWorld.action"，即可看到如图 1.6 所示的页面。

图 1.6　HelloWorld 示例的访问效果

这样就完成了第一个 Struts2 入门实例。从本例可知 Struts2 是一个框架。框架本身由于增加了更多的分层，因此会增加软件的复杂度，比起用纯 Servlet 或 JSP 的成本高。但是分层能够使得各个模块之间变得清晰，适合于多人协作来完成开发。并且使用分层架构，可以使软件开发的分工趋于细致，可以增强软件的可读性和可维护性。

在引入 Struts2 时，只需要低廉的学习成本就可以得到一个高效的开发框架，这无论从开发者还是管理者的角度来说，都是非常重要的。最后补充一点，使用 Struts2 并不意味着开发人员可以很轻松地进行开发，不用再写复杂的代码。Struts2 只是屏蔽了分层，但复杂的业务逻辑还是需要由开发人员亲自编写。

1.4 本章小结

本章首先简略地介绍了 Struts2 的由来，并对 Struts2、Struts1 及 Webwork2 作了简单的对比，然后介绍了 Struts2 的下载与安装，以及如何快速建立自己的 Struts2 应用。如果读者朋友不了解 Struts1，建议先阅读《Struts 基础与案例开发详解》一书。

本章需要记住的内容有：Struts2 框架利用 Action 来处理 HTML 的表单以及其余请求；Action 返回一个结果的名字字符串，例如 SUCCESS、ERROR 以及 INPUT 等；从 struts.xml 中获取映射信息；给定的结果字符串将选择一个页面或其他资源(图片或 PDF)来返回给用户。

当一个 JSP 页面被载入时，通常需要用 Action 来载入一些动态变化的元素，为了更加容易地显示动态数据，Struts2 提供了一些可以跟 HTML 配合使用的标签用于显示信息，这些标签在后面会有专门的章节来讲述。

1.5 上机练习

1. 修改当前的 HelloWorld 程序，使得后台可以接受用户的输入请求。在 HelloWorld.jsp 中增加一个文本输入框<input type="text" name="message" />并且修改 HelloWorld.java，加入 setMessage()方法用于接受提交的请求。重新发布程序，看看运行效果。

2. 继续修改本程序，除输入消息内容外，还需要输入用户的姓名。你会如何做？

3. 继续修改本程序，如果用户名为"admin"，则正常显示输入的消息，如果用户名不为"admin"，则消息显示为"你没有权限使用该功能。"

第 2 章

体验 Struts2

> **学前提示**
>
> 本章重点讨论 Struts2 的执行流程与原理，让读者明白 Struts2 框架是如何架构的；然后介绍 Struts2 Action 的两种驱动模式，以及对传统的 request、response、session、application 对象的访问；最后通过简单的用户注册实例来体验 Struts2 的相关用法。

> **知识要点**
>
> - Struts2 的执行流程与原理
> - Action 的驱动模式
> - request、response、session、application 对象的访问

2.1　Struts2 的执行流程与原理

Struts2 框架本身并未脱离 Java Web 世界中的 Servlet 规范。在第 1 章配置 web.xml 时，曾配置了 StrutsPrepareAndExecuteFilter(以前的版本为 FilterDispatcher)过滤器。过滤器本身并不能被执行，但它能够拦截用户发送的请求，然后经过一系列的复杂转换，最终调用用户自定义的 Action 代码并输出页面。

先来看一张经典的 Struts2 流程图，效果如图 2.1 所示。

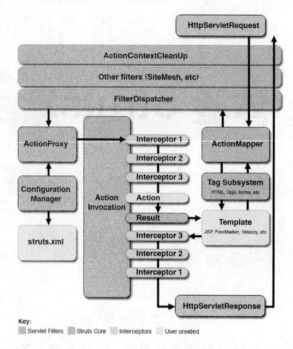

图 2.1　Struts2 流程

通过图 2.1，读者可以发现使用 Struts2 框架，需要用户做的事很少，只需要实现 Struts、XML、Action 和 Template 三个部分即可，回顾上一章的 HelloWorld 实例，用户需要做的三件事正是这三个部分。如果简单一点把 Struts2 看成是一个 jar 包，你可以认为这个三部分是Struts2 为实现某个功能而要求用户实现的接口(Interface)。

现在来详细分析这个流程。

(1) 当有请求发过来时，Struts2 所配置的过滤器会先拦住请求(除 FilterDispatcher 过滤器外，Struts2 还有其他有用的过滤器，比如图 2.1 中的 ActionContextCleanUp 等，具体用法在第 12 章会有介绍)，然后交给 ActionMapper 来判断是否为 Struts2 的 Action 请求。因为就算使用了 Struts2 框架，也不可能保证所有的请求都是 Action，有必要通过 ActionMapper 来判断一下。如果不是 Action，则由服务器处理后直接返回给客户端。如果是 Action 的话，那么 ActionMapper 会将提交的 URL 请求按照 Struts2 的框架规则，进行字符的加工操作后将 Action 名称、所在的命名空间、要调用 Action 的方法名等一并存放在一个名为

ActionMapping 的 POJO 对象中，将来传参数的时候就不用传一大堆变量了。

（2）接下来就是利用 ActionMapping 对象中的那些参数，创建一个 ActionProxy。之所以称之为"代理"，是因为它并不是用户自定义的那些 Action。用户自定义的 Action 千差万别，通过代理来实际处理所有 Action 是一个很好的解决方案。

（3）到了 ActionProxy 这一步时，此时自定义的 Struts 配置文件可以派上用场了。ActionProxy 结合 Struts 配置文件，通过 Java 反射机制就可以定位到真正的 Action 对象了。但 Struts2 并未直接这么做，而是引入了一个 ActionInvocation 对象。要知道 Struts2 的最大特点之一就是具有非常成熟的拦截器机制。如果只是通过动态代理和反射来完成 Action 调用，是无法造就强大的 Struts2 的。ActionInvocation 的目的就是将上述场景整合起来，即拦截器 1→拦截器 2→……→拦截器 N→……当前执行请求……→拦截器 N→……→拦截器 2→拦截器 1。

（4）由于 Struts2 配置文件中配置了 Action 执行完成后的跳转页面，因此从 ActionInvocation 对象中取出目标页面是非常轻松的。Struts2 的目标跳转是由一个叫 Result 的接口实现的。熟悉 JavaWeb 的读者肯定猜到了既然要实现跳转，自然会有类似于 dispatcher.forward(request、response)或 reponse.sendRedirect(url)之类的代码来实现。没错，Result 有许多不同用途的实现类，具体的用法在后续的章节中会一一讲述。

上述就是整个 Struts2 的执行流程，相信读者已经明白了"Struts2 三部曲"背后的秘密了。通过上述流程，我们也能深刻地感受到 Struts2 其实就是帮我们做了很多基础代码的工作，只需要我们做一些实现就可充分享受整个框架所带来的好处。框架本身并非 Java 世界特有的，比如有过 MFC 编程经历的读者一定会有类似体会的。

通过上述的流程介绍，读者一定很希望能够通过查看源代码来感受 Struts2 框架的精妙之处，下面就将一个最最基本的源代码阅读流程介绍给大家，Struts2 与 Xwork 的源代码如何获取已经在第 1 章讲过了，感兴趣的读者朋友可以下载之后按照下面的流程浏览一下。

（1）首先自然是查看配置在 web.xml 中的 StrutsPrepareAndExecuteFilter（org.apache.struts2.dispatcher.ng.filter.StrutsPrepareAndExecuteFilter 71 行左右），下面将其 doFilter 方法的实现摘抄出来。

```
public void doFilter(ServletRequest req, ServletResponse res, FilterChain chain) throws IOException, ServletException {
        HttpServletRequest request = (HttpServletRequest) req;
        HttpServletResponse response = (HttpServletResponse) res;
        try {
            prepare.setEncodingAndLocale(request, response);
            prepare.createActionContext(request, response);
            prepare.assignDispatcherToThread();
            if ( excludedPatterns != null && prepare.isUrlExcluded(request, excludedPatterns)) {
                chain.doFilter(request, response);
            } else {
                request = prepare.wrapRequest(request);
                //这一句就是根据请求的 URL 来取得 ActionMapping 对象
                ActionMapping mapping = prepare.findActionMapping(request, response, true);
```

```
                    if (mapping == null) {
                        boolean handled = execute.executeStaticResourceRequest
(request, response);
                        if (!handled) {
                            chain.doFilter(request, response);
                        }
                    } else {
                        // 一会儿要查看这个方法
                        execute.executeAction(request, response, mapping);
                    }
                }
            } finally {
                prepare.cleanupRequest(request);
            }
        }
```

(2) 根据 execute.executeAction 方法进入 ExecuteOperations(org.apache.struts2. dispatcher.ng. ExecuteOperations 76 行左右)类中，可以看到下述代码。

```
        public void executeAction(HttpServletRequest request, HttpServletResponse
response, ActionMapping mapping) throws ServletException {
            // 原来执行 Action 最终还是 dispatcher 搞的鬼，继续跟进
            dispatcher.serviceAction(request, response, servletContext, mapping);
        }
```

(3) 进入 Dispatcher(org.apache.struts2.dispatcher.Dispatcher 452 行左右)类的.serviceAction 后，涉及的代码比较多，这里只将重要的部分摘出来。

```
        public.void serviceAction(HttpServletRequest request, HttpServletResponse
response, ServletContext context, ActionMapping mapping) throws ServletException {
        ...
        try {
                // 从 ActionMapping 中将收集的信息取出，准备用来创建 ActionProxy
                String namespace = mapping.getNamespace();
                String name = mapping.getName();
                String method = mapping.getMethod();
                Configuration config = configurationManager.getConfiguration();
                // 创建 ActionProxy 对象，将来通过它来执行用户自定义的 Action 方法
                // 还有一点就是 ActionInvocation 对象也是在这个方法中被创建出来的
//ActionInvocation 的初始化方法 init 会通过 ActionMapping 传递过来的参数利用反射将
//用户自定义的 Action 对象创建出来，所以下面就可以正常通过 actionProxy 来执行 Action 了
                ActionProxy    proxy   =   config.getContainer().getInstance
(ActionProxyFactory.class).createActionProxy(
                        namespace, name, method, extraContext, true, false);
                request.setAttribute(ServletActionContext.STRUTS_VALUESTACK_KEY,
proxy.getInvocation().getStack());
                // 如果 ActionMapping 的返回 Result 结果不为空，则直接返回
                if (mapping.getResult() != null) {
                    Result result = mapping.getResult();
                    result.execute(proxy.getInvocation());
                } else {
                    // 通过 ActionProxy 来执行自定义的 Action 代码，继续跟进
```

```
                proxy.execute();
            }
            ...
        } catch (ConfigurationException e) {
            ...
        } finally {
            ...
        }
    ...
    }
```

这里还需要补充一句，Dispatcher 类的初始化代码 init()，会初始化 Struts2 及自定义的 Struts2 配置文件，然后存放在一个叫 ConfigurationManager 的对象中，这样后续的代码才能结合配置文件信息将目标 Action 对象、Action 对象调用的方法及目标返回页面找到。

(4) ActionProxy 有许多实现类，这里只关心与 Struts 相关的，进入 ActionProxy 的实现类 StrutsActionProxy(org.apache.struts2.impl. StrutsActionProxy 52 行左右)中查看其 execute 方法。

```
public String execute() throws Exception {
    ActionContext previous = ActionContext.getContext();
    ActionContext.setContext(invocation.getInvocationContext());
    try {
        // 通过 ActionProxy 来执行自定义的 Action 代码，继续跟进
        return invocation.invoke();
    } finally {
        if (cleanupContext)
            ActionContext.setContext(previous);
    }
}
```

(5) 回到 ActionInvocation 的子类 DefaultActionInvocation(com.opensymphony.xwork2. DefaultActionInvocation 221 行左右)。这里涉及的方法很多，需要慢慢看。

```
public String invoke() throws Exception {
    String profileKey = "invoke: ";
    try {
        ...
        // 在这里我们可以看到当前执行的 Action 所拥有的拦截器存放在一个叫 interceptors 的 List 中
        if (interceptors.hasNext()) {
            final InterceptorMapping interceptor = (InterceptorMapping) interceptors.next();
            String interceptorMsg = "interceptor: " + interceptor.getName();
            UtilTimerStack.push(interceptorMsg);
            try {
                // 拦截器的实现方法 intercept 中，会有回调 DefaultActionInvocation 的操作，即再次执行 invocation.invoke()方法，从而保证将所有拦截器都能够执行一次后，再往下执行 Action
                resultCode = interceptor.getInterceptor().intercept(DefaultActionInvocation.this);
```

```java
            }finally {
                ...
            }
        } else {
            //当所有的拦截器执行完成后，开始执行 Action 代码
            resultCode = invokeActionOnly();
        }
        ...
            // Action 执行完成后，自然需要执行 Result，以跳转到最终页面
            if (proxy.getExecuteResult()) {
                executeResult();
            }
            executed = true;
        }
        return resultCode;
    }
    finally {
        UtilTimerStack.pop(profileKey);
    }
}
```

其实执行 Action 的代码用的还是反射原理。

```java
    public String invokeActionOnly() throws Exception {
        return invokeAction(getAction(), proxy.getConfig());
    }
    // 执行 Action 方法的核心代码
    protected String invokeAction(Object action, ActionConfig actionConfig)
throws Exception {
        String methodName = proxy.getMethod();
        ...
        try {
            boolean methodCalled = false;
            Object methodResult = null;
            Method method = null;
            try {
                // 很熟悉的反射代码，用于找出要执行的 Action 的具体方法
                method = getAction().getClass().getMethod(methodName, new Class[0]);
            } catch (NoSuchMethodException e) {
                ...
            }
            if (!methodCalled) {
                // 找到方法后，立即调用
                methodResult = method.invoke(action, new Object[0]);
            }
            if (methodResult instanceof Result) {
                this.explicitResult = (Result) methodResult;
                // Wire the result automatically
                container.inject(explicitResult);
                return null;
```

```
            } else {
                return (String) methodResult;
            }
        } catch (NoSuchMethodException e) {
            ...
        } finally {
            ...
        }
    }

    // 执行 Action 返回结果的代码
    private void executeResult() throws Exception {
        result = createResult();
        String timerKey = "executeResult: " + getResultCode();
        try {
            ...
            if (result != null) {
                // 这里就是执行 Result 的地方,看来还得继续跟进代码
                result.execute(this);
            } else if (resultCode != null && !Action.NONE.equals(resultCode)) {
                ...
            }
        } finally {
            ...
        }
    }
```

(6) 到执行 result.execute 时,已经是最后一步了。Result 接口虽然只有 execute 这一个方法,但它却有许多实现类。这里我们查看最常用的 StrutsResultSupport 类 (org.apache.struts2.dispatcher.StrutsResultSupport 184 行左右)。

```
    public void execute(ActionInvocation invocation) throws Exception {
        lastFinalLocation = conditionalParse(location, invocation);
        //原来 StrutsResultSupport 还只是一个抽象类,看来还得继续查看它的子类实现才能
发现最终奥秘
        doExecute(lastFinalLocation, invocation);
    }

    protected abstract void doExecute(String finalLocation, ActionInvocation
invocation) throws Exception;
```

(7) StrutsResultSupport 的子类也有许多,我们选择 ServletDispatcherResult 子类 (org.apache.struts2.dispatcher.StrutsResultSupport 115 行左右)来分析。

```
    public void doExecute(String finalLocation, ActionInvocation invocation)
throws Exception {
        ...
        PageContext pageContext = ServletActionContext.getPageContext();
        if (pageContext != null) {
```

```
                pageContext.include(finalLocation);
            } else {
                // 得到 request 和 response 两个对象
                HttpServletRequest request = ServletActionContext.getRequest();
                HttpServletResponse response = ServletActionContext.getResponse();
                //得到 RequestDispatcher 对象
                RequestDispatcher dispatcher = request.getRequestDispatcher(finalLocation);
                ...
                if (!response.isCommitted() && (request.getAttribute
("javax.servlet.include.servlet_path") == null)) {
                    request.setAttribute("struts.view_uri", finalLocation);
                    request.setAttribute("struts.request_uri", request.getRequestURI());
                    // 是否很熟悉, 在学习 servlet 的时候, 一定写过如下代码吧
                    dispatcher.forward(request, response);
                } else {
                    dispatcher.include(request, response);
                }
            }
        }
```

由于篇幅所限，笔者删减了许多代码，读者在查看的时候可能与上述不太一样，请以源码为主。至此有关 Struts2 的流程与原理部分就介绍完了，感兴趣的读者可以更深入地通过源码来研究 Struts2。

2.2 登录程序示例

现在我们来实现一个简单的登录程序，进一步感受 Struts2。关于 Struts2 的基本配置步骤这里不再详述，只介绍最少的三步配置。

1. 创建 Action 类文件

新建一个项目，名为 struts2_02_Login，然后创建一个 Action 名为 Login.java 的类文件，代码如下：

```
package lesson2;
import com.opensymphony.xwork2.ActionSupport;
public class Login extends ActionSupport {
    private static final long serialVersionUID = -1035041460500572216L;
    private String username;
    private String password;
    // 执行登录的方法
    public String execute() {
        // 这里可以放入登录逻辑
        return SUCCESS;
    }
    public String getUsername() {
        return username;
    }
```

```
        public void setUsername(String username) {
            this.username = username;
        }
        public String getPassword() {
            return password;
        }
        public void setPassword(String password) {
            this.password = password;
        }
}
```

这里的 set/get 方法类似于 Struts 中的 FormBean。其实对于 ActionForm，用过 Struts 的朋友都知道，ActionForm 的存在其实是很有争议的，因为大多数情况下它总是与自定义的 JavaBean 文件有些重复。所以在 Struts2 中就直接取消了 ActionForm。客户端发送过来的信息，直接会将 set 方法调用到相应的属性中。比如输入用户名与密码并单击提交后，将会调用 setUsername 和 setPassword 方法。

2. 配置 web.xml 类文件

再来配置 struts.xml 文件，这里将 Action 的映射名称配置为"Login"。

```
<?xml version="1.0" encoding="UTF-8" ?>
<!DOCTYPE struts PUBLIC
        "-//Apache Software Foundation//DTD Struts Configuration 2.0//EN"
        "http://struts.apache.org/dtds/struts-2.0.dtd">
<struts>
    <package name="login" namespace="/" extends="struts-default">
        <action name="Login" class="lesson2.Login">
            <result>/welcome.jsp</result>
        </action>
    </package>
</struts>
```

上面代码中的 extends 与 Java 中的 extends 语义一致。struts-default 是 Struts2 中编译好的内置的一个包。Action 的 name 属性要与页面表单 Form 中的 action 属性值一致。Action 的 class 属性与 Struts 中的 Action 的 type 属性一致。result 属性表示处理完毕后要转向的位置。

3. 编写页面文件

最后新建两个 JSP 页面，第一个为登录页面，第二个为登录后的显示页面。
登录页面主要用来收集用户输入的数据，登录页面 index.jsp 的代码如下。

```
<%@ page language="java" import="java.util.*" pageEncoding="UTF-8"%>
<html>
    <head>
        <title>登录实例</title>
    </head>
    <body>
        请输入用户名和密码：
        <br>
```

```html
            <form action="Login.action" method="post">
                <p>
                    用户名:
                    <input type="text" name="username" />
                </p>
                <p>
                    密 码:
                    <input type="text" name="password" />
                </p>
                <input type="submit" value="登录" />
            </form>
        </body>
</html>
```

提示

用户名的变量名称设置为 username 后将会调用 Action 中的 setUsername 方法，而不是要与 Action 中的 username 属性名一致。

登录成功后，通过显示页面将用户输入的值显示出来。显示页面 welcome.jsp 的代码清单如下所示。

```html
<%@ page language="java" import="java.util.*" pageEncoding="UTF-8"%>
<%@ taglib prefix="s" uri="/struts-tags"%>
<html>
    <head>
        <title>登录实例</title>
    </head>
    <body>
        <p>
            您的用户名为:
            <s:property value="username" />
        </p>
        <p>
            您的密码为:
            <s:property value="password" />
        </p>
    </body>
</html>
```

这里采用了 Struts2 的标签<s:property/>，所以需要在页面上导入标签文件。当然读者朋友也可以使用 EL 表达式的方式来获取相应的值。比如获取用户名可以这样写：

${requestScope. username }

项目发布后，可以通过下列地址访问：

http://localhost:8080/struts2_02_Login/index.jsp

在如图 2.2 所示的"用户名"与"密码"文本框中都输入"admin"，单击"登录"按钮，显示登录成功，如图 2.3 所示。

第 2 章 体验 Struts2

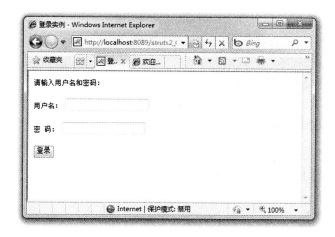

图 2.2 登录示例首页

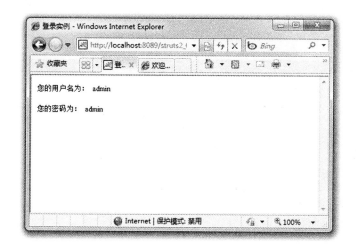

图 2.3 登录成功

读者朋友也可以在 Action 中引入与数据库操作相关的代码，实现动态验证用户登录效果的需求。

2.3 Action 的驱动模式

在讨论 Struts2 Action 的驱动模式时，建议全部使用 Property-Driven(属性驱动)模式，完全不必考虑 Model-Driven(模型驱动)模式。之所以这么肯定，原因在于 Struts1 与 Struts2 在这点上使用的是完全不同的处理方式，如果用户只熟悉 Struts1，而又想用 Struts2 做项目时，遇到表单提交的地方，肯定会满心欢喜地找 ActionForm，遗憾的是 Struts2 并不建议这么做。可能是考虑到 Struts1 的用户，Struts2 还是提供了 Model-Driven 模式，不过，如果用户使用 Struts2 做项目，会发现 Struts2 的 Model-Driven 模式实际很受限制。

我们来比较一下 Property-Driven 和 Model-Driven 的区别。但请注意的是，简单的代码无法体现 Property-Driven 的优势，从我开发项目的经验上看不建议大家使用 Model-Driven。

但凡事都有例外，比如某些编程语言的"goto"的滥用会让代码变得不可读，Java 语言在设计的时候就屏蔽了"goto"关键字，让人连犯错的机会也没有，从根本上就杜绝了此类事情的发生。但若在开发过程中，突然遇到某个特殊问题，发觉如果可以使用"goto"就能节省很多代码时，定会感慨万千。那么接下来就看看两种方法的区别吧。

2.3.1 Property-Driven

现在我们先来感受一下 Property-Driven，这将是 Struts2 用户以后用得最多的 Action 驱动模式，其实 Property-Driven 与 2.2 节的代码没有什么差别，只是增加了一个新的 POJO 类。

新建一个 User.java 类，代码如下。

```java
package lesson2;
public class User {
    private String username;
    private String password;

    public String getUsername() {
        return username;
    }
    public void setUsername(String username) {
        this.username = username;
    }
    public String getPassword() {
        return password;
    }
    public void setPassword(String password) {
        this.password = password;
    }
}
```

这个 POJO 类只有两个属性：username 和 password，还包括一个默认的无参数构造函数。
接下来新建一个名为 LoginProperty.java 的文件，用于实现 Property-Driven 模式。

```java
package lesson2;
import com.opensymphony.xwork2.ActionSupport;
public class LoginProperty extends ActionSupport {
    private static final long serialVersionUID = -1035041460500572216L;
    // 定义 user 对象
    private User user;
    // 执行登录的方法
    public String execute() {
        // 这里可以放入登录逻辑
        return SUCCESS;
    }

    // 返回的结果页面从此 get 方法中取出数据
    public User getUser() {
        return user;
    }
```

```
        // 提交到 Action 时从此 set 方法中取出数据
        public void setUser(User user) {
            this.user = user;
        }
}
```

接下来在 struts.xml 中增加对上述 Action 的配置。

```xml
<?xml version="1.0" encoding="UTF-8" ?>
<!DOCTYPE struts PUBLIC
        "-//Apache Software Foundation//DTD Struts Configuration 2.0//EN"
        "http://struts.apache.org/dtds/struts-2.0.dtd">
<struts>
    <package name="login" namespace="/" extends="struts-default">
        <action name="Login" class="lesson2.Login">
            <result>/welcome.jsp</result>
        </action>

        <action name="LoginProperty" class="lesson2.LoginProperty">
            <result>/welcomeProperty.jsp</result>
        </action>
    </package>
</struts>
```

最后别忘记新增加两个 JSP 页面，第一个页面 indexProperty.jsp 的代码清单如下。

```jsp
<%@ page language="java" import="java.util.*" pageEncoding="UTF-8"%>
<html>
    <head>
        <title>登录实例</title>
    </head>
    <body>
        请输入用户名和密码：
        <br>
        <form action="LoginProperty.action" method="post">
            <p>
                用户名：
                <input type="text" name="user.username" />
            </p>
            <p>
                密  码：
                <input type="text" name="user.password" />
            </p>
            <input type="submit" value="登录" />
        </form>
    </body>
</html>
```

第二个页面 welcomeProperty.jsp 的代码清单如下。

```jsp
<%@ page language="java" import="java.util.*" pageEncoding="UTF-8"%>
<%@ taglib prefix="s" uri="/struts-tags"%>
<html>
```

```
        <head>
            <title>登录实例</title>
        </head>
        <body>
            <p>
                您的用户名为：
                <s:property value="user.username" />
            </p>
            <p>
                您的密码为：
                <s:property value="user.password" />
            </p>
        </body>
</html>
```

项目发布后，可以通过地址 http://localhost:8080/struts2_02_Login/indexProperty.jsp 访问，运行后的效果与刚才的登录程序一样。

2.3.2 Model-Driven

对于 Model-Driven 模式，除了需要加入上述的 User 类外，还必须在 Action 的类中实现 ModelDriven 接口。先看 LoginModel.java 的代码吧。

```
package lesson2;
import com.opensymphony.xwork2.ActionSupport;
import com.opensymphony.xwork2.ModelDriven;
public class LoginModel extends ActionSupport implements ModelDriven<User> {
    private static final long serialVersionUID = -10350414605005722161L;
    // 定义 user 对象时，在 ModelDriven 模式中，如果对象为 null，并不会主动帮你创建好，
还要需要自己创建；而 Property-Driven 却会主动创建
    private User user = new User();
    // 执行登录的方法
    public String execute() {
        // 这里可以放入登录逻辑
        return SUCCESS;
    }

    // 实现 ModelDriven 的 getModel 方法
    public User getModel() {
        return user;
    }
}
```

接下来继续完成 struts.xml 的配置。

```
<?xml version="1.0" encoding="UTF-8" ?>
<!DOCTYPE struts PUBLIC
        "-//Apache Software Foundation//DTD Struts Configuration 2.0//EN"
        "http://struts.apache.org/dtds/struts-2.0.dtd">
<struts>
    <package name="login" namespace="/" extends="struts-default">
```

```xml
        <action name="Login" class="lesson2.Login">
            <result>/welcome.jsp</result>
        </action>
        <action name="LoginProperty" class="lesson2.LoginProperty">
            <result>/welcomeProperty.jsp</result>
        </action>
        <action name="LoginModel" class="lesson2.LoginModel">
            <result>/welcomeModel.jsp</result>
        </action>
    </package>
</struts>
```

最后还得增加两个页面,第一个页面 indexModel.jsp 的代码如下。

```jsp
<%@ page language="java" import="java.util.*" pageEncoding="UTF-8"%>
<html>
    <head>
        <title>登录实例</title>
    </head>
    <body>
        请输入用户名和密码:
        <br>
        <form action="LoginModel.action" method="post">
            <p>
                用户名:<input type="text" name="username" />
            </p>
            <p>
                密 码:<input type="text" name="password" />
            </p>
            <input type="submit" value="登录" />
        </form>
    </body>
</html>
```

第二个页面 welcomeModel.jsp 的代码如下。

```jsp
<%@ page language="java" import="java.util.*" pageEncoding="UTF-8"%>
<%@ taglib prefix="s" uri="/struts-tags"%>
<html>
    <head>
        <title>登录实例</title>
    </head>

    <body>
        <p>
            您的用户名为:<s:property value="username" />
        </p>
        <p>
            您的密码为:<s:property value="password" />
        </p>
    </body>
</html>
```

项目发布后，可以通过地址 http://localhost:8080/struts2_02_Login/ indexModel.jsp 访问，运行后的效果与先前的登录程序一样。

通过上面的实例 Property-Driven 和 Model-Driven，看上去似乎唯一的区别在于 Model-Driven 必须实现 ModelDriven 接口。这其实是一个很大的限制。实现的开发过程中，很少有像上述代码这么简单的，在一个 Action 中使用多个对象是很常见的需求。而且在页面的 Form 表单中用<input type="text" name="user.username" /> 能很清楚地表现当前表单所要处理的对象。至此，关于 Action 的驱动模式就介绍完了。

2.4 request、response、session、application 对象的访问

到目前为止，我们虽然使用的 Struts2 是一个基于 Java Servlet 的 Web 框架，但却没有看到经常使用的 request、response 的身影。这一定让用过 Servlet、Struts1 或 Spring MVC 等的开发人员很不习惯。主要原因在于，Struts2 将对这些对象的访问都封装在 OGNLValueStack 对象中了。在使用该框架时，无须关心它们的存在。但有时候，用户确实想使用或不得不使用时，该如何处理呢？

Struts2 框架的开发者肯定考虑到了这些情况，他们可不希望用户因此而对 Struts2 大发雷霆。Struts2 提供了两种方式作为对上述对象访问的支持。

第一种方式就是使用类 com.opensymphony.xwork2.ActionContext 中的静态方法，直接访问上述对象。

```java
public String execute() {
    // 得到 request
    HttpServletRequest request = ServletActionContext.getRequest();
    // 得到 response
    HttpServletResponse response = ServletActionContext.getResponse();
    // 得到 pageContext
    PageContext pageContext = ServletActionContext.getPageContext();
    // 得到 session
    Map session = ActionContext.getContext().getSession();
    // 如果不想使用被 Struts2 封装过的 Session,可以使用原来的方法取得 Session
    HttpSession session1 = request.getSession();
    // 得到 application
    ServletContext application = ServletActionContext.getServletContext();
    return SUCCESS;
}
```

这种方法直观简单，但不便于单元测试。Struts2 推荐使用第二种方法，即实现相应的接口 Aware，然后由 Struts2 的工厂帮你来注入上述对象。你可以创建一个 BaseAction，将上述对象都统一起来，然后子类继承使用即可(注：Struts2 未提供 PageContextAware 接口)。

```java
public class BaseAction extends ActionSupport implements ServletRequestAware,
    ServletResponseAware, SessionAware, ServletContextAware {
    protected HttpServletRequest request;
```

```java
protected HttpServletResponse response;
protected ServletContext servletContext;
protected Map session;
public void setServletRequest(HttpServletRequest arg0) {
    request = arg0;
}
public void setServletResponse(HttpServletResponse arg0) {
    response = arg0;
}
public void setSession(Map arg0) {
    session = arg0;
}
public void setServletContext(ServletContext arg0) {
    servletContext = arg0;
}
}
```

两种方法任选一种即可。Struts2 已经高度地封装了这些常用的对象，因此直接使用上述代码的机会可能会比较少。当用户发觉自己的代码出现大量的标准 Servlet API request、response、session 时，则应该注意设计是否已经出现了问题。

2.5 完善登录程序

2.3 节的登录程序在用户登录后，并未用 Session 来保留用户的登录信息。现在我们结合上面学的知识，将其完善一下。

创建一个 LoginSession.java，让其实现 SessionAware 接口，并且在 execute 方法里将表单提交的用户信息存放在 session Map 对象中。

```java
package lesson2;
import java.util.Map;
import org.apache.struts2.interceptor.SessionAware;
import com.opensymphony.xwork2.ActionSupport;
public class LoginSession extends ActionSupport implements SessionAware{
    private static final long serialVersionUID = -1035041460500572216L;
    private User user;
    private Map<String, Object> session;
    // 执行登录的方法
    public String execute() {
        // 将登录的用户对象存放在 session 中
        session.put("user", user);
        return SUCCESS;
    }

    // 实现 SessionAware 接口
    public void setSession(Map<String, Object> session) {
        this.session = session;
    }
```

```java
    public void setUser(User user) {
        this.user = user;
    }

    public User getUser() {
        return user;
    }
}
```

修改 struts.xml，增加 LoginSession 类的相关配置。

```xml
<?xml version="1.0" encoding="UTF-8" ?>
<!DOCTYPE struts PUBLIC
    "-//Apache Software Foundation//DTD Struts Configuration 2.0//EN"
    "http://struts.apache.org/dtds/struts-2.0.dtd">
<struts>
    <package name="login" namespace="/" extends="struts-default">
        <action name="Login" class="lesson2.Login">
            <result>/welcome.jsp</result>
        </action>

        <action name="LoginProperty" class="lesson2.LoginProperty">
            <result>/welcomeProperty.jsp</result>
        </action>

        <action name="LoginModel" class="lesson2.LoginModel">
            <result>/welcomeModel.jsp</result>
        </action>

        <action name="LoginSession" class="lesson2.LoginSession">
            <result>/welcomeSession.jsp</result>
        </action>
    </package>
</struts>
```

最后我们来添加两个相应的 JSP 页面，第一个页面 indexSession.jsp 的代码如下。

```jsp
<%@ page language="java" import="java.util.*" pageEncoding="UTF-8"%>
<html>
    <head>
        <title>登录实例</title>
    </head>
    <body>
        请输入用户名和密码：
        <br>
        <form action="LoginSession.action" method="post">
            <p>
                用户名：
                <input type="text" name="user.username" />
            </p>
            <p>
                密　码：
```

```
                <input type="text" name="user.password" />
            </p>
            <input type="submit" value="登录" />
        </form>
    </body>
</html>
```

第二个页面 welcomeSession.jsp 的代码如下。

```
<%@ page language="java" import="java.util.*" pageEncoding="UTF-8"%>
<%@ taglib prefix="s" uri="/struts-tags"%>
<html>
    <head>
        <title>登录实例</title>
    </head>

    <body>
        <p>
            您的用户名为：
            <s:property value="#session.user.username" />
        </p>
        <p>
            您的密码为：
            <s:property value="#session.user.password" />
        </p>
    </body>
</html>
```

项目发布后，可以通过地址 http://localhost:8080/struts2_02_Login/ indexSession.jsp 访问，运行后的效果与先前的登录程序一样。

读者现在对于 welcomeSession.jsp 中 <s:property value="#session.user.username" /> 的使用一定有点疑惑了。在 2.4 节一开始，我们提到了 OGNLValueStack 对象，每次通过 IE 访问 Action 时，这个对象会创建并存放在 request 对象中。OGNLValueStack 对象只有一个叫 contextMap 的引用，contentMap 包括所有 action、request、session、application 作用域中的数据。所以 OGNLValueStack 其实是一个提供单一出口地址，来帮助用户访问存在于各个不同作用域的工具类。

OGNLValueStack 对象包括以下两层含义。

- 它可使用 OGNL 语法来搜索和定位对象。从作者使用 Struts2 至今，一直对其强大的特性记忆深刻。不过，要想使用 OGNL，就必须使用 Struts2 的标签。
- 它又是一个 Stack。举个栈的使用例子：在 2.4 节中，我们讲到了 request、session、application，其实这是三种常见的 Web 作用域。如果将这三个对象按照 application、session、request 压入栈中。当 OGNL 开始搜索对象时，最先从栈层取出的一定是 request。如果找到则直接返回，否则继续从 session 中找，直到找到或找不到你要搜索的取值为止。

OGNLValueStack 默认有一个根节点(叫 root)，而 Action 正好又在根上。OGNL 约定如果是取根节点上的数据，则可以把"#"号省略。但如果是访问其他集合(比如 session)中的

数据，则必须加上"#"号，并在后面加上其名称。

明白了上述道理，那么自然会知道 <s:property value="user.username" /> 的本来面目就是 <s:property value="#root.user.username" />。在讲标签章节时，还会继续讨论 OGNL。

2.6 本章小结

本章探讨了 Struts2 的流程与原理，Struts2 还有许多更细节的内容需要读者自己去探索，如果把这一章看作是本书的主干，那么后面的章节则是在此基础上添加枝叶，从而更加丰富整个 Struts2 框架的学习。

后面还介绍了 Action 的驱动模式以及经典 request、response、session 等对象的访问方式。这都告诉大家一个道理：解决问题的方式有许多种，如何找到最佳的方案只能具体情况具体分析。其实大多数情况下，每种方案都是可以满足需求的，这让我想到了"贪心法"的寓意：只求较好，不求最好。但在一定特殊或极端情况下，解决方案会直接影响系统的可用性等严肃问题时，你就必须努力寻找最适合的方案去解决。

2.7 上机练习

1. 修改现有的登录程序，将合法的用户名、密码存入一个名为 passwd.txt 的文本文件中，用"|"间隔用户名和密码，格式如下：

```
admin|Password
manager|m@9
user|us*99
...
```

当用户登录时，读取此文本文件，如果登录成功跳到欢迎页，登录失败则返回登录页面。

2. 使用 application 对象粗略统计一下在线用户数。每当用户登录成功后，就累计加 1，然后实现一个 Action，让用户访问查看当前的登录总数。

3. 习题 2 只能累加登录成功的用户。当用户会话超时或注销后，登录总数应该减去这些用户，思考一下如何处理这种情况。

第 3 章

Struts2 的配置方式一

学前提示

原理部分已经在上一章详细讨论过了，本章将重点讨论 Struts2 的配置方式。Struts2 的配置有很多内容，因此这部分将分为两章进行讲解。这两章与后续的章节密切相关，后面的内容是本章各个环节的深入讲解。所以本章会用到后续章节中的技术，比如 Struts2 标签、国际化、校验等技术。本章将尽可能通过一些示例来演示相关配置方式的使用。

知识要点

- Web.xml 的配置
- Struts.xml 的配置
- Result types 的配置

3.1 web.xml 的配置

严格意义上来说，web.xml 不属于 Struts2 框架的范畴。但如果不对它进行配置，Struts2 是无法工作的。只有对 web.xml 进行配置了，才能让你的应用程序使用 Struts2。web.xml 的配置非常简单，请看下面的代码：

```xml
<filter>
    <filter-name>struts2</filter-name>
    <filter-class>
        org.apache.struts2.dispatcher.ng.filter.StrutsPrepareAndExecuteFilter
    </filter-class>
</filter>
<filter-mapping>
    <filter-name>struts2</filter-name>
    <url-pattern>/*</url-pattern>
</filter-mapping>
```

前面提到了 Struts2 其实是通过"过滤器"这一标准 Java Web 组件来实现的(早期的 Webvork 是通过 ServletDispatcher 来初始化框架的，配置方法与 Struts 相似，本书不打算介绍)。因此，StrutsPrepareAndExecuteFilter 过滤器可以在配置 web.xml 时，初始化一些有用的变量。比如，如果你想给 Struts2 配置自定义的日志工厂，可以如下配置：

```xml
<filter>
    <filter-name>struts2</filter-name>
    <filter-class>
org.apache.struts2.dispatcher.ng.filter.StrutsPrepareAndExecuteFilter
    </filter-class>
    <!-- 配置自定义的日志工厂类,该类必须继承抽象类
com.opensymphony.xwork2.util.logging.LoggerFactory -->
    <init-param>
        <param-name>loggerFactory</param-name>
        <param-value>com.struts2.study.LoggerFactory</param-value>
    </init-param>
</filter>
```

除上述日志类外，Struts2 还提供了其他参数的配置，如表 3.1 所示。

表 3.1 Struts2 配置参数

Struts2 配置参数	说明
config	提供一组逗号间隔的 Struts2 配置文件字符串。如果不配置的话，默认的字符串为 "struts-default.xml,struts-plugin.xml,struts.xml"。实际在使用过程中，一般不会设置
actionPackages	提供一组逗号间隔的包含 Struts2 Action 的包名字符串。Struts2 的 Codebehind 插件会根据提供的这个配置，自动去扫描 classpath 下这些包名下的所有标有 Struts2 Annotation 的 Action 类。从 Struts2.1 版本开始建议使用 convention 插件，因而这个参数实际上没什么用处了

续表

Struts2 配置参数	说　明
configProviders	提供一组逗号间隔的 Java 类字符串。这些类必须实现 ConfigurationProvider 接口，目的是用于解析加载 Struts2 配置文件的。实际在使用过程中，一般不会设置
loggerFactory	设置 Struts2 的日志工厂类
*	除上述四个外，还可以将 Struts2 的常量参数配置在此处。但更常见的做法是配置在 struts.properties 或 struts.xml 中

对于绝大多数的 Struts2 应用程序来说，表 3.1 中的参数并不需要设置，只需要保持默认配置即可。

最后在 web.xml 中，我们还可以看到下面关于 Struts2 拦截器的映射配置：

```
<filter-mapping>
     <filter-name>struts2</filter-name>
     <url-pattern>/*</url-pattern>
</filter-mapping>
```

也许有人会疑惑，为什么 url-pattern 会是 "/*"，而不是 "/*.action" 之类的，拦截与 Struts2 无关的请求不是效率很低吗？实际上，当你使用了 Struts2 后，多少会受到框架的影响。Struts2 的 jar 除 class 文件外，还包括一些静态内容文件，比如：Dojo 的 JavaScript 文件，用于生成 Struts2 的 FreeMarker 模板文件等。如果配置成 "/*.action" 之类的话，上述文件可能无法正常使用。

好在从 Struts 2.1.7 以后，Struts2 在其配置文件中，允许用户使用 struts.action.excludePattern 常量提供一组逗号间隔的正则表达式，来告诉 Struts2 不需要对哪些 URL 进行处理。配置方法很简单，可以在 struts.xml 中加入下述代码：

```
<!-- 不拦截带/static/content/*** 请求的 url -->
    <constant name="struts.action.excludePattern" value="/static/content/.*?"/>
```

Struts2 会从 HttpServletRequest.getRequestURI()方法中取出 URL，然后与你的配置进行比较。只要能配置成功，Struts2 就不会处理 http 请求了。这一点非常有用，当考虑集成使用其他组件时，比如 FCKeditor、SmartUpload 等，Struts2 就不会封装 http 请求，造成这些组件无法正常运行。

提示

早期版本的 Struts2 不提供不拦截特殊请求路径的功能，笔者是通过修改源代码来实现特殊需求的，当时由于需求简单，只是用比较笨的方法硬编码实现的，Struts 2.1 及之后的版本已经提供此功能了，并且推荐将 bean 配置在 struts-plugin.xml 中。当不再需要时，可以很方便地卸载这些"即插即用"的组件。

在 web.xml 中，还有一个地方没有提到，就是 Struts2 的标签。一般来说，servlet 容器会自动扫描到 struts-core.jar 中 META-INFA 文件夹下的 struts-tags.tld。如果用户出现特殊情况，需要手工配置时，可将 struts-tags.tld 解压出来，放在 WEB-INF 文件夹下，然后按照下面的代码进行配置：

```
            ...
            <jsp-config>
                <taglib>
                    <taglib-uri>/s</taglib-uri>
                    <taglib-location>/WEB-INF/struts-tags.tld</taglib-location>
                </taglib>
            </jsp-config>
</web-app>
```

web.xml 的配置就介绍到这里,一般只需要配置 Struts2 的 StrutsPrepareAndExecuteFilter 过滤器即可,其他的可选配置视具体情况而定。

3.2　struts.xml 的配置

struts.xml 是 Struts2 框架中应用最多的配置文件之一。如果在程序中不配置 struts.xml,也不会出错,只是此时所有的自定义 Action 无法被 Struts2 框架解析加载,因此 struts.xml 是 Action 与 Struts2 框架的交互入口。

struts.xml 主要负责管理应用中的 Action 映射,以及该 Action 包含的 Result 定义等。默认的 struts-default.xml 在 struts-core-*.jar 包中,里面定义了许多常用的配置信息,我们一般定义新的配置文件时,都会继承 struts-default 中 package 的配置。

struts.xml 可配置的节点很多,但常用的主要还是那么几个。接下来笔者就详细讲解 struts.xml 中各节点的配置。

3.2.1　bean 的配置

Struts2 有一个默认的依赖注入(Dependency Injection)容器来加载所有 bean 节点中配置的对象或静态方法。这个容器的作者也是 Google Guice 的作者 Crazy Bob。

解压 struts-core.jar 中,找到 struts-default.xml,会发现有许多已经配置好的 bean 节点:

```
<struts>
    <bean class="com.opensymphony.xwork2.ObjectFactory" name="xwork" />
    <bean type="com.opensymphony.xwork2.ObjectFactory" name="struts" class="org.apache.struts2.impl.StrutsObjectFactory" />
    <bean type="com.opensymphony.xwork2.ActionProxyFactory" name="xwork" class="com.opensymphony.xwork2.DefaultActionProxyFactory"/>
    <bean type="com.opensymphony.xwork2.ActionProxyFactory" name="struts" class="org.apache.struts2.impl.StrutsActionProxyFactory"/>
    ...
```

每个配置的节点都有特殊的作用。拿 bean 节点来说,这里配置了 Struts2 的对象工厂,其中工厂的类型为"com.opensymphony.xwork2.ObjectFactory",实现类为"org.apache.struts2.impl.StrutsObjectFactory",名称为"struts"。

一般来说,不需要扩展它们,Struts2 提供的这些对象已经能够满足绝大多数的应用了。虽然有例外的时候,但不建议直接在 struts-default.xml 中修改。一般使用 Struts2 的配置文

件 struts-plugin.xml。Struts2 在加载配置文件时，默认按照 struts-default.xml、struts-plugin.xml、struts.xml 这个顺序加载，因此如果提供了 struts-plugin.xml，Struts2 容器会继续解析 struts-plugin.xml，使得 Struts2 能支持更多特性。

Struts2 提供了许多插件。其中与 Spring 框架的集成就是常用插件之一，现在我们就以 Struts2 集成 Spring 为例来加深对配置 bean 节点的理解。

与 Spring 集成需要添加一个 struts2-spring-plugin.jar 包。对该 jar 解压后，会发现里面有一个 struts-plugin.xml 配置文件，打开后，我们可以看到如下代码。

```xml
<struts>
    <bean    type="com.opensymphony.xwork2.ObjectFactory"    name="spring"
class="org.apache.struts2.spring.StrutsSpringObjectFactory" />
    <!-- Make the Spring object factory the automatic default -->
    <constant name="struts.objectFactory" value="spring" />
    <constant name="struts.class.reloading.watchList" value="" />
    <constant name="struts.class.reloading.acceptClasses" value="" />
    <constant name="struts.class.reloading.reloadConfig" value="false" />

    <package name="spring-default">
        <interceptors>
            <interceptor name="autowiring" class="com.opensymphony.xwork2.spring.interceptor.ActionAutowiringInterceptor"/>
            <interceptor name="sessionAutowiring" class="org.apache.struts2.spring.interceptor.SessionContextAutowiringInterceptor"/>
        </interceptors>
    </package>
</struts>
```

其中下面这段代码：

```xml
<bean type="com.opensymphony.xwork2.ObjectFactory" name="spring"
class="org.apache.struts2.spring.StrutsSpringObjectFactory" />
```

表示 Spring 也提供了 ObjectFactory 的一个实现，并取名为"spring"。

通过设置常量：

```xml
<constant name="struts.objectFactory" value="spring" />
```

表示 Struts2 的对象工厂已经由 spring 替换了默认的配置。在了解 bean 的作用后，下面来看看 bean 的配置，如表 3.2 所示。

表 3.2　bean 的配置说明

属　性	是否必选	说　明
class	是	bean 的实现类
type	否	bean 的实现类的接口或父类
name	否	bean 的名称。注意相同 type 下的 name 必须是唯一的。否则 Struts2 就无法区分了

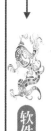

属 性	是否必选	说　　明
scope	否	bean 的作用域有以下 5 种。 default：该 bean 的作用域用于对象的每次注入； singleton：每个 Struts2 容器只会初始化一个这样的实例； request：该 bean 的作用域只能用于一次 request 请求； session：该 bean 的作用域只能用于一次 session 会话； thread：该 bean 的作用域只能用于一个线程的生命周期中
static	否	表示是否为静态方法注入。如果指定了 type，则此属性不允许再指定了
optional	否	表示该 bean 是否为可选

3.2.2　package 的配置

　　package 节点提供了类似于 Java package 的概念，将 Struts 的其他子节点组织在一起，使其成为一个统一的逻辑单元。此外，package 还具备继承的能力。子 package 既可以继承父 package 中的配置也可以覆盖。以面向对象(OO)的方式来管理配置文件，也是 Struts2 的一个亮点。比如：

```
<struts>
    <package name="package1" namespace="/" extends="struts-default">

    </package>
    <package name="package2" namespace="/" extends="package1">

    </package>
</struts>
```

　　"package1"继承了"struts-default"，而"package2"又继承了"package1"。

　　不过，有一点需要注意的是，struts 配置文件是顺序解析的，如果子 package2 定义在父 package1 之前是错误的：

```
<struts>
    <!-- 错误的配置方法 package1 应该在 package2 之前定义 -->
    <package name="package2" namespace="/" extends="package1">
    </package>

    <package name="package1" namespace="/" extends="struts-default">
    </package>
</struts>
```

　　那么为什么 package 可以承继"struts-default"呢？聪明的读者也许想到了先前提到的 struts-default.xml。package 是在 struts-default.xml 中定义的，而 struts-default.xml 配置文件默认是最先加载的，所以它是所有 Struts 配置文件的父类。package 节点包括如表 3.3 所示的属性。

表 3.3　package 节点的属性说明

属　性	是否必选	说　明
name	是	package 的名称，其他 package 想引用或继承时都是通过这个名称
extends	否	继承一个指标的 package
namespace	否	名称空间，下一节会详细介绍
abstract	否	指定此 package 是否为抽象的。如果为"true"，则不允许有任何关于 action 的配置，此时可以把 package 想象成 Java 的接口

3.2.3　namespace 的配置

namespace 节点与 package 节点的作用不一样。package 更像是一个组织者，而 namespace 是将 action 配置划分成一个个独立的逻辑模块。比如说，一般的 web 应用中"管理员管理"和"用户管理"两个模块都有"配置权限"的功能，那么可以将这两个模块通过 URL 分离开，但 action 名称却可以使用同一个。

- http://localhost:8080/user/setRights.action：设置用户权限的 URL。
- http://localhost:8080/actmin/setRights.action：设置管理权限的 URL。

上面两个 SetRights Action 虽然名称相同，但却在不同的 namespace(命名空间)下面。这就是 namespace 想达到的效果。Struts2 有两个特殊的 namespace，一个是默认的 namespace("")，一个是根 namespace("/")。

现在假设有如下配置：

```xml
<package name="default">
    <action name="foo" class="mypackage.simpleAction">
        <result name="success" type="dispatcher">
            greeting.jsp
        </result>
    </action>
    <action name="bar" class="mypackage.simpleAction">
       <result name="success" type="dispatcher">bar1.jsp</result>
    </action>
</package>

<package name="mypackage1" namespace="/">
   <action name="moo" class="mypackage.simpleAction">
      <result name="success" type="dispatcher">moo.jsp</result>
   </action>
</package>

<package name="mypackage2" namespace="/barspace">
   <action name="bar" class="mypackage.simpleAction">
     <result name="success" type="dispatcher">bar2.jsp</result>
   </action>
</package>
```

(1) 如果请求为/barspace/bar.action，则首先查找 namespace 为/barspace 的 package，紧接着在该 namespace 下去找名为 bar 的 action，找到后执行 action 操作。否则将会查找默认的 namespace。在上面的例子中，在 barspace 中存在名字为 bar 的 action，所以这个 action 将会被执行；如果返回结果为 success，则画面将定位到 bar2.jsp。

(2) 如果请求为/moo.action，则查找 namespace('/')，如果 moo.action 存在则执行，否则查询默认的 namespace，上面的例子中，根 namespace 中存在 moo.action，所以该 action 被调用，返回 success 的情况下画面将定位到 moo.jsp。

由此可见，"根 namespace"就是应用程序上下文环境下的请求路径；"默认 namespace"是所有 namespace 都找不到时，所有 action 存放的地方。

3.2.4 constant 的配置

constant 的配置主要是设置 Struts2 框架的系统参数。在前面讲 web.xml 中的配置时，就可以在 init-param 中进行配置。下面就是 constant 的配置实例，非常简单：

```xml
<struts>
    <constant name="struts.i18n.reload" value="false" />
    <constant name="struts.devMode" value="true" />
    <constant name="struts.configuration.xml.reload" value="false" />
    <constant name="struts.custom.i18n.resources" value="globalMessages" />
    <constant name="struts.action.extension" value="action" />
    <constant name="struts.codebehind.defaultPackage" value="person" />
    <constant name="struts.freemarker.manager.classname" value="customFreemarkerManager" />
    <constant name="struts.serve.static" value="true" />
    <constant name="struts.serve.static.browserCache" value="false" />
...
```

constant 还可以在 struts.properties 中进行配置，上述各个常量在后面的 struts.properties 一节中会有详细说明。

3.2.5 interceptor 的配置

interceptor 配置的就是 Struts2 的拦截器。interceptor 配置与配置一个 action 类似：

```xml
<struts>
<interceptors>
    <interceptor name="myInterceptor" class="com.myinterceptor.MyInterceptor"/>
</interceptors>
</struts>
```

上面定义名为"myInterceptor"的拦截器。实现类为 com.myinterceptor.MyInterceptor。具体的实现细节在第 5 章介绍。这里主要关注的是配置。仅仅依靠上面的配置，拦截器还是无法使用，它依赖于 Action 的存在。下面是拦截器的使用方法：

```xml
<struts>
    <package name="login" namespace="/" extends="struts-default">
        <interceptors>
```

```xml
            <!-- 定义拦截器 -->
            <interceptor name="myInterceptor" class="com.myinterceptor.MyInterceptor" />
        </interceptors>
        <action name="Login" class="lesson3.Login">
            <result>/welcome.jsp</result>
            <!-- 使用拦截器 -->
            <interceptor-ref name="myInterceptor" />
        </action>
    </package>
</struts>
```

对于单个拦截器，上面的做法没什么问题。如果涉及多个拦截器，Struts2 的拦截器提供了 interceptor-stack 节点，通过定义一组拦截器，集中管理拦截器，于是又有了下面的第二种用法：

```xml
<struts>
    <package name="login" namespace="/" extends="struts-default">
        <interceptors>
            <!-- 定义拦截器 -->
            <interceptor name="myInterceptor1" class="com.myinterceptor.MyInterceptor1" />
            <interceptor name="myInterceptor2" class="com.myinterceptor.MyInterceptor2" />
            <!-- 定义拦截器 stack,将一组定义好的拦截器装入其中 -->
            <interceptor-stack name="myInterceptorStack">
                <interceptor-ref name="myInterceptor1" />
                <interceptor-ref name="myInterceptor2" />
            </interceptor-stack>
        </interceptors>

        <action name="Login" class="lesson3.Login">
            <result>/welcome.jsp</result>
            <!-- 使用拦截器 stack -->
            <interceptor-ref name="myInterceptorStack" />
        </action>
    </package>
</struts>
```

有了 interceptor-stack，我们可以将各种不同行为的拦截器组织在一起，供各种需求的 action 来使用。

最后谈谈"默认拦截器"。如果每一个 action 都要配置拦截器，那对程序员来说就是噩梦。在前两章的例子中，我们并未看到配置任何拦截器的身影，难道是没有配置吗？Struts2 在其 struts-default.xml 中为我们设置好了一个默认的拦截器，打开 struts-default.xml，移动到代码的底部，我们可以看到：

```xml
<struts>
    ...
    <package name="struts-default" abstract="true">
        <default-interceptor-ref name="defaultStack"/>
```

```xml
            <default-class-ref class="com.opensymphony.xwork2.ActionSupport" />
    </package>
</struts>
```

其中 `<default-interceptor-ref name="defaultStack"/>` 指定了 package struts-default 的默认拦截器为"defaultStack"，而我们先前所有的 struts.xml 又继承于 package struts-default，所以我们其实使用的是 package struts-default 中设置好的默认拦截器"defaultStack"。下面看看"defaultStack"是由哪些拦截器组成的：

```xml
<interceptor-stack name="defaultStack">
            <interceptor-ref name="exception"/>
            <interceptor-ref name="alias"/>
            <interceptor-ref name="servletConfig"/>
            <interceptor-ref name="i18n"/>
            <interceptor-ref name="prepare"/>
            <interceptor-ref name="chain"/>
            <interceptor-ref name="debugging"/>
            <interceptor-ref name="scopedModelDriven"/>
            <interceptor-ref name="modelDriven"/>
            <interceptor-ref name="fileUpload"/>
            <interceptor-ref name="checkbox"/>
            <interceptor-ref name="multiselect"/>
            <interceptor-ref name="staticParams"/>
            <interceptor-ref name="actionMappingParams"/>
            <interceptor-ref name="params">
              <param name="excludeParams">dojo\..*,^struts\..*</param>
            </interceptor-ref>
            <interceptor-ref name="conversionError"/>
            <interceptor-ref name="validation">
                <param name="excludeMethods">input,back,cancel,browse</param>
            </interceptor-ref>
            <interceptor-ref name="workflow">
                <param name="excludeMethods">input,back,cancel,browse</param>
            </interceptor-ref>
</interceptor-stack>
```

可以看到默认的拦截器"defaultStack"已经包括很多拦截器了，如果想改写默认的拦截器怎么办？很简单，只需要在自己的 package 下重新设置 `<default-interceptor-ref name="mySelfStack"/>` 即可，下面我们就来看看如何设置：

```xml
<struts>
    <package name="login" namespace="/" extends="struts-default">
        <default-action-ref name="mySelfStack" />
        <action name="action1" class="lesson3.Login">
        </action>
        <action name="action2" class="lesson3.Login">
        </action>
    </package>
</struts>
```

这样就把默认的拦截器覆盖为自定义的"mySelfStack"了。

3.2.6 include 的配置

对于庞大而复杂的系统，"分而治之"是一种非常好的思想。对于配置文件也是如此。Struts2 允许程序员按照业务模块的需要，将配置文件划分成各个子配置文件，最后由 include 节点统一配置在一起。struts 在解析时，会自动搜索：

比如我们在 struts.xml 中有如下配置：

```xml
<struts>
    <include file="struts-user.xml" />
     <include file="struts-admin.xml" />
    <include file="struts-group.xml" />
...
</struts>
```

那么在与 struts.xml 同路径下的 struts-user.xml、struts-admin.xml、struts-group.xml 文件，其文件结构应该与 struts.xml 一模一样，只是分别处理不同的逻辑模块。这对于多人协同开发来说，非常重要。试想一下，如果 Struts2 只支持一个 struts.xml，那么多人同时修改这个文件必然会产生许多冲突，即使现有的版本控制软件比较强大，频繁地解决冲突也是会影响开发效率的。

因此从 Struts2 使用的最佳实践来说，struts.xml 就如同上面的配置那样，只将其他子配置文件包含进来，然后再定义一些全局共享的配置(后面的章节会详细介绍)，struts.xml 只起一个统领全局配置文件的作用，更具体的 action、个性化的配置都放在子配置文件中。

3.2.7 action 的配置

从第 1 章的实例开始，我们就一直围绕着 action 来展开我们的程序。action 是 Struts2 框架的运行单元。其他的配置都是为了让 action 的运行更如我们所预期的那样而已。

action 的配置有许多内容，主要是因为 Struts2 提供了多种用法，使得用户拥有更多的选择。但在实际的开发过程中，你所在的开发团队最终还是必须采用统一的方法来开发(除非项目只由你一个人来做)。每种方法都有优势，介绍完后，我们再集中讨论。

首先要介绍的第一种，就是前面示例中用到的 action 配置方式：

```xml
<action name="Login" class="lesson3.Login">
    <result>/welcome.jsp</result>
</action>
```

大家已经对这种配置方式非常熟悉了：类 lession2.Login 提供一个 execute 方法，用来执行用户登录的操作。配置的名称叫 Login，用户调用此 action 时需要将 URL 的访问名称设置为 http://ip:port/yourapp/Login.action。

现在问题来了，难道一个 Login 类只能配置一个 action 吗？我想把 CRUD 操作都放在一个 action 中，那是不是就不可以了呢？比如，现在我有一个这样的 action。

```java
public class UserCRUD extends ActionSupport {
    //添加
    public String create() {
```

```
        return SUCCESS;
    }
    //获取
    public String retrieve() {
        return SUCCESS;
    }
    //更新
    public String update() {
        return SUCCESS;
    }
    // 删除
    public String delete() {
        return SUCCESS;
    }
}
```

现在应该怎么映射呢？Struts2 的 action 提供了一个名为 method 的属性，允许你指定 action 中的任意公有、非静态的方法来进行映射，那么上述四个方法可以映射为：

```
<struts>
    <package ...>
        <action    name="userCreate"    class="lesson3.UserCRUD"    method="create"></action>
        <action    name="userRetrieve"    class="lesson3.UserCRUD"    method="retrieve"></action>
        <action    name="userUpdate"    class="lesson3.UserCRUD"    method="update"></action>
        <action    name="userDelete"    class="lesson3.UserCRUD"    method="delete"></action>
    </package>
</struts>
```

现在可以通过下面的 4 个 URL 来访问这 4 个 action 了：

- http://ip:port/yourapp/userCreate.action
- http://ip:port/yourapp/userRetrieve.action
- http://ip:port/yourapp/userUpdate.action
- http://ip:port/yourapp/userDelete.action

现在我们来思考一下这句话"可用任意公有、非静态的方法来进行映射"。

- 假如方法是 public static 的话，那么这个方法就是一个类方法。我们知道类实例化后的对象都共享类方法，虽然 Struts2 在每次请求调用都会生成新的对象，但如果方法是类方法，则还是无法避免多线程问题。所以，用 public static 的方法来配置 action 运行并不会报错，但有很大的隐患。
- 假如是 private 方法，那么 Struts2 在用反射机制时，根本就找不到要执行的方法，此时会抛出"java.lang.NoSuchMethodException"异常。

好了，现在一个 action 也可以映射多个方法了，解决了一开始担心的问题。但程序员永远是不满足的，能不能做到只需要一个 URL 就可以映射不同的 action 呢？答案肯定是有的，这也是接下来要介绍的 Dynamic Method Invocation(动态方法调用，简称 DMI)和 Wildcard

Method(通配符配置)。

DMI 的用法非常简单：在 action 名后加上 "!×××"(×××为方法名)。这样上述的 4 个 URL 可以变为：

- http://ip:port/yourapp/UserCRUD!create.action
- http://ip:port/yourapp/ UserCRUD!retrieve.action
- http://ip:port/yourapp/UserCRUD!update.action
- http://ip:port/yourapp/UserCRUD!delete.action

这个本质上还是四个 URL，但配置时，只需要配置一个 action 即可：

```
<action name="Login" class="lesson3.Login">
    <result>/welcome.jsp</result>
</action>
```

这样就会有一个潜在的问题，其他访问调用时所使用的配置和验证信息都是上面这一个。笔者以前就因为这个问题而放弃了这种用法。接下的通配符配置就和 DMI 有了很大的区别。

通配符配置其实也只需要配置一个 action，但由于使用的是通配符，因而 action 并不会只使用一套配置，而是会动态地将 URL 参数与配置文件中的通配符部分结合，变成真正的 action 配置。所以，这种配置有点像 Java 的泛型：

```
<struts>
    <package name="user" namespace="/" extends="struts-default">
        <action name="*User" class="lesson3.UserCRUD" method="{1}">
            <result>/{1}.jsp</result>
        </action>
    </package>
</struts>
```

初看上去，可能并不理解 "*User"、"{1}" 所表达的意思，现在我们来举例说明一下。

假如现在输入的是 http://ip:port/yourapp/createUser.action，那么 Struts2 会将它分成三个部分："http://ip:port/yourapp/"、"createUser"、".action"。第一部分和第三部分拿掉，将第二部分的 "createUser" 与 "*User" 匹配得出 "*" 就是 "create"，然后用 "create" 去填充 "{1}"。这样上述配置文件就变成了下面这样：

```
<struts>
    <package name="user" namespace="/" extends="struts-default">
        <action name="createUser" class="lesson3.UserCRUD" method="create">
            <result>/create.jsp</result>
        </action>
    </package>
</struts>
```

现在肯定还有一个疑问，{0}到底是什么？{0}就是 URL 本身。Struts2 支持从{0}到{9}，你可以按照自己 URL 的需求来使用。

最后讨论三种配置方式的特点：

- 最普通的配置方式其实是用得最多的，虽然配置文件写得多一点，但是如果是多人协作的话，配置文件其实相当于文档的作用，你可以较快地接手别人的工作。

- DMI 基本可以忽略，它本质上并未减少多少工作量，而且还会引入更多潜在的问题。
- 通配符配置，看上去很酷、很完美，简简单单的几行配置就可以应用到很多 action 中。但要求团队有很好的默契以及严格的编码规范。可考虑用于全局配置。

> **注意**
> 本书如果无特殊说明，所有的 action 均按第一种方法配置使用。

最后谈谈默认 action。Struts2 在 struts-default.xml 中为我们设置好了一个默认的 action，打开 struts-default.xml，移动到代码的底部，我们可以看到：

```xml
<struts>
...
    <package name="struts-default" abstract="true">
...
        <default-class-ref class="com.opensymphony.xwork2.ActionSupport" />
    </package>
</struts>
```

其中<default-class-ref class="com.opensymphony.xwork2.ActionSupport" /> 表示默认的 action 就是 com.opensymphony.xwork2.ActionSupport。那么这个默认的 action 有什么用呢？试想一下，如果所有的 JSP 页面全部放在 WEB-INF 文件下，那么通过 IE 浏览器是无法直接访问的。但此时你若只想访问某个 JSP 页面，却不想写一个毫无用处的 action。那么默认的 action 就能派上用场，此时它只起了一个转发的作用：

```xml
<struts>
    <package name="login" namespace="/" extends="struts-default">
        <action name="action1">
            <result>/action1.jsp</result>
        </action>
        <action name="action2">
            <result>/action2.jsp</result>
        </action>
    </package>
</struts>
```

当输入 http://ip:port/yourapp/action1.action 时就跳转到 action1.jsp 中；当输入 http://ip:port/yourapp/action2.action 时就跳转到 action2.jsp 中。

如果利用上面学的通配符配置，可以简化配置，使程序变得更加简单和优雅：

```xml
<struts>
    <package name="login" namespace="/" extends="struts-default">
        <action name="*">
            <result>/{1}.jsp</result>
        </action>
    </package>
</struts>
```

通常情况下，请求的 action 不存在的情况下，Struts2 框架会返回一个 Error 画面："404 - Page not found"，有些时候或许我们不想出现一个控制之外的错误画面，那么可以指定一

个默认的 action，在请求的 action 不存在的情况下，调用默认的 action，通过以下配置可以达到要求：

```
<struts>
    <package name="login" namespace="/" extends="struts-default">
        <default-action-ref name="MyDefaultAction" />

        <action name="MyDefaultAction" class="lesson3.Login" method="execute1">
            <result>/default.jsp</result>
        </action>

    </package>
</struts>
```

现在我们将"MyDefaultAction"设置成了默认的 action，所有不存的 action 请求都会进入"default.jsp"页面，而不再出现 404 错误了。

提示

默认 action 的作用域为 namespace。也就是说一个 namespace 中只能设置一个默认的 action，如果设置两个以上，则无法保证哪个会是默认的 action。

3.2.8 result 的配置

result 节点的配置先前我们也一直遇到过，非常简单的配置方式：

```
<action name="Login" class="lesson3.Login">
        <result>/welcome.jsp</result>
    </action>
```

这里配置了一个 result 节点，表明 Login action 执行成功后，会跳转到 welcome.jsp 页面。从上面的配置信息来看，上面的说法似乎有点牵强，因为 result 节点根本没有体现"执行成功"的概念。

现在把一个完成的 result 节点配置出来，给大家看看：

```
<action name="Login" class="lesson3.Login">
        <result name="success" type="dispatcher">/welcome.jsp</result>
    </action>
```

这里增加了两个属性：name 和 type。其中 type 会在后面的章节详细介绍，这里"type=dispatch"表示 action 执行完成后，会用 dispatcher.forward(request, response)的方法转到 welcome.jsp 页面中。

现在再打开这个 Login action 的源代码，看到有这么一句：

```
public class Login extends ActionSupport {
    public String execute() {
        return SUCCESS;
    }
}
```

在第 1 章的时候，讲到了 ActionSupport 实现了 Action 接口，而 Action 提供了几个常量。

这几个常量就包括"SUCCESS"，现在来看看 Action 接口中的常量：

```
public interface Action {
    public static final String SUCCESS = "success";
    public static final String NONE = "none";
    public static final String ERROR = "error";
    public static final String INPUT = "input";
    public static final String LOGIN = "login";
    public String execute() throws Exception;
}
```

可见除了 SUCCESS 外，还有其他几个预定义好的常量。通过 Action 接口我们也看到了常量 SUCCESS 的值就是小写的字符串"success"，这与 <result name="success" type="dispatcher">/welcome.jsp</result> 中 name 属性的值是完全对应的。看到这里，相信读者明白了 action 调用完成后，是如何找到相应的 result 了。下面我们再举个例子。假设登录失败就返回 input.jsp 页面，登录成功就返回 success.jsp 页面，那 action 的代码应该修改如下：

```
public class Login extends ActionSupport {
    // 执行登录的方法
    public String execute() {
        try {
            if (check()) {
                return SUCCESS;
            } else {
                return INPUT;
            }
        } catch (Exception e) {
            e.printStackTrace();
        }
        return ERROR;
    }

    // 判断是否登录成功的逻辑
    public boolean check() {
        return true;
    }
}
```

这里有三个返回值，分别为 SUCCESS、INPUT 和 ERROR，那么相应的 error 也需要配置三段，分别表示"登录成功"、"登录失败"、"登录异常"时的跳转页面。

```
<action name="Login" class="lesson3.Login">
        <result name="success" type="dispatcher">/success.jsp</result>
        <result name="input" type="dispatch">/input.jsp</result>
        <result name="error" type="dispatch">/error.jsp</result>
</action>
```

现在回过头来看<result>/welcome.jsp</result>。如果没有指定 name 和 type 属性，那么 Struts2 默认 name 为"success"，默认 type 为"dispatcher"。

此外 result 还允许将 action 中的字段以参数的形式传递出去，比如有如下 action：

```java
public class Login extends ActionSupport {
    private String username;
    private String password;
    // 执行登录的方法
    public String execute() {
        // 这里可以放入登录逻辑
        return SUCCESS;
    }

    // 必须要有get方法
    public String getUsername() {
        return username;
    }

    public void setUsername(String username) {
        this.username = username;
    }

    // 必须要有get方法
    public String getPassword() {
        return password;
    }

    public void setPassword(String password) {
        this.password = password;
    }
}
```

如果想把 username 和 password 当作参数传递出去，首先都必须有 get 方法，因为 Struts2 反射时是通过 get 方法来取得字段的值：

```xml
<action name="Login" class="lesson3.Login">
        <result>/welcome.jsp?username=${username}&amp;password=${password}</result>
        </action>
```

提示

由于是 xml 文档，必须将"&"写成"&"，取值操作用的是 EL 表达式的语法${}。总的来说，result 节点还是比较容易理解的。

3.2.9 exception 的配置

顾名思义，exception 的配置是为解决当 action 抛出异常时而采取的善后方式。要想使用 exception 配置，必须要使用 exception 拦截器才能生效。exception 拦截器定义在 struts-default.xml 中：

```xml
<interceptors>
    ...
    <interceptor name="exception" class="com.opensymphony.xwork.interceptor.ExceptionMappingInterceptor"/>
```

```
        ...
    </interceptors>
```

而常用的"defaultStack"已经包含了 exception 拦截器：

```
<interceptor-stack name="defaultStack">
        <interceptor-ref name="exception"/>
        ...
    </interceptor-stack>
```

所以我们可以按照下面的配置来使用 exception：

```
<struts>
    <package name="login" namespace="/" extends="struts-default">
        <action name="Login" class="lesson3.Login">
            <exception-mapping  exception="java.lang.Exception"  result=
"exception"/>
            <result>/welcome.jsp</result>
            <result name="exception">/exception.jsp</result>
        </action>
</struts>
```

其中<exception-mapping exception="java.lang.Exception" result="exception"/>表示如果抛出"java.lang.Exception"，则跳转到 name 属性值为"exception"中的 result 中去。exception.jsp 的页面代码如下：

```
<%@ page language="java" import="java.util.*" pageEncoding="UTF-8"%>
<!-- 引入 struts2 标签，在第 8、9 章会有详细的介绍，本章节使用的标签只是为了让读者更直
观地了解 Struts2 的配置 -->
<%@ taglib prefix="s" uri="/struts-tags"%>
<html>
    <head><title>exception 实例</title></head>
    <body>
        <h2>    异常抛出</h2>
        <h3>    错误信息为：</h3>
        <s:actionerror />
        <p><s:property value="%{exception.message}" /></p>
        <hr />
        <h3>    错误细节为：</h3>
        <p><s:property value="%{exceptionStack}" /></p>
    </body>
</html>
```

其中涉及的 Struts2 标签会在后面的章节详细介绍。最后为看到效果，修改 Login action 的代码如下，强制抛出异常：

```
public class Login extends ActionSupport {
    ...
    // 执行登录的方法
    public String execute() {
        // 这里可以放入登录逻辑
        throw new RuntimeException("异常抛出！");
    }
```

...
}

运行后，效果如图 3.1 所示。

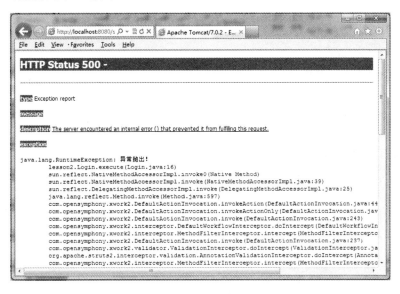

图 3.1　运行效果

这些信息对于程序员来说有很大用处，但对最终用户来说却毫无价值。在生产阶段，如果出现异常时，应该跳转到一个友好的错误页面，然后后台将错误日志记录下来，供后续查看跟踪。

3.3　Result types 的配置

当 Action 执行完成后，一般我们需要通过返回的结果页面来告诉用户系统执行的情况。但有的时候我们想返回的仅仅是个 XML 文件、JSON 串或输出流之类的，于是原有的代码很可能会因不同的返回结果而需要进行修改。

Struts2 提供了可配置的方式来帮助用户完成上述需求，用户不需要手工来处理各种返回结果的细节。而要做的仅仅是在 struts.xml 中配置你所希望的返回结果类型，然后继续业务逻辑部分。

相信通过前两章的讲解，大家已经很熟悉下列配置代码了：

```xml
<!-- 默认参数的配置 -->
<result type="dispatcher">/index.jsp</result>
```

或：

```xml
<!-- 带参数的配置 -->
<result type="freemarker">
    <param name="location">/view.ftl</param>
</result>
```

Struts2 已经为我们预置了一些常用的返回结果类型(result type)：
- Chain Result
- Dispatcher Result
- FreeMarker Result
- HttpHeader Result
- Redirect Result
- Redirect Action Result
- Stream Result
- Velocity Result
- XSLT Result
- PlainText Result
- JSON Result

接下来，我们围绕这些返回结果类型详细讲解。

3.3.1 Chain Result 的配置

Chain Result 的目的就是从一个执行完的 Action，跳转到另一个 Action 中。听上去，似乎并没有太多问题。然而使用此 Result 是有限制的：这两个 Action 方法必须要出自于同一个 Action 类。因为在 Action 执行完成后，相关的值都会存放在 request、valuestack 等对象中，而 Chain Result(其实是通过 Chaining Interceptor 拦截器来实现的)会将第一个 Action 执行完的状态复制到第二个 Action 中，供其使用。通过这点，也解释了为什么 Chain Result 只能在同一个 Action 类的不同方法之间进行跳转。如果涉及不同 Action 类之间方法的跳转，后面的 Redirect Result 及 Redirect Action Result 都可用来解决这类问题。

Struts2 并不推荐使用 Chain Result，这是由 Chain 的性质所决定的。在使用 Chain Result 的时候，因为可以直接使用或修改第一个 Action 中的值，所以在最终页面显示的时候，很可能结果是不正确的，并且这样的错误非常不好找。

不过，不建议使用并不表示不能使用。对于 Web 程序来说，一般在新建、修改、删除后都会跳转到列表显示页面，这样就可以使用 chain 来达到需要的效果，比如有一个 UserAction.java，代码如下：

```
public class UserAction extends ActionSupport {
...
// 显示用户列表
    public String listUser() {
        users = getUserList();
        return SUCCESS;
    }

// 新加用户
    public String insertUser() {
        return SUCCESS;
    }
...
}
```

若希望在执行完 insertUser 后，直接在 listUser 方法中使用 chain type，只需要在 struts.xml 中进行如下配置：

```xml
<package name="userManager" namespace="/" extends="struts-default">
        <!-- 配置用户创建 action -->
        <action name="insertUser" class="lesson3.UserAction">
            <!-- 从 inserUser Action 跳转到 listUser Action 中去 -->
<result type="chain" name="success">
                <param name="actionName">listUser</param>
                <param name="namespace">/</param>
            </result>
        </action>

<!-- 配置用户列表显示 action -->
        <action name="listUser" class=" lesson3.UserAction">
            <result>/welcomeSession.jsp</result>
        </action>
</package>
```

刚才提到"Chain Result 会将第一个 Action 执行完的状态复制到第二个 Action 中"，所以用户还可以在第二个 Action 中使用下面的代码来取出第一个 Action 的值栈中的数据：

```java
// 取出被 chain Action 的值栈中的数据
    public String execute() {
        ValueStack vs = ActionContext.getContext().getValueStack();
        String username = vs.findString("username");
        return SUCCESS;
    }
```

直接使用上述 API 来取数的场合非常少，这里只想直观地告诉读者所谓 chain type 的本质而已。

3.3.2 Dispatcher Result 的配置

Dispatcher Result 是我们接触最多，也是应用最广泛的结果返回类型了。Dispatcher Result 的配置方法如下：

```xml
<!-- 配置 dispatcher result type -->
    <result name="success" type="dispatcher">
        <!-- 配置返回的 URL -->
        <param name="location">www.sun.com</param>
<!-- 允许 location 参数使用 ognl 进行解析,默认为 true -->
        <param name="parse">true</param>
    </result>
```

或简单配置成：

```xml
        <!-- 配置 dispatcher-->
        <result name="success" type="dispatcher">/index.jsp</result>
```

Dispatcher 实际上会转换成类似于下列所示的代码：

```
RequestDispatcher dispatcher = request.getRequestDispatcher("/index.jsp");
dispatcher.forward(request, response);
```

在学习 servlet 的时候，上述代码应该非常熟悉了。表明的含意为：转发到目标页面 index.jsp 后，request 作用域和值栈中的数据是可以访问的。Dispatcher Result 的配置比较简单，比较常用，请读者朋友务必掌握。

3.3.3　FreeMarker Result 的配置

FreeMarker 是一个流行的开源模板引擎，Struts2 可以无缝地与 FreeMarker 进行集成。具体的实例我们会在 12.6 节中介绍。配置 FreeMarker 也很简洁，只需要将 type 设置为 freemarker 即可：

```
<result name="success" type="freemarker">
        <!-- 配置返回的 URL -->
        <param name="location">/test1.ftl</param>
        <!-- 允许 location 参数使用 ognl 进行解析，默认为 true -->
        <param name="parse">true</param>
        <!-- 设置 contentType,默认为 text/html -->
        <param name="contentType">text/html</param>
        <!-- 仅当无任何错误信息时才将结果输出,默认值为 false -->
        <param name="writeIfCompleted">false</param>
</result>

    <!-- 扩展名无限制 -->
<result name="success" type="freemarker">/test2.temp</result>
```

实际上 Struts2 在切换各种结果返回类型时，action 代码几乎不用做任何修改，只要在 xml 配置文件中进行调整即可。

3.3.4　HttpHeader Result 的配置

HttpHeader Result 是个不常用的结果返回类型。它主要目的是返回响应信息的头部信息，并不包含内容部分。一般用于客户端与 Struts2 交互时使用。比如，用客户端 HttpClient 向 servlet 容器发送请求信息，通过返回的头部信息来判断成功还是失败。可见 Struts2 考虑的还是挺周到的。

HttpHeader Result 的配置方法如下：

```
<result name="success" type="httpheader">
        <param name="status">200</param>
        <param name="headers.date">操作时间为${date}</param>
        <param name="headers.status">操作状态为${status}</param>
</result>
```

当客户端接收到返回来的头部信息后，就可以通过上述的返回状态码 status 及设置在头部的返回信息 headers.date、headers.status 来判断与服务器端的交互情况。

3.3.5　Redirect Result 的配置

Redirect Result 与 Dispatcher Result 类似，但它使用的是重定向来进行跳转。配置起来

也非常简洁：

```xml
<!-- 实际运行时会生成 /listUser.action?orgId=后台 orgId 的值 -->
        <result type="redirect" name="success">
            <param name="location">listUser.action</param>
            <param name="namespace">/</param>
            <!-- 直接设置参数 -->
            <param name="orgId">${orgId}</param>
        </result>
        <!-- 也可以这样设置参数 -->
        <result type="redirect" name="success">/success.jsp?param=${ok}</result>
        <!-- 还可以重定向到其他网站 -->
        <result type="redirect" name="success">http://www.sun.com</result>
```

通过上述配置 Redirect Result，我们可以看到它不仅可用于配置 JSP 也可用于 action，甚至于连接到其他网站，这种配置是比较常用的。

在 Struts2 中对于重定向的实现代码可能如下：

```java
HttpServletResponse response = ServletActionContext.getResponse();
// 重定向到页面
response.sendRedirect("/index.jsp");
// 重定向到 action
response.sendRedirect("/index.action");
// 重定向到其他站点
response.sendRedirect("http://www.sun.com");
```

与 servlet 中的用法是完全一样的。

3.3.6　Stream Result 的配置

一般在做文件下载的功能时，难免会与 I/O 流打交道。虽说代码不是特别复杂，但如果有封装好现成的实现还是值得使用的。

对于以前的下载程序，我们一般会写如下代码：

```java
protected void doGet(HttpServletRequest request, HttpServletResponse response){
    String filename = ...;
    response.reset();
    response.setContentType("application/x-msdownload");
    response.addHeader("Content-Disposition", "attachment; filename=\"" + filename + "\"");
    response.setContentLength(fileLength);
    /* 创建输入流 */
    InputStream inStream = new FileInputStream(file);
    byte[] buf = new byte[4096];
    /* 创建输出流 */
    ServletOutputStream os = response.getOutputStream();
    int readLength;
    while (((readLength = inStream.read(buf)) != -1)) {
```

```
            os.write(buf, 0, readLength);
        }
        ...
}
```

而使用了 Struts2 的 Stream Result 后，代码会变得非常简洁：

```
public class FieldownLoadAction implements Action {
    /** 文件保存时的名称 */
    private String fileName;
    /** 将要下载的文件路径(相对路径) */
    private String downloadFile = "/upload/file.txt";

    public InputStream getInputStream() throws Exception {
        return ServletActionContext.getServletContext().getResourceAsStream(downloadFile);
    }
    public String execute() throws Exception {
        return SUCCESS;
    }
    ...
}
```

上述代码似乎没有任何流操作的迹象，只有一个返回类型为 InputStream 的方法 getInputStream()，我们继续跟踪配置文件的代码：

```
<result name="success" type="stream">
        <!-- 文件下载类型及字符集设置 -->
<param name="contentType">application/octet-stream;charset=ISO8859-1</param>
        <!-- 与上述代码中的 getInputStream 相对应，表示要下载的流 -->
        <param name="inputName">inputStream</param>
        <!--
            使用经过转码的文件名作为下载文件名，downloadFileName 属性
            对应 action 类中的方法 getDownloadFileName()
        -->
        <param name="contentDisposition">attachment;filename="${downloadFileName}"
        </param>
        <!-- 下载缓冲区大小 -->
        <param name="bufferSize">4096</param>
</result>
```

看到这里，相信读者已经明白了 Struts2 中 Stream Result 的用法。在后续的第 12 章，我们还会继续讨论文件的上传与下载。

3.3.7　Velocity Result 的配置

Velocity 与 FreeMarker 类似，也是一个流行的开源模板引擎。如果想在 Struts2 中使用 Velocity 模板，配置起来也非常简单，只需要将 type 设置为 velocity 即可：

```
<result name="success" type="velocity">
        <!-- 配置返回的 URL -->
```

```
        <param name="location">/test.vm</param>
        <!-- 允许 location 参数使用 ognl 进行解析,默认为 true -->
        <param name="parse">true</param>
</result>
```

配置方法与 FreeMarker 完全一样。要注意的是：Struts2 的默认模板引擎是 FreeMarker，如果项目要在 Struts2 中采用 velocity 时，则需要将相应的 jar 包加入到 classpath 中。

3.3.8 XSLT Result 的配置

XSL Result 实际上返回的是一个 XML，然后与预先定义好的 XSLT 结合用于生成目标 HTML 或 XML。这种技术现在应用的并不是非常广泛，这里我们还是介绍一下如何在 Struts2 中使用 XSLT Result，以便读者有个大概的了解。

首先，要创建一个 action，该 action 提供生成最终页面要显示的数据，XsltAction 的代码如下：

```
package lesson3;
import com.opensymphony.xwork2.ActionSupport;
public class XsltAction extends ActionSupport {
    private static final long serialVersionUID = -1035041460500572216L;
    private String username;
    private String password;

    public String execute() {
        username = "struts2";
        password = "12345678";
        return SUCCESS;
    }
    // set get
}
```

这个 action 并无任何特别之处，只是提供了 username、password 两个属性。接下来是 struts.xml 配置文件：

```
<action name="createXslt" class="lesson3.XsltAction">
        <result name="success" type="xslt">
            <!-- 配置 xslt 的所在路径,如果不配置,则会返回 xml -->
            <param name="stylesheetLocation">/user.xslt</param>
        </result>
</action>
```

使用 XSLT Result 后，不需要创建 jsp 等模板文件，但要提供 xlst 文件所在的位置，上面的 struts.xml 指定了一个名为 "user.xslt" 的文件，放在 WebRoot 根目录下，代码如下：

```
<?xml version="1.0"?>
<xsl:stylesheet xmlns:xsl="http://www.w3.org/1999/XSL/Transform"
    version="1.0">
    <!-- 设置输出格式与正确编码 -->
    <xsl:output method="html" version="4.0" encoding="GBK" indent="yes"
        omit-xml-declaration="yes" media-type="text/html" />
```

```
<!-- 通过xslt result返回xml的根节点就是result -->
<xsl:template match="result">
    <html>
        <body>
            <h4>
                您的用户名为：
                <xsl:value-of select="username" />
            </h4>
            <br />
            密码为：
            <xsl:value-of select="password" />
        </body>
    </html>
</xsl:template>
</xsl:stylesheet>
```

这里有一个小建议：Struts2 在使用 XSLT result 时，默认会缓存 XSLT 文件。也就是说，如果在调试过程中，用户对 XSLT 进行任何修改，必须重启容器才能生效。这对于开发阶段来说，难以忍受。用户可以在 struts.xml 或 struts.properties 中加入这么一段代码，设置 XSLT 不缓存即可：

```
<constant name="struts.xslt.nocache" value="true" />
```

最后发布项目，运行 XsltAction 就可看到如图 3.2 所示的效果。

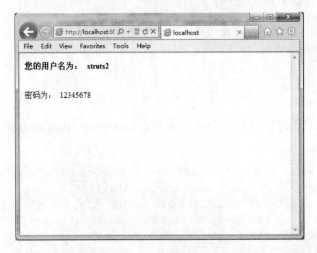

图 3.2 XSLT Result 示例的运行效果

3.3.9 PlainText Result 的配置

顾名思义，PlainText 就是将文本信息原封不动地直接输出。比如说要跳转的目标页面 success.jsp 的源代码如下：

```
<%@ page language="java" import="java.util.*" pageEncoding="UTF-8"%>
<%@ taglib prefix="s" uri="/struts-tags"%>
<!DOCTYPE HTML PUBLIC "-//W3C//DTD HTML 4.01 Transitional//EN">
```

```
<html>
    <head>
        <title>登录实例</title>
    </head>
    <body>
        <p>
            您的用户名为:
            <s:property value="username" />
        </p>
        <p>
            您的密码为:
            <s:property value="password" />
        </p>
    </body>
</html>
```

如果不使用 PlainText Result，则上述的 <%...%> 与 <s:property>都会在 JSP 运行时，被实际的内容所替换，最终生成的仅仅只是与 HTML 有关的内容。而使用 PlainText Result 后，上述代码会原封不动地输出到浏览器(通过右键查看源文件来判断)。

下面是关于 PlainText Result 的配置方式:

```
<action name="login" class="lesson3.Login">
    <result type="plainText">
        <!-- 指定要返回的页面 -->
        <param name="location">/welcome.jsp</param>
        <!-- 指定编码方式 -->
        <param name="charSet">UTF-8</param>
    </result>
</action>
```

3.3.10 JSON Result 的配置

在 Ajax 火爆的今天，异步 JavaScript 结合 XML 的方式已经深入人心。然而在 JavaScript 中用 DOM 去解析 XML 并不直观，开发人员期待出现既能像 XML 一样可读，又能在 JavaScript 中很方便地使用的数据结构——这便是 JSON。

在 Struts2 中，有一个专门生成 JSON 的插件。它提供了一种名为 json 的 ResultType，一旦为某个 Action 指定了一个类型为 json 的 Result，则该 Result 无须映射到任何视图资源。因为 JSON 插件会负责将 Action 里的状态信息序列化成 JSON 格式的数据，并将该数据返回给客户端页面的 JavaScript。

简单地说，JSON 插件允许在 JavaScript 中异步调用 Action，而且 Action 不再需要使用视图资源来显示该 Action 里的状态信息，而是由 JSON 插件负责将 Action 里的状态信息返回给调用页面，通过这种方式，就可以完成 Ajax 交互。

Struts2 提供了一种可插拔的方式来管理插件，安装 Struts2 的 JSON 插件与安装普通插件没有太大的区别，一样只需要将 Struts2 插件的 JAR 文件复制到 Web 应用的 WEB-INF/lib 路径下即可。

(1) 登录 http://code.google.com/p/jsonplugin/downloads/list 站点，下载 Struts2 的 JSON 插件的最新版本，当前最新版本是 0.7，我们可以下载该版本的 JSON 插件。将 json-plugin.jar

文件复制到 Web 应用的 WEB-INF 路径下，即可完成 JSON 插件的安装。

(2) 把 JSON2.js(下载地址为 http://github.com/douglascrock ford/JOSN-js/blob/master/json2.js)、prototype.js(下载地址为 http://www.prototypejs.org/download)复制到 js 文件夹下。

在配置时需要注意的是：配置 Struts2 的 package 节点时，需要继承 json-default pakcage，而不再继承默认的 default package，否则找不到 json 类型的返回结果类型。

在 Struts2 中，结合使用 json，其实是不错的选择。下面通过做一个登录系统来演示 Struts2 与 json 的用法。当用户输入姓名并移出焦点时，系统将根据用户输入的信息返回相关的提示。

当用户名没有输入"admin"时，会显示如图 3.3 所示信息提示用户注册的用户名合法。

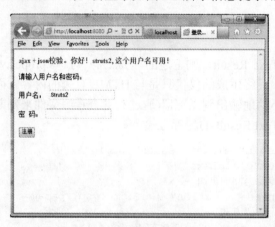

图 3.3　校验通过时的效果

当用户名输入"admin"时，会提示用户重新输入一个名称，如图 3.4 所示。

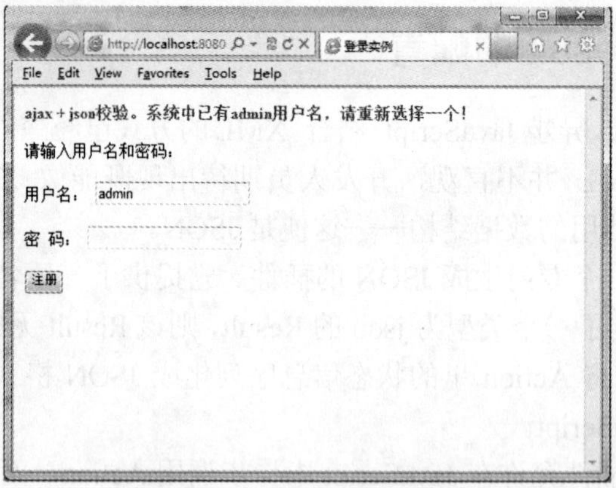

图 3.4　校验错误时的效果

现在我们来实现上述功能。首先创建一个 index.jsp 页面，用于显示注册页面：

```
<%@ page language="java" import="java.util.*" pageEncoding="UTF-8"%>
<html>
    <head>
        <title>登录实例</title>
        <!-- js 的引入 -->
```

```html
<script type="text/javascript" src="../js/prototype.js"></script>
<script type="text/javascript" src="../js/json2.js"></script>
<script language="JavaScript">
function validate(){
    //请求的地址
    var url = 'jsonValidate.action';
    var params = Form.Element.serialize("username");
    //创建 Ajax.Request 对象，对应于发送请求
    var myAjax = new Ajax.Request(url,{
        //请求方式：POST
        method:'post',
        //请求参数
        parameters:params,
        //指定回调函数
        onComplete: processResponse,
        //是否异步发送请求
        asynchronous:true
    });
}
function processResponse(request) {
    //将结果信息返回在 div "tip" 中
    var obj=JSON.parse(request.responseText);
    $("tip").innerHTML='ajax + json 校验。' + obj.tip;
}
</script>
</head>
<body>
    <span id="tip" style="color: red; font-weight: bold"> </span>
    <p />
        请输入用户名和密码：
        <br>
    <form name="frm" action="register.action" method="post">
        <p>
            用户名：
            <input type="text" id="username" name="username"
                onblur="validate();" />
        </p>
        <p>
            密 码：
            <input type="text" name="password" />
        </p>
        <input type="submit" value="注册" />
    </form>
</body>
</html>
```

对于上述页面异步请求的 Action "jsonValidate.action"，我们需要在里面加入判断是否已经注册过的逻辑，JsonAction.java 代码如下：

```java
package lesson3;
import org.apache.struts2.json.annotations.JSON;
```

```java
import com.opensymphony.xwork2.ActionSupport;
public class JsonAction extends ActionSupport {
    private String username;
    private String tip;
    public String execute() {
        try {
            if (!"admin".equals(username)) {
                tip = "你好！" + username + "，这个用户名可用！";
            } else {
                tip = "系统中已有" + username + "用户名，请重新选择一个！";
            }
        } catch (Exception e) {
            tip = e.getMessage();
        }
        return SUCCESS;
    }

    public String getTip() {
        return tip;
    }
    public void setTip(String tip) {
        this.tip = tip;
    }
    public void setUsername(String username) {
        this.username = username;
    }
    public String getUsername() {
        return username;
    }
}
```

最后我们在 struts.xml 中配置上述代码：

```xml
<!-- 注意 package 继承自 json-default -->
<package name="jsonAction" namespace="/json" extends="json-default">
    <action name="jsonValidate" class="lesson3.JsonAction">
        <!-- 返回类型为 json -->
        <result name="success" type="json" />
    </action>
</package>
```

发布应用程序，在浏览器输入 http://localhost:8080/struts2_03_Config/json/index.jsp，运行后就可看到如图 3.3 和图 3.4 所示的效果。

3.3.11 全局结果

大多数情况下，<result>节点都会配置在<action>节点中，作为此 action 的唯一返回结果。但有些场合下，这种做法却会造成许多冗余的配置。比如说，系统只有在用户合法登录的情况下才能使用，否则应该跳转到登录页面。这个时候，我们多么希望跳转到登录页面的配置是公共的，这样许多 action 或拦截器都可以共享它。

幸运的是，Struts2 提供了这样的机制，允许你在<package>节点中定义<global-results>节点来定义全局结果。当 action 执行完成后，它会先从自己的<result>节点中匹配，如果匹配不成功，则再从定义好的全局结果中继续查找。

假设我们在 struts.xml 中有如下全局结果的配置：

```xml
<package name="testGlobal" namespace="/" extends="struts-default">
    <global-results>
        <!-- 定义error 全局 result -->
        <result name="error">/error.jsp</result>
        <!-- 定义login 全局 result -->
        <result name="login">/login.jsp</result>
    </global-results>

    <action name="testGlobal" class="lesson3.GlobalAction"></action>
    ...
</package>
</struts>
```

我们定义了两个全局返回结果"error"和"login"，而名为"testGlobal"的 Action 中却未定义任何返回结果，GlobalAction.java 的代码如下：

```java
package lesson3;
import com.opensymphony.xwork2.ActionSupport;
public class GlobalAction extends ActionSupport {
    // 跳转到全局的 login result 中
    public String execute() {
        return LOGIN;
    }
}
```

通过查看代码，我们发现此 action 返回了名为 login 的返回结果。代码发布运行后，发现 Struts2 确实跳转到 login 所对应的"/login.jsp"页面中去了。

全局结果还可以结合 Struts2 的<exception-mapping>节点来配置抛出异常后跳转的页面。

```xml
<package name="xsltAction" namespace="/" extends="struts-default">

        <!-- 全局返回结果 -->
        <global-results>
            <result name="login">/login.jsp</result>
            <result name="exception">/exception.jsp</result>
            <result name="sqlException">/sqlException.jsp</result>
        </global-results>

        <!-- 全局 Excepiton -->
        <global-exception-mappings>
            <exception-mapping exception="java.sql.SQLException" result="sqlException" />
            <exception-mapping exception="java.lang.Exception" result="exception" />
```

```xml
        </global-exception-mappings>

        <action name="DataAccess" class="com.company.DataAccess">
            <!-- 如果在 DataAccess 抛出 com.company.SecurityException 异常，则
会跳转到 login 的全局结果/login.jsp 页面中 -->
            <exception-mapping  exception="com.company.SecurityException" result="login" />
            <!-- 如果在 Action DataAccess 在运行中抛出上述定义的全局异常
java.sql.SQLException，则会跳转到配置好的异常页面/sqlException.jsp 中 -->
            <result name="SQLException" type="chain">SQLExceptionAction</result>
            <result>/DataAccess.jsp</result>
        </action>
...
    </package>
</struts>
```

全局动态结果一定程度上减少了重复的配置文件的负担。但在开发中，建议将所有全局的配置信息放在一个统一的 XML 文档中，以方便管理。

3.3.12 动态结果映射

上面所有的关于<result>节点的配置，都是事先必须配置一个具体的返回结果才能生效。比如：

```xml
<action name="login" class="lesson3.Login">
    <result>/welcome.jsp</result>
</action>
```

如果想在程序中直接设置返回结果"welcome.jsp"，而不希望直接配置在 XML 中的话，有没有办法呢？答案肯定是有的。Struts2 支持动态结果映射，而且配置也十分简单：

```xml
<action name="login" class="lesson3.Login">
    <!-- 配置动态结果，需要 action 提供 getResultJsp 方法 -->
    <result>/${resultJsp}</result>
</action>
```

此时 action 只需要修改如下：

```java
package lesson3;
import com.opensymphony.xwork2.ActionSupport;
public class TestAction extends ActionSupport {
    private String resultJsp;
    //省略对应的 set/get 方法

    // 跳转到全局的 login result 中
    public String execute() {
        resultJsp = "login.jsp";
        return SUCCESS;
    }
}
```

动态结果同样也可以减少 XML 配置文件的数量，但如果仅仅想通过此特性来减少配置

信息并不是鼓励的做法。特别是你想通过一个 action 来实现多个返回结果时，更容易造成误解。所以，此方法用的并不是很多。

3.4 本 章 小 结

本章主要围绕 Struts2 的配置方式谈到了整个 Struts2 的体系结构的核心配置方式，是 Struts2 最基础的部分。

本章我们讨论了 Struts2 在 web.xml 中的配置，详细地介绍了 struts.xml 中各个节点的配置方式、action 类的编写以及执行结果 result。下一章会详细介绍基于标注的 Struts 配置方式以及 Struts2 中各种配置文件的加载顺序。

3.5 上 机 练 习

根据所学的知识，完成以下应用程序，需求如下：

假设现在有一组服务器，想要做一个简单的服务器运行状态监测 Web 程序发布到其中一台服务器上，用户通过浏览器访问你的系统就可以知道从这台主机到其他主机是否正常运行着。你可以采取以下步骤进行开发：

1. 用 Java 封装好获取 ping 值的方法。
2. 编写 Action 来调用封装好的方法，当用户访问的时候，显示服务器的 ping 值。
3. 用户需要不断地刷新才能知道服务器的情况，考虑一下能不能通过 Ajax 来不断更新状态信息。

第 4 章

Struts2 的配置方式二

学前提示

本章继续讨论 Struts2 的配置方式,核心配置部分已经在上一章详细讨论过了。这一章会继续介绍基于标注 Annotation 的 action 编写,以及 Struts2 配置文件的加载顺序。

知识要点

- Annotations 的配置
- Validation Annotations 的配置
- struts.properties 的配置
- struts-plugin.xml 的配置
- 各种配置文件的加载顺序

4.1 Annotation 的配置

JDK1.5 最主要的特性之一就是引入了 Annotation 标注。现在几乎所有的 Java EE 开源框架都支持 Annotation，并且有愈演愈烈之势，Struts2 自然也不例外。实际上 Struts2 引入 Annotation 最主要的是目的是减少 XML 配置文件的数量，将相关的配置信息通过 Annotation 嫁接到 Action 类中。

对于是否应该使用 Annotation 来替代 XML，本书不作过多的讨论，两者之间不能简单地看成是一种相互替代的关系：对于单个 Action 的配置，用 Annotation 可以很方便地开发与维护，但是对于全局的配置来说，XML 会更清晰。

在使用 Annotation 标注之前，需要将 struts2-convention-plugin.jar 包放在 classpath 目录下。此外，我们还需要了解 Annotation 的一些默认值设置，否则在使用的时候容易摸不着头脑。表 4.1 就是相关配置项的详细信息。

表 4.1 Annotation 配置说明

名 称	默 认 值	说 明
struts.convention.action.alwaysMapExecute	true	bean 的实现类
struts.convention.action.includeJars		如果你的这些使用过标注的 Action 类打成了 jar 包，需要通过配置此项来告诉 Struts2 容器的扫描路径。比如像 ".*myJar-0\.2.*,.*thirdparty-0\.1.*" 用逗号间隔的字符串
struts.convention.action.packages		用于指定一系列需要容器进行扫描的 packages，可以与 struts.convention.package.locators 中指定的配置不一致。比如 "com.company.a，com.company.b" 等
struts.convention.result.path	/WEB-INF/content/	用于指定模板文件(比如 jsp、freemarker、velocity)的默认存放路径
struts.convention.result.flatLayout	true	如果设置为 false，则 Struts2 在返回结果时，会默认从下列目录来查找返回结果：/模板文件的根目录/action 的 namespace/action 的名称/result 结果页面
struts.convention.action.suffix	Action	在扫描类文件时，会以此配置项作为后缀。比如就算 "HelloWorld" 实现了 Action 接口，但由于不是 Action 后缀，运行时，仍然会报找不到 Action 的错误
struts.convention.action.disableScanning	false	是否开启包扫描功能，用于查找 Action 类

第 4 章　Struts2 的配置方式二

续表

名　　称	默 认 值	说　　明
struts.convention.action.mapAllMatches	false	是否允许在没有配置@Action 的情况，也可以创建 action 映射
struts.convention.action.checkImplementsAction	true	用于判断 action 类是否是通过实现 com.opensymphony.xwork2.Action 接口来创建 action 映射的
struts.convention.default.parent.package	convention-default	设置默认用于进行 action 映射的 package。后面的例子中都讨论到具体实例
struts.convention.action.name.lowercase	true	将 action 的名称转换成小写
struts.convention.action.name.separator	—	默认通过使用分隔符号，来构建 Action URL。比如对于 HelloWorldAction 类，其对应的 URL 则是 http://ip/app/hello-world.action。类似的，其对应的 result 结果也会通过分隔符来生成如下格式：http://ip/app/hello-world.jsp（当然也可以自己指定）
struts.convention.package.locators	action,actions,struts,struts2	指定需要 Struts2 自动扫描的包名后缀。比如，com.company.action、com.company.struts
struts.convention.package.locators.disable	false	关闭 struts.convention.action.packages 中设置需要自动扫描的包
struts.convention.exclude.packages	org.apache.struts.*, org.apache.struts2.*, org.springframework.web.struts.*, org.springframework.web.struts2.*, org.hibernate.*	排除不需要扫描的包
struts.convention.package.locators.basePackage		如果要设置的话，则以这些字符串开头的包进行自动扫描
struts.convention.relative.result.types	dispatcher,velocity,freemarker	配置返回的结果类型
struts.convention.redirect.to.slash	true	是否允许 Apache、Tomcat 或其他 Web 服务器用相同的方式来处理未知的 action。例如，在访问/foo 无任何响应时，则 Struts2 会将/foo 重定向到/foot/上去

名 称	默 认 值	说 明
struts.convention. classLoader.excludeParent	true	从父 class loader 中排除一些不需要扫描的 actions。注意，在 JBoss5 中必须设置为 false

上述配置项，并不是所有的都需要关心。下面我们会着重讨论一些常用的设置项。

4.1.1 Namespace 的配置

与 xml 中的 namespace 节点类似，@Namespace 标注是用于配置 action 的 URL 路径的。比如，我们可以将 LoginAction 进行如下配置：

```
// 默认的包名最后部分为 action、actions、struts、struts2 中的任意一个
// 可通过修改 struts.xml 或 struts.properties 中的
struts.convention.package.locators=** 部分
// 否则会报找不到 Action 的错误
package lesson3.action;
//省略导包命令
//设置 Namespace 的 URL 路径
@Namespace("/")
// 默认的 Action 名的后缀为 Acton,
//可修改 struts.xml 或 struts.properties 中的 struts.convention.action.suffix
=** 部分
public class LoginAction {
    // 继承 LoginAction 类中的 Namespace
    // 最终变成 /login.action
    @Action("login")
    public String login() {
        return "success";
    }

    // 使用自定义的 Namespace
    // 最终变成/system/logout.action
    @Action("/system/logout")
    public String logout() {
        return "success";
    }
}
```

这样 LoginAction.java 不需要配置额外的 struts.xml 文件，就可通过下述两个 URL 访问：

- http://localhost:8080/struts2_03_Config/login.action
- http://localhost:8080/struts2_03_Config/system/logout.action

4.1.2 ParentPackage 的配置

在使用 Annotation 时，默认的 package 中配置的 interceptor-stack 还是 defaultStack。但如果想使用其他 package 定义好的配置信息(比如 defaultStack，全局结果或全局异常配置)，怎么办？Struts2 提供了一个名为@ParentPackage 的标注，它允许你改变默认的 package

设置。

为了测试@ParentPackage,我们先创建一个拦截器 InterceptorDemo.java:

```
package lesson3;
//省略导包命令
public class InterceptorDemo extends AbstractInterceptor {
    // 空实现
    public String intercept(ActionInvocation actionInvocation) throws Exception {
        return actionInvocation.invoke();
    }
}
```

这段代码没有任何逻辑,只是为了到时候可以设置断点,来查看设置是否生效。接下来,我们在 struts.xml 中配置 package:

```
<package name="lesson3Package" namespace="/" extends="struts-default">
        <interceptors>
            <!-- 配置自定义的拦截器,取名为 login -->
            <interceptor name="login" class="lesson3.InterceptorDemo" />
            <!-- 配置自定义的 interceptorStack,将自定义的拦截器加入 -->
            <interceptor-stack name="myStack">
                <interceptor-ref name="defaultStack" />
                <interceptor-ref name="login" />
            </interceptor-stack>
        </interceptors>

        <!-- 设置默认的拦截器,覆盖 struts-default 的设置 -->
        <default-interceptor-ref name="myStack" />
        ...
</package>
```

通过上述配置,我们已经将默认的"defaultStatck"改变为"myStack",并将刚才的拦截器"login"也配置在其中了。最后,我们来创建 SystemAction.java,用于测试我们的设置:

```
package lesson3.action;
//省略导包命令
//改变默认的 package 设置,将其设置为 struts.xml 中的 lesson3Package package
@ParentPackage("lesson3Package")
public class SystemAction {
    @Action("/system/user")
    public String logout() {
        return "success";
    }
}
```

项目发布后,输入 http://localhost:8080/struts2_03_Config/system/user.action 来运行项目。注意我们在 InterceptorDemo 拦截器的 intercept 方法打上断点来查看一下规则是否生效。

通过图 4.1,我们发现在调用 SystemAction 类之前,确实经过了 InterceptorDemo 拦截器。因此,通过使用@ParentPackage 的标注,我们可以很方便地为不同的 Action 设置不同

的 package，以满足不同的需求。

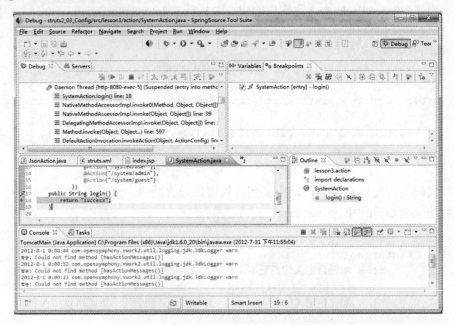

图 4.1　@ParentPackage 标注使用测试效果

4.1.3　Action 的配置

对于 Struts2 来说，@Action 标注是最小的执行单元，也是最重要的配置项，上面的所有例子中，都有@Action 的身影。

@Action 中有以下 5 个配置项。

- value：用于配置 action 的 URL 的名称。
- results：用于配置 action 的执行结果。
- interceptorRefs：用于配置 action 运行时所引用的拦截器。
- params：用于配置 action 的请求参数。
- exceptionMappings：用于配置 action 的异常映射。

现在我们就再创建一个 TestAction.java 来配置上述所有信息：

```
package lesson3.action;
//省略导包命令
//改变默认的package设置，将其设置为sturts.xml中的lesson3Package package
@ParentPackage("lesson3Package")
public class TestAction {
    @Action(
            //配置action URL
            value = "/anno/testDemo",
            //配置拦截器
            interceptorRefs = @InterceptorRef("login"),
            //配置result
            results = @Result(name = "success", location = "/anno/testDemo.jsp"),
            //配置params
```

```
                params = {"test", "struts2" },
                //配置 exceptionMappings
                exceptionMappings = @ExceptionMapping(
                        exception = "java.lang.NullPointerException",
                        result = "success",
                        params = {"param1", "val1" }
                        )
            )
    public String execute() {
        return "success";
    }
}
```

返回结果页面指定为"/anno/testDemo.jsp",读者还需要在此文件夹下创建这个页面。程序发布后,通过 http://localhost:8080/struts2_03_Config/ anno/testDemo.action 访问,可以看到最终会跳转到指定的页面,如图 4.2 所示。

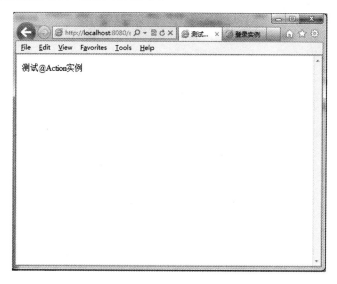

图 4.2 @Action 标注使用测试效果

4.1.4 Actions 的配置

@Action 一次只能配置一个 URL,因此显然@Actions 是@Action 的复数形式,允许用户对同一个 action 配置多个 URL,配置方法如下:

```
@Actions(
        {
                @Action("/system/user"),
                @Action("/system/admin"),
                @Action("/system/guest")
        })
    public String login() {
        return "success";
    }
```

对于需要配置别名的 action，这一招特别管用。上述代码就为"login"配置了三个 URL 别名。分别为"/system/user"、"/system/admin"和"/system/guest"。

4.1.5　InterceptorRefs 的配置

在讲@Action 标注时，我们就已经看到过@InterceptorRefs 的身影，它的主要目的是用于配置拦截器。@InterceptorRefs 除可与@Action 组合配置外，还可以配置在类级别上，这样该类下的所有 Action 方法都会用到此拦截器。

下面来看一个具体的@InterceptorRefs 配置实例：

```java
package lesson3.action;
//省略导包命令
//定义类一级的拦截器
@InterceptorRefs(
    {
        @InterceptorRef("login"),
        @InterceptorRef("defaultStack")
    })
public class TestInterceptorAction extends ActionSupport {
    //在此 Action 中使用 interceptorRefs 来覆盖类中定义好的拦截器
    //所以在调用此 Action 时,只有 vadidation 拦截器才会起作用
    @Action(value = "/test/validate", interceptorRefs = @InterceptorRef
("validation"))
    public String execute() {
        return SUCCESS;
    }

    //使用类一级的拦截器配置。login、defaultStack 都会进行拦截
    @Action(value = "/test/save")
    public String save() {
        return SUCCESS;
    }
}
```

如果直接运行上述代码可能会报找不到拦截器"login"的错误。那是因为"login"是用户自定义的拦截器，并不在"convention-default" package 中。这里有两个办法来解决这个问题：

- 使用先前学过的@ParentPackage 来指定新的 package。
- 修改 struts.xml 或 struts2.xml 中的 struts.convention.default.parent.package=** 来定义新的默认 package 包。这样的话，连@ParentPackage 都省了。

上述配置方法只需要任选一个即可。

4.1.6　Result 的配置

与 Actions 类似，Result 也提供@Result 标注来指定返回结果。上述的许多例子中，我们已经看到了@Result 的实例了。与@InterceptorRef 类似，它既可与 Action 单独配置，也可为用类的级别上进行全局定义，使得该类及其子类(从 Struts 2.1.7 版本开始)中的 action 都

可以共享返回结果。

我们来看@Result的配置：

```
//定义全局 Result
@Result(name="index", location="/index.jsp")
public class TestResultAction extends ActionSupport {

    @Action(value = "/test/submit",
            results={
                //定义局部 Results,只能用于 execute 方法
                @Result(name="jump", location="http://struts.apache.org", type="redirect"),
                @Result(name="success", location="/success.jsp", params={"status", "ok"})
            }
    )
    public String execute() {
        return SUCCESS;
    }

    // 这会返回到全局定义好的"/index.jsp"页面中
    @Action(value = "/test/index")
    public String save() {
        return "index";
    }
}
```

上述代码分别展示了全局与局部返回结果的配置方法，区别在于一个是定义在类上，另一个则是在方法上。接下来我们继续讨论@Results配置。

4.1.7 Results 的配置

@Results 的存在与@Actions 存在的意义完全一样：@Result 只允许定义一个 URL 结果，如果想要多个怎么办？这个时候@Results 就派上用场了，下面就是其用法：

```
//定义全局 Result
@Results({
    @Result(name="index", location="/index.jsp"),
    @Result(name="error", location="/error.jsp")
})
public class TestResultAction extends ActionSupport {
    ...
}
```

到这里，相信读者应该会明白其实标注也总是来来回回这几个打转，并没有什么特别的新意。

4.1.8 ResultPath 的配置

@ResultPath 标注允许应用程序 action 类改变默认的 struts.convention.result.path 所设置

的返回结果路径。它必须作用于 action 类一级，对该类的所有方法有效。比如，现在想把默认的"/WEB-INF/content/"改为"/WEB-INF/jsp/"，我们可以这样使用：

```
package lesson3.action;
//省略导包命令
//改变默认的 struts.convention.result.path 设置
@ResultPath("/WEB-INF/jsp/")
public class TestResultPathAction {
    //则 result 的页面会从 /WEB-INF/jsp/test.jsp 路径进行查找
    @Action(results=@Result(name="success", location="test.jsp", type="dispatcher"))
    public String execute() {
        return "success";
    }
}
```

4.1.9 ExceptionMapping 的配置

在讨论@Action 标注时，我们已经看到过@ExceptionMapping 的身影了，它主要用于定义 action 抛出异常时，如何进行跳转处理。@ExceptionMapping 也是既可用于类级别也可用于方法级别的配置，分别表示全局异常与本地异常，请看下述代码：

```
package lesson3.action;
//省略导包命令
// 定义全局 Exception。当发生 NullPointerException 异常时，会跳转到名为 exception
的 result 结果中去，并会将参数 param1=val1 一并带过去
@ExceptionMapping(exception = "java.lang.NullPointerException",
        result = "exception", params = {"param1", "val1"})
public class TestExceptionAction {
    //定义本地 Exception。当发生 NullPointerExceptio 异常时，会覆盖全局 Exception
的配置，而转到名为 localException 的 result 结果中去，并会将参数 param1=val1 一并带过去
    @Action(value = "localExceptionTest", exceptionMappings = {
            @ExceptionMapping(exception = "java.lang.NullPointerException",
                    result = "localException",
                    params = {"param2", "val2"})
    })
    public String execute() {
        return "success";
    }
}
```

相似的配置方法与@InterceptorRef、@Result 等如出一辙。

4.1.10 ExceptionMappings 的配置

通过学习@Actions、@Results 等标注，再看到@ExceptionMappings 时，很容易知道是用于配置多个异常时使用的，我们可以使用如下方法进行配置：

```
package lesson3.action;
```

```java
    //省略导包命令
    // 定义多个@ExceptionMapping
    @ExceptionMappings({
        @ExceptionMapping(exception = "java.lang.NullPointerException", result = "exception", params = {"param1", "val1"}),
        @ExceptionMapping(exception = "java.lang.Exception", result = "exception", params = {"param1", "val1"})
    })
    public class TestExceptionAction {
        //定义本地 Exception。当发生 NullPointerException 异常时,会覆盖全局 Exception
        //的配置,而转到名为 localException 的 result 结果中去,并会将参数 param1=val1 一并带过去
        @Action(value = "localExceptionTest", exceptionMappings = {
                    @ExceptionMapping(exception = "java.lang.NullPointerException",
                        result = "localException",
                        params = {"param2", "val2"}),
                    @ExceptionMapping(exception = "java.lang.Exception",
                        result = "localException",
                        params = {"param2", "val2"})
        })
        public String execute() {
            return "success";
        }
    }
```

至此,所有的核心 Annotation 标注都介绍完了。在开发阶段,建议在 struts.xml 或 struts.properties 中修改下面两个常量设置,允许 Struts2 容器自动加载修改过的标注,以免每次修改后还要重启容器而造成开发效率低下:

```xml
<constant name="struts.devMode" value="true"/>
<constant name="struts.convention.classes.reload" value="true" />
```

4.2 Validation Annotations 的配置

与 Action 相关的标注除第 3 章介绍的核心内容外,校验标注也是很实用的基础设施。本节主要讨论如何使用标注在 Struts2 中进行校验,在第 10 章 Struts2 校验中,我们还会继续深入研究,并教会大家如何使用 XML 来配置校验。

4.2.1 ConversionErrorFieldValidator 的配置

@ConversionErrorFieldValidator 用于校验 Action 是否在运行时出现类型转换错误。如果是,可以通过@ConversionErrorFieldValidator 中设置的 message 属性来显示这个错误信息。比如,现在有一个 Action ConversionErrorFieldValidatorAction.java,它的属性 "bar" 只允许为整型,则可以用如下代码实现:

```java
package lesson3.validate.action;
//省略导包命令
//定义校验错误的 input 结果页面
```

```java
@Results( { @Result(name = "input", location = "/validate/conversionErrorFieldValidator.jsp") })
// 从 Struts 2.1 版本开始被废弃了，因为校验不配置它也可以进行
// 后面的例子就不再配置它了
@Validation()
// 校验类型转换错误
public class ConversionErrorFieldValidatorAction extends ActionSupport{
    private int bar;
    // 设置校验类型为 field 字段，如果校验有错误，则显示后面的 message
    // 对于 set 属性的方法校验类型一般设置为 ValidatorType.FIELD
    @ConversionErrorFieldValidator(type = ValidatorType.FIELD, message = "请输入整数.")
    public void setBar(int bar) {
        this.bar = bar;
    }
    public int getBar() {
        return bar;
    }

    @Action(
    // 配置 action URL
    value = "/validate/conversionErrorFieldValidator", results =
    { @Result(name = "success", location = "/validate/success.jsp"), })
    public String execute() throws Exception {
        return SUCCESS;
    }
}
```

在上述代码中，@ConversionErrorFieldValidator 校验标注只能作用于方法之上，同时还设置了如果校验错误时会显示"请输入整数"。接下来，我们来创建 conversionErrorFieldValidator.jsp 页面：

```jsp
<%@ page language="java" import="java.util.*" pageEncoding="UTF-8"%>
<%@ taglib prefix="s" uri="/struts-tags"%>
<html>
    <head>
        <title>校验实例</title>
    </head>

    <body>
        <!-- 用于显示 actionerror 消息的标签 -->
        <s:actionerror />

        <!-- 用于显示 actionmessage 消息的标签 -->
        <s:actionmessage />

        <!-- 用于显示 fielderror 消息的标签 -->
        <s:fielderror />
        <br />

        <s:form action="conversionErrorFieldValidator" method="post" namespace="/">
```

```
            <s:textfield label="请输入整数:" name="bar" />
            <s:submit value="提交" />
        </s:form>
    </body>
</html>
```

程序发布后，我们通过浏览器访问此页面，然后输入非整型字符串，发现出现如图 4.3 所示的校验错误页面。

图 4.3 @ConversionErrorFieldValidator 标注使用测试效果

错误信息确实显示出来了，但"Invalid field value for field …"字样并不适合于最终用户。Struts2 的类型转换的默认提示并不友好，我们需要进行替换。方法就是使用资源文件(第 11 章中会有详细介绍)。

首先我们在 struts.xml 中配置常量 <constant name="struts.custom.i18n.resources" value="message"></constant> 来指定全局的资源文件名为 message.properties。接着在 classpath 路径下创建一个名为 message.properties 的文件，内容如下：

```
xwork.default.invalid.fieldvalue={0} is error.
```

它能改写 Struts2 默认的错误类型转换信息。其中{0}表示的是出错的属性名称。修改后，发布重新运行，我们可以看到如图 4.4 所示的效果。

图 4.4 @ConversionErrorFieldValidator 标注使用测试效果

当然资源文件是支持中文的，不过需要使用 native2ascii 进行转换，后面的章节会有介绍。这里重点讨论的是校验标注的使用。接下来的校验标注只给出示例代码与效果截图，不再赘述页面部分。

4.2.2 DateRangeFieldValidator 的配置

@DateRangeFieldValidator 用于判断日期是否在合法的时间段内。比如，设置提交到后期的日期值在 2000-01-01 至 2099-12-31 之间，我们就可以用@DateRangeFieldValidator 来校验提交的属性，创建一个名为 DateRangeFieldValidatorAction.java 的类，代码如下：

```java
package lesson3.validate.action;
//省略导包命令
//定义校验错误的 input 结果页面
@Results( { @Result(name = "input", location = "/validate/dateRangeFieldValidator.jsp") })
// 校验类型转换错误
public class DateRangeFieldValidatorAction extends ActionSupport{
    private Date bar;
    // 设置校验类型为 field 字段，如果校验有错误，则显示后面的 message
    // 对于 set 属性的方法校验类型一般设置为 ValidatorType.FIELD
    @DateRangeFieldValidator(type = ValidatorType.FIELD, min="2000-01-01", max="2099-12-31",
            message = "请输时间必须在${min}与${max}之间,当前值为${bar}.")
    //省略 bar 属性的 set/get 方法

    @Action(
    // 配置 action URL
    value = "/validate/dateRangeFieldValidator", results = { @Result(name = "success", location = "/validate/success.jsp"), })
    public String execute() throws Exception {
        return SUCCESS;
    }
}
```

在上述代码中，我们要求"bar"属性必须在合法的时间段内才可以提交，于是在@DateRangeFieldValidator 中设置了 min 和 max 属性，分别表示开始时间与结束时间。在 message 属性中还使用了 OGNL 表达式来取出我们所设置的值，从而显示给用户。

我们先访问表单页面，然后故意输入不合法的日期，请看图 4.5。

当我们提交此页面时，按照校验规则是无法通过的，于是出现如图 4.6 所示的校验结果。

看到这里，有读者一定会皱着眉头发现输入的"2199-01-01"被 Struts2 改成"99-1-1"了。实际上 Struts2 默认是按照 SHORT 方式来处理日期类型的，于是有了上述一幕。要完美解决这个方法，我们可以使用 Struts2 的类型转换功能(在第 6 章中会详细讨论)来帮助我们转换成习惯的"yyyy-MM-dd"格式。

第 4 章　Struts2 的配置方式二

图 4.5　@DateRangeFieldValidator 标注使用测试效果

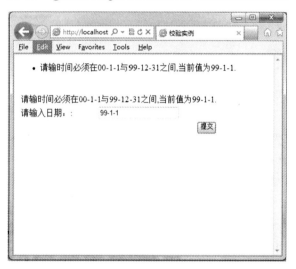

图 4.6　@ConversionErrorFieldValidator 标注使用不合法数据测试效果

一般来说，我们需要通过实现 Struts2 的 TypeConverter 接口来实现类型转换的功能。但 Struts2 的 StrutsTypeConverter 类已经实现了些接口，并做了一切基础性的封装，我们创建一个 DataConverter.java 类去继承它，然后只需要重写它的两个方法就足够了：

```java
package lesson3.validate.action;
//省略相应的导包命令；
public class DateConverter extends StrutsTypeConverter {
    private static String DATE_FOMART = "yyyy-MM-dd";
    // 从 String 转换成日期对象
    public Object convertFromString(Map context, String[] values, Class toClass) {
        Date date = null;
        String dateString = null;
        if (values != null && values.length > 0) {
```

```java
            dateString = values[0];
            if (dateString != null) {
                // 匹配 IE 浏览器
                SimpleDateFormat format = new SimpleDateFormat(DATE_FOMART);
                try {
                    date = format.parse(dateString);
                } catch (ParseException e) {
                    e.printStackTrace();
                    throw new RuntimeException("日期类型转换错误。");
                }
            }
        }
        return date;
    }
    // 从日期对象转换成 String
    public String convertToString(Map context, Object o) {
        // 格式化为 date 格式的字符串
        Date date = (Date) o;
        SimpleDateFormat format = new SimpleDateFormat(DATE_FOMART);
        return format.format(date);
    }
}
```

现在还剩下最后一步，就是如何配置这个 DataConverter 转换类。我们希望对于日期类型的转换是全局的，对整个 Struts2 应用程序都有效果，我们可以在 classpath 目录下创建一个名为 "xwork-conversion.properties" 的资源文件，然后在里面写上一行代码即可：

```
#config your converter
java.util.Date=lesson3.validate.action.DateConverter
```

现在我们再运行程序，查看校验效果，发现这次与我们所预期的一致了，如图 4.7 所示。

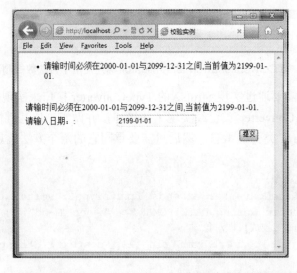

图 4.7　@ConversionErrorFieldValidator 标注使用合法数据测试效果

4.2.3 DoubleRangeFieldValidator 的配置

@DoubleRangeFieldValidator 用于判断浮点类型数据是否在合法的范围内。比如，现在希望提交到后期的数值在 1.5～1.85 之间，就可以用@DoubleRangeFieldValidator 来校验提交的属性。创建一个名为 DoubleRangeFieldValidatorAction.java 的类，代码如下：

```
package lesson3.validate.action;
//省略导包命令
//定义校验错误的 input 结果页面
    @Results( { @Result(name = "input", location = "/validate/doubleRangeFieldValidator.jsp") })
    // 校验类型转换错误
public class DoubleRangeFieldValidatorAction extends ActionSupport{
    private Double bar;
    // 设置校验类型为 field 字段，如果校验有错误，则显示后面的 message
    // 对于 set 属性的方法校验类型一般设置为 ValidatorType.FIELD
    // minInclusive、maxInclusive 配置的是闭区间
    // minExclusive、maxExclusive 配置的是开区间
    @DoubleRangeFieldValidator(type = ValidatorType.FIELD, minInclusive="1.50", maxInclusive="1.85",
            message = "请输时间必须在${minInclusive}与${maxInclusive}之间,当前值为${bar}.")
    //省略 bar 属性对应的 set/get 方法
    @Action(
    // 配置 action URL
    value = "/validate/doubleRangeFieldValidator", results = { @Result(name = "success", location = "/validate/success.jsp"), })
    public String execute() throws Exception {
        return SUCCESS;
    }
}
```

运行程序，查看校验效果如图 4.8 所示。

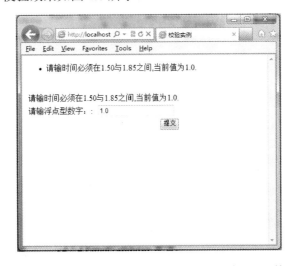

图 4.8 @DoubleRangeFieldValidator 标注使用测试效果

4.2.4 EmailValidator 的配置

@EmailValidator 用于校验属性是否为合法的 email 格式，这其实是一个挺常用的功能。我们创建一个名为 EmailValidatorAction.java 的类，代码如下：

```java
package lesson3.validate.action;
//省略相应的导包命令；
//定义校验错误的 input 结果页面
@Results({ @Result(name = "input", location = "/validate/emailValidator.jsp") })
// 校验类型转换错误
public class EmailValidatorAction extends ActionSupport{
    private String bar;
    // 设置校验类型为 field 字段，如果校验有错误，则显示后面的 message
    // 对于 set 属性的方法校验类型一般设置为 ValidatorType.FIELD
    @EmailValidator(type = ValidatorType.FIELD,
            message = "当前 email ${bar} 格式不合法.")
    //省略 bar 属性对应的 set/get 方法
    @Action(
    // 配置 action URL
    value = "/validate/emailValidator", results = { @Result(name = "success",
location = "/validate/success.jsp"), })
    public String execute() throws Exception {
        return SUCCESS;
    }
}
```

运行程序，查看校验效果如图 4.9 所示。

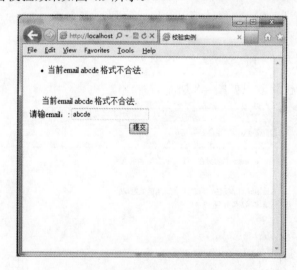

图 4.9 @EmailValidator 标注使用测试效果

4.2.5 ExpressionValidator 的配置

@ExpressionValidator 允许我们使用表达式来进行校验，这在很大程度上可以使我们自由使用一些更为复杂的校验规则。@ExpressionValidator 的表达式使用还是 OGNL，只要返回类型为 Boolean 就算合法。我们创建一个名为 ExpressionValidatorAction.java 的类，用于判断用户输入的整数不能低于 800。代码如下：

```java
package lesson3.validate.action;
//省略相应的导包命令
//定义校验错误的 input 结果页面
@Results( { @Result(name = "input", location = "/validate/expressionValidator.jsp") })
// 校验类型转换错误
public class ExpressionValidatorAction extends ActionSupport{
    private Long bar;

    // 设置校验类型为 field 字段，如果校验有错误，则显示后面的 message
    @ExpressionValidator(expression = "bar >= 800",
            message = "请输数值必须大于或等于800,当前值为${bar}.")
    //省略 bar 属性对应的 set/get 方法
    @Action(
    // 配置 action URL
    value = "/validate/expressionValidator", results = { @Result(name = "success", location = "/validate/success.jsp"), })
    public String execute() throws Exception {
        return SUCCESS;
    }
}
```

运行程序，查看校验效果如图 4.10 所示。

图 4.10　@ExpressionValidator 标注使用测试效果

4.2.6　IntRangeFieldValidator 的配置

从名称上看，不难发现@IntRangeFieldValidator 与@DoubleRangeFieldValidator 的区别在于前者是用于整型校验，后者是用于浮点类型数的校验。所以，用起来也是非常相似的。

现在我们希望属性值在 1 至 100 之间，就可以用@IntRangeFieldValidator 来校验。我们创建一个名为 IntRangeFieldValidatorAction.java 的类，代码如下：

```java
package lesson3.validate.action;
//省略相应的导包命令
//定义校验错误的 input 结果页面
@Results( { @Result(name = "input", location = "/validate/intRangeFieldValidator.jsp") })
// 校验类型转换错误
public class IntRangeFieldValidatorAction extends ActionSupport{
    private Integer bar;

    // 设置校验类型为 field 字段，如果校验有错误，则显示后面的 message
    @IntRangeFieldValidator(type = ValidatorType.FIELD, min="1", max="100",
        message = "请输时间必须在${min}与${max}之间,当前值为${bar}.")
    public void setBar(Integer bar) {
        this.bar = bar;
    }

    public Integer getBar() {
        return bar;
    }

    @Action(
    // 配置action URL
    value = "/validate/intRangeFieldValidator", results = { @Result(name = "success", location = "/validate/success.jsp"), })
    public String execute() throws Exception {
        return SUCCESS;
    }
}
```

运行程序，查看校验效果如图 4.11 所示。

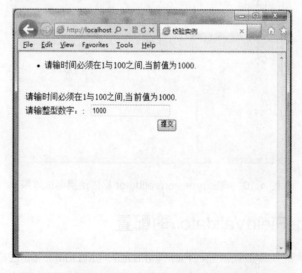

图 4.11　IntRangeFieldValidator 标注使用测试效果

4.2.7 RegexFieldValidator 的配置

@RegexFieldValidator 与 @ExpressionValidator 的标注功能类似。只不过前者是使用正则表达式，而后者使用的是 OGNL 表达式。很多校验器其实都是通过正则表达式来实现的，因为它强大的特性几乎可以涵盖其他校验标注。现在我们来创建一个名为 RegexFieldAction.java 的类，要求用户只能输入"abcdefg"中的任意一个字母，代码如下：

```
package lesson3.validate.action;
//省略相应的导包命令
//定义校验错误的 input 结果页面
@Results( { @Result(name = "input", location = "/validate/regexFieldValidator.jsp") })
// 校验类型转换错误
public class RegexFieldValidatorAction extends ActionSupport{
    private String bar;

    // 设置校验类型为 field 字段，如果校验有错误，则显示后面的 message
    @RegexFieldValidator(expression = "([abcdefg])",
            message = "只能输入 abcdefg 中的任意一个字母,当前值为${bar}.")
    //省略 bar 属性对应的 set/get 方法
    @Action(
    // 配置 action URL
    value = "/validate/regexFieldValidator", results = { @Result(name = "success", location = "/validate/success.jsp"), })
    public String execute() throws Exception {
        return SUCCESS;
    }
}
```

运行程序，查看校验效果如图 4.12 所示。

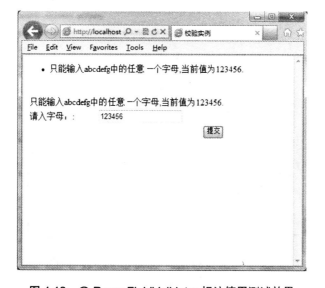

图 4.12　@ RegexFieldValidator 标注使用测试效果

4.2.8 RequiredFieldValidator 的配置

@RequiredFieldValidator 用于校验非 String 类型属性是否为空。这一点很重要，因为对于 Struts2 来说，一个 String 类型的属性文本框如果什么都不输入，直接提交到后台，默认值是""而不是 null，所以对于 String 类型的非空校验，在后面马上就会提到。这里，我们创建一个名为 RequiredFieldValidatorAction.java 的类，代码如下：

```java
package lesson3.validate.action;
//省略相应的导包命令
//定义校验错误的 input 结果页面
@Results( { @Result(name = "input", location = "/validate/requiredFieldValidator.jsp") })
// 校验类型转换错误
public class RequiredFieldValidatorAction extends ActionSupport {
    private Integer bar;

    // 设置校验类型为 field 字段，如果校验有错误，则显示后面的 message
    @RequiredFieldValidator(type = ValidatorType.FIELD, message = "属性 bar 不允许为空.")
    //省略 bar 属性对应的 set/get 方法
    @Action(
    // 配置 action URL
    value = "/validate/requiredFieldValidator", results = { @Result(name = "success", location = "/validate/success.jsp"), })
    public String execute() throws Exception {
        return SUCCESS;
    }
}
```

运行程序，查看校验效果如下：

图 4.13 @RequiredFieldValidator 标注使用测试效果

4.2.9 RequiredStringValidator 的配置

@RequiredStringValidator 其实就是@RequiredFieldValidator 的特例，它只能用于校验 String 类型属性是否为空，我们创建一个名为 RequiredStringValidatorAction.java 的类，代码如下：

```java
package lesson3.validate.action;
//省略相应的导包命令；
//定义校验错误的 input 结果页面
@Results( { @Result(name = "input", location = "/validate/requiredStringValidator.jsp") })
// 校验类型转换错误
public class RequiredStringValidatorAction extends ActionSupport {
    private String bar;
    // 设置校验类型为 field 字段，如果校验有错误，则显示后面的 message
    @RequiredStringValidator(type = ValidatorType.FIELD, message = "属性 bar 不允许为空.")
    //省略 bar 属性对应的 set/get 方法
    @Action(
    // 配置 action URL
    value = "/validate/requiredStringValidator", results = { @Result(name = "success", location = "/validate/success.jsp"), })
    public String execute() throws Exception {
        return SUCCESS;
    }
}
```

运行程序，查看校验效果如图 4.14 所示。

图 4.14 @RequiredStringValidator 标注使用测试效果

4.2.10 StringLengthFieldValidator 的配置

除校验 String 是否为空外，@StringLengthFieldValidator 标注还允许指定 String 字符串的长度限制，一般可与@RequiredStringValidator 混合使用。我们创建一个名为

StringLenghtValidatorAction.java 的类，代码如下：

```
package lesson3.validate.action;
//省略相应的导包命令
//定义校验错误的 input 结果页面
@Results( { @Result(name = "input", location = "/validate/stringLengthFieldValidator.jsp") })
// 校验类型转换错误
public class StringLengthFieldValidatorAction extends ActionSupport {
    private String bar;
    // 设置校验类型为 field 字段，如果校验有错误，则显示后面的 message
    // trim=true 表示自动会对提交的 string 进行 trim 操作
    @StringLengthFieldValidator(type = ValidatorType.FIELD,
    message = "属性 bar 的长度必须在 ${minLength} 与 ${maxLength} 之间, 当前值为 ${bar}",
        trim = true, minLength = "5", maxLength = "12")
    //省略 bar 属性对应的 set/get 方法

    @Action(
    // 配置 action URL
    value = "/validate/stringLengthFieldValidator", results = { @Result(name = "success", location = "/validate/success.jsp"), })
    public String execute() throws Exception {
        return SUCCESS;
    }
}
```

运行程序，查看校验效果如图 4.15 所示。

图 4.15 @ StringLengthFieldValidator 标注使用测试效果

4.2.11 UrlValidator 的配置

@UrlValidator 允许对一个 URL 地址进行合法性的校验，虽然使用正则表达式也可以做到，但 Struts2 既然提供了这个功能，我们就应该使用。创建一个名为 UrlValidatorAction.java

的类，代码如下：

```
package lesson3.validate.action;
//省略相应的导包命令
//定义校验错误的 input 结果页面
@Results( { @Result(name = "input", location = "/validate/urlValidator.jsp") })
// 校验类型转换错误
public class UrlValidatorAction extends ActionSupport {
    private String bar;

    // 设置校验类型为 field 字段,如果校验有错误,则显示后面的 message
    @UrlValidator(type = ValidatorType.FIELD, message = "属性 bar 不是合法的 URL 地址.")
    //省略 bar 属性对应的 set/get 方法
    @Action(
    // 配置 action URL
    value = "/validate/urlValidator", results = { @Result(name = "success", location = "/validate/success.jsp"), })
    public String execute() throws Exception {
        return SUCCESS;
    }
}
```

运行程序，查看校验效果如图 4.16 所示。

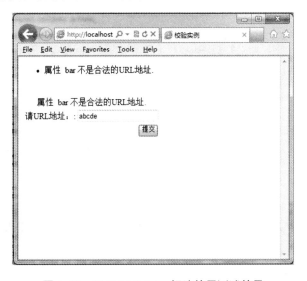

图 4.16 @ UrlValidator 标注使用测试效果

4.2.12 Validation 的配置

一开始我们就谈到@Validation()从 Struts 2.1 版本开始被废弃了，因为校验不配置它也可以进行，没有存在的必要。所以我们不打算介绍关于它的内容，在配置时，@Validation()必须配置在类的级别上，比如像下述代码：

```
// 从 Struts 2.1 版本开始被废弃了,因为校验不配置它也可以进行
// 后面的例子就不再配置它了
@Validation()
// 校验类型转换错误
public class ConversionErrorFieldValidatorAction extends ActionSupport{
...
}
```

4.2.13 Validations 的配置

上面所有的校验标注配置都是单个地进行校验。Struts2 允许将多个校验规则组成一组用于校验,这便是通过使用@Validations 标注来进行组合。现在我们把多种校验组合起来,看看实际的校验效果,下面是 ValidationsValidatorAction.java 代码:

```
package lesson3.validate.action;
//省略相应的导包命令
//定义校验错误的 input 结果页面
@Results( { @Result(name = "input", location = "/validate/validationsValidator.jsp") })
// 校验类型转换错误
public class ValidationsValidatorAction extends ActionSupport {
    private Integer field1;
    private String field2;
    private String field3;

    @Validations(
    // 当有多个校验规则时,如果只要某个校验不通过就直接返回错误,而不是等其他校验规则都校验完再返回
            // 可以使用短路校验,即设置 shortCircuit=true
            requiredFields = { @RequiredFieldValidator(type = ValidatorType.SIMPLE, fieldName = "field1", message = "field1 不允许为空." , shortCircuit=true) },
            intRangeFields = { @IntRangeFieldValidator(type = ValidatorType.SIMPLE, fieldName = "field1", min = "6", max = "10", message = "field1 不能小于 ${min} 且不能大于 ${max}, 当前值为 ${filed1}.") },
            urls = { @UrlValidator(type = ValidatorType.SIMPLE, fieldName = "field2", message = "field2 必须为合法的 URL")},
            emails = { @EmailValidator(type = ValidatorType.SIMPLE, fieldName = "field3", message = "field3 必须为合法的 email 格式")}
            )
    @Action(
    // 配置 action URL
    value = "/validate/validationsValidator", results = { @Result(name = "success", location = "/validate/success.jsp"), })
    public String execute() throws Exception {
        return SUCCESS;
    }
    //省略 field1, field2, field3 属性对应的 set/get 方法
}
```

运行程序,查看校验效果如图 4.17 所示。

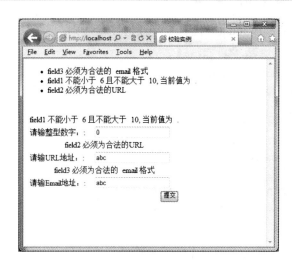

图 4.17 @ Validations 标注使用测试效果

4.2.14 VisitorFieldValidator 的配置

@VisitorFieldValidator 是一个比较特殊的校验器，主要是它本身并不进行任何校验，而是使用其他已经配置好的校验器来完成校验功能。概念上可能有点抽象，我们还是来看实际的代码，下面的 VisitorFieldValidatorAction.java 使用了 Person.java 中的校验器：

```
    package lesson3.validate.action;
    //省略相应的导包命令
    //定义校验错误的 input 结果页面
    @Results( { @Result(name = "input", location = "/validate/
visitorFieldValidator.jsp") })
    // 校验类型转换错误
    public class VisitorFieldValidatorAction extends ActionSupport {
        private Person person;
        // 使用 @VisitorFieldValidator 标注后，所有的校验工作都交给 Person 类中的校验器
        @VisitorFieldValidator(appendPrefix=false)
        public void setPerson(Person person) {
            this.person = person;
        }

        public Person getPerson() {
            return person;
        }

        @Action(
        // 配置 action URL
        value = "/validate/visitorFieldValidator", results = { @Result(name =
"success", location = "/validate/success.jsp"), })
        public String execute() throws Exception {
            return SUCCESS;
        }
    }
```

在这里，@VisitorFieldValidator 没有定义任何校验规则，一切都在 Person.java 中：

```java
package lesson3.validate.action;
import com.opensymphony.xwork2.validator.annotations.RequiredStringValidator;
public class Person {
    private String name;
    private String gender;
    public String getName() {
        return name;
    }
    @RequiredStringValidator(message = "用户名不能为空")
    public void setName(String name) {
        this.name = name;
    }
    public String getGender() {
        return gender;
    }
    @RequiredStringValidator(message = "用户名性别不能为空")
    public void setGender(String gender) {
        this.gender = gender;
    }
}
```

相关的测试页面 visitorFieldValidator.jsp 的代码如下：

```jsp
<%@ page language="java" import="java.util.*" pageEncoding="UTF-8"%>
<%@ taglib prefix="s" uri="/struts-tags"%>
<html>
    <head>
        <title>校验实例</title>
    </head>
    <body>
        <!-- 用于显示actionerror 消息的标签 -->
        <s:actionerror />
        <!-- 用于显示actionmessage 消息的标签 -->
        <s:actionmessage />
        <!-- 用于显示fielderror 消息的标签 -->
        <s:fielderror />
        <br />
        <s:form action="visitorFieldValidator" method="post" namespace="/">
            <s:textfield label="用户名" name="person.name" />
            <s:textfield label="性别" name="person.gender" />
            <s:submit value="提交" />
        </s:form>
    </body>
</html>
```

发布程序运行后，查看校验效果如图 4.18 所示。

图 4.18 @ VisitorFieldValidator 标注使用测试效果

4.2.15 CustomValidator 的配置

@CustomValidator 用于实现自定义的校验器，也就是说我们需要编写额外的代码来自定义一个用于特殊规则校验的校验器。我们需要通过实现 Struts2 的 com.opensymphony.xwork2.validator.FieldValidator 接口来实现我们的校验器，但推荐直接继承 com.opensymphony.xwork2.validator.validators.FieldValidatorSupport 类，只需要重写 validate 方法即可。下面的 NameValidator.java 就是我们要实现的校验器，它只允许输入的 "struts2" 字符串通过校验：

```
package lesson3.validate.action;
import com.opensymphony.xwork2.validator.ValidationException;
import com.opensymphony.xwork2.validator.validators.FieldValidatorSupport;
public class NameValidator extends FieldValidatorSupport {
    public void validate(Object object) throws ValidationException {
        // 得到要校验的属性字段名
        String fieldName = this.getFieldName();
        // 得到提交的值
        String name = (String) this.getFieldValue(fieldName, object);
        // 判断输入的是否是 struts2
        if (!"struts2".equalsIgnoreCase(name)) {
            this.addFieldError(fieldName, "对不起，您输入的名称有误");
        }
    }
}
```

校验器编写完成后，我们还需要对其进行注册，毕竟这不是 Struts2 原生的校验器，我们在 classpath 下创建一个名为 validators.xml 的配置文件，它是整个 Struts2 应用程序的全局校验配置文件，我们将上面编写的校验器注册在里面：

```
<?xml version="1.0" encoding="UTF-8"?>
<!DOCTYPE validators PUBLIC
    "-//OpenSymphony Group//XWork Validator Config 1.0//EN"
```

```
            "http://www.opensymphony.com/xwork/xwork-validator-config-1.0.dtd">
<validators>
    <validator name="nameValidator" class="lesson3.validate.action.NameValidator" />
</validators>
```

接下来，我们在 action 中来运用这个校验。创建一个名为 CustomValidatorAction.java 的类，代码如下：

```
package lesson3.validate.action;
//省略相应的导包命令
//定义校验错误的 input 结果页面
    @Results( { @Result(name = "input", location = "/validate/customValidator.jsp") })
// 校验类型转换错误
public class CustomValidatorAction extends ActionSupport {
    private String bar;
    // 设置校验类型为 field 字段，如果校验有错误，则显示后面的 message
    // 使用在 validators.xml 中注册的校验器 nameValidator
    @CustomValidator(type = "nameValidator", fieldName = "bar", message = "对不起，您输入的名称有误")
    //省略 bar 属性的 set/get 方法

    @Action(
    // 配置 action URL
    value = "/validate/customValidator", results = { @Result(name = "success", location = "/validate/success.jsp"), })
    public String execute() throws Exception {
        return SUCCESS;
    }
}
```

发布程序运行后，查看校验效果如图 4.19 所示。

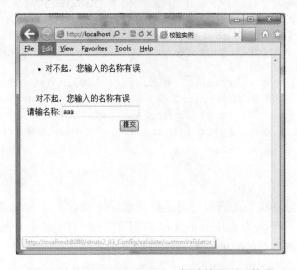

图 4.19 @ CustomValidator 标注使用测试效果

4.3 struts.properties 的配置

struts.properties 是 Struts2 的配置文件之一。它本身是一个标准的 Properties 文件，该文件包含了系列的 key-value 对象，每个 key 就是一个 Struts2 属性。该 key 对应的 value 就是一个 Struts2 属性值。struts.properties 文件通常放在 Web 应用的 WEB-INF/classes 路径下，这样 Struts2 框架在启动时就可以加载该文件。

struts.properties 配置文件提供了一种改变框架默认行为的机制。一般来讲我们没必要修改这个文件，除非你想拥有一个更加友好的开发调试环境。struts.properties 文件中包含的所有属性都可以在 web.xml 配置文件中使用 init-param 标签进行配置，或者在 struts.xml 文件中使用 constant 标签进行配置。

在 struts2-core-*.jar 包中，有一个名为 default.properties 的属性文件，它里面有许多默认设置。如果对其中的设置不满意，则可以在项目源文件路径的根目录下创建一个名为 struts.properties 的文件，来对某个属性进行修改，修改后属性值将会覆盖默认值。

struts.properties 中定义的 Struts2 属性请参见附录部分。

4.4 struts-plugin.xml 的配置

struts-plugin.xml 实际上与 struts.xml 并无本质区别，配置方式一模一样。但重要的是：struts-plugin.xml 的加载顺序与 struts.xml 不一样。在下一节我们会提到各种配置文件的加载顺序。

这里再重复一遍，struts-plugin.xml 并无特别之处，这更像是一种约定。所以 Struts2 的插件作者一般都习惯将自己的配置信息写在 struts-plugin.xml 中，在系统启动时，Struts2 会按照约定对所有的 struts-plugin.xml 文件进行加载。

4.5 各种配置文件的加载顺序

我们介绍了 struts.properties、struts-default.xml、struts.xml、struts-plugin.xml 等配置文件，那么它们之间究竟是什么样的加载顺序呢？答案如下：

加载顺序依次为 struts-default.xml→struts-plugin.xml→struts.xml→struts.properties。在实际使用过程中，读者需要注意这四个配置文件的加载顺序，以免配置的属性不小心被覆盖掉。比如，在 struts.xml 中配置的属性 A，如果在 struts.properites 中也有关于属性 A 的配置，那么后者会将前者的值给覆盖掉。

4.6 本章小结

在本章中，继续上一章节内容，介绍了当今非常流行的基于标注的配置方式、Struts2 的各个配置文件的作用及加载顺序，读者在配置这些文件时需要格外注意。这两章涉及的

内容较多，甚至包括后面章节的部分内容，是整个 Struts2 学习比较关键的一部分，而后面各章节其实是本章的延伸。读者不必把本章节的内容熟读于心，可以把本章节的内容当作工具书，在后面的学习过程中，用到某些配置方式时，再一一对照查看。

4.7 上机练习

1. 用 Struts2 标注将 3.5 节的习题重做一遍。
2. 思考一下，如果当某台服务器已经无法正常工作了，而工作站人员此时又恰好不在，现在需要你开发一个发送邮件或短信的功能通知相关工作人员。你会如何修改此程序？

第 5 章

体验 Struts2 拦截器

学前提示

拦截器是 Struts2 的一大特色。拦截器可以让在当前执行的 action 所在的上下文之前或之后执行其他额外的操作。比如说，判断用户是否登录时，需要对每次请求都进行校验。但校验的逻辑通常是公共的，不应该直接写死在某个 action 类中，因此拦截器可以在 action 执行之前先进行校验，然后再进行正常的业务操作。本章节将从拦截器的体系结构、自定义拦截器、拦截器的配置等方面来进行介绍。

知识要点

- Struts2 拦截器的体系结构
- Struts2 拦截器
- 自定义拦截器
- 用 Annotation 配置拦截器

5.1　Struts2 拦截器的体系结构

Struts2 的拦截器的最大特点就是它做到了对程序员的透明性——用户感觉不到它的存在，但它却时时刻刻地在帮你处理很多事情。比如说，文件上传、表单校验、国际化等。可以这么讲：没有拦截器的 Struts2 是不完整的，它是支撑 Struts2 的重要部分。Struts2 拦截器的流程如图 5.1 所示。

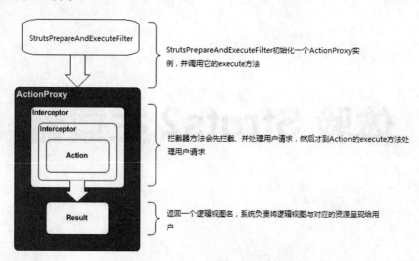

图 5.1　Struts2 拦截器的流程

在第 2 章的时候，通过阅读源代码的方式已经向读者朋友介绍了拦截器的调用过程，即拦截器会按照 Struts 配置文件中 interceptor-stack 中的配置，依次组成一个 List。然后通过递归调用来完成。

正如图 5.1 所示，拦截器层层裹住 action，一个接一个地往下调用直到 action 执行完成后，又一个接一个地按调用时的顺序反过来再执行拦截器，因此 Struts2 拦截器是严格按照配置的顺序来调用的，如果设置不当，将会出现很隐蔽的错误，难以发觉。

```
thisWillRunFirstInterceptor
  thisWillRunNextInterceptor
    followedByThisInterceptor
      thisWillRunLastInterceptor
        MyAction1
        MyAction2 (chain)
        MyPreResultListener
        MyResult (result)
      thisWillRunLastInterceptor
    followedByThisInterceptor
  thisWillRunNextInterceptor
thisWillRunFirstInterceptor
```

如果读者能理解 Struts2 拦截器的体系结构，那么建议继续学习如下的细节内容。否则建议读者多花点儿时间研究拦截器的体系结构。

5.2 Struts2 拦截器

在第 3 章的时候，我们已经讨论了拦截器的配置，知道在默认的 defaultStack 中有许多 Struts2 预制的拦截器，具体包含内容如下：

```xml
<interceptor-stack name="defaultStack">
        <interceptor-ref name="exception"/>
        <interceptor-ref name="alias"/>
        <interceptor-ref name="servletConfig"/>
        <interceptor-ref name="i18n"/>
        <interceptor-ref name="prepare"/>
        <interceptor-ref name="chain"/>
        <interceptor-ref name="debugging"/>
        <interceptor-ref name="scopedModelDriven"/>
        <interceptor-ref name="modelDriven"/>
        <interceptor-ref name="fileUpload"/>
        <interceptor-ref name="checkbox"/>
        <interceptor-ref name="multiselect"/>
        <interceptor-ref name="staticParams"/>
        <interceptor-ref name="actionMappingParams"/>
        <interceptor-ref name="params">
          <param name="excludeParams">dojo\..*,^struts\..*</param>
        </interceptor-ref>
        <interceptor-ref name="conversionError"/>
        <interceptor-ref name="validation">
            <param name="excludeMethods">input,back,cancel,browse</param>
        </interceptor-ref>
        <interceptor-ref name="workflow">
            <param name="excludeMethods">input,back,cancel,browse</param>
        </interceptor-ref>
</interceptor-stack>
```

以上众多的拦截器可能会让读者产生畏难情绪，毕竟要一一弄清楚这些拦截器的作用是比较庞大的工程。为了让读者对这些拦截器的功能有所了解，下面把这些预制拦截器提供的功能进行简要的说明，如表 5.1 所示。

表 5.1 拦截器的名称及作用说明

拦 截 器	配置名称	说　明
Alias Interceptor	alias	为请求的参数设置新的别名
Chaining Inteceptor	chain	使得上一个被调用过的 action 中的属性都保持在当前 action 中也是可用的。使用时，需要将上一个 action 的返回类型配置为<result type="chain">
Checkbox Interceptor	checkbox	该拦截器会自动检测 html 中未选中 checkbox 组件，然后默认赋值为 "false"。可以设置拦截器 "setUncheckedValue" 属性来修改默认值。此外，此拦截器必须结合使用 Struts2 的标签才能生效

续表

拦 截 器	配置名称	说 明
Cookie Interceptor	cookie	此拦截器可以为 action 配置预定义的 Cookie 值。从 Struts 2.0.7 版本开始才有此拦截器
Conversion Error Interceptor	conversionError	将类型转换错误的信息添加到 action 的 fielderrors 中。错误信息必须通过 Struts2 的标签显示出来
Create Session Interceptor	createSession	用于自动创建 HttpSession。一般与一些特定的拦截器组件一起使用。比如说使用 TokenInterceptor 时必须创建 session
Debugging Interceptor	debugging	提供多种不同的调试路途来查看页面数据的具体情况
Exception Interceptor	exception	如果执行 action 有异常报出，则可以将捕获的异常信息输出到定义好的 result 页面中
File Upload Interceptor	fileUpload	用于处理文件上传的拦截器。它封装了上传文件流的操作系统，用起来时非常方便
I18n Interceptor	i18n	处理国际化的拦截器。会自动根据浏览器设置的 local 属性取得相应的资源文件
Logger Interceptor	logger	用于输出一个 action 开始与结束信息的日志拦截器，没什么特别之处
Message Store Interceptor	store	从实现了 ValidationAware 接口的 action 中取得 action messages、action errors、action field errors 等待信息并存于 http session 中
Model Driven Interceptor	modelDriven	启用模型驱动的拦截器(详见第 2 章)
Scoped Model Driven Interceptor	scopedModelDriven	与 Model Driven Interceptor 类似，不过可以指定模型的作用域。比如指定作用域为 session 时，表示模型的值会从 session 中进行存取
Parameters Interceptor	params	这是 Struts2 的一个基本拦截器，会将所有请求过来的参数通通收集到
Scope Interceptor	scope	将 action 的状态(比如在 action 中定义的属性)存于指定的作用域(比如存于 httpsession 中)，然后配置给指定的 action 使用
Servlet Config Interceptor	servletConfig	在 2.4 节内容中，提到了 ServletRequestAware，ServletResponseAware 等接口。当你实现这些接口时，Servlet Config Interceptor 就会把相应的对象注入进去
Static arameters Interceptor	staticParams	当 Action 配置了此拦截器后，会自动将预定义好的参数值组装好给 Action 使用
Roles Interceptor	roles	只有满足 JAAS(Java Authentication Authorization Service Java 验证授权服务)权限的用户才能执行 action，否则都会出现 403 禁止访问错误
TimerInterceptor	timer	统计一个 action 执行总时间(包括涉及的拦截器与视图执行)
TokenInterceptor	token	阻止对同一个表单重复提交的拦截器

续表

拦 截 器	配置名称	说 明
Token Session Interceptor	tokenSession	与 Token Interceptor 类似，不过它的作用域是 httpSession，而不是先前的 request
Validation Interceptor	validation	应用定义在 "action 名称-validation.xml" 中的校验规则进行校验的拦截器
Workflow Interceptor	workflow	调用 action 的 validate 方法，如果有错误则返回定义好的 INPUT 页面，该拦截器本身没有校验逻辑
Parameter Filter Interceptor	parameterFilter	可以过滤掉 Parameters Inteceptor 中收集到的参数
Profiling Interceptor	profiling	激活对 action 的分析调试。只有在开始 devMode 模式下才有效
Multiselect Interceptor	multiselect	与 Checkbox Interceptor 类似。不过这个是解决多选框的拦截器

我们介绍的这近 30 个拦截器并不会都用上，读者不必花费太多时间学习。在具体用到时，查看 Struts2 文档所带的示例即可。一般来说，默认的设置都是 Struts2 开发人员精心挑选出来的，已经能够满足绝大多数的需求了。

5.3 自定义拦截器

在实际的开发过程中，总会遇到特定的需求。此时会发现现有的拦截器无法满足需求。其中消极的做法就是等待 Struts2 推出更新的版本，增加更多功能强大的拦截器。但现实中几乎没有人真会这么做。

Struts2 提供了拦截器接口，允许用户将自己的逻辑封装在拦截器中，然后进行简单的配置就可以满足要求。

Struts2 提供了拦截器接口的源码如下：

```
public interface Interceptor extends Serializable {
    /**
     * 用于清除分配给该拦截器的资源(可选)
     */
    void destroy();

    /**
     * 当拦截器创建完成后，就会调用此方法。可用于初始化拦截器所需要的资源(可选)
     *
     */
    void init();

    /**
     * 拦截器的调用方法(必选,如果不实现此方法，则该拦截器不起任何作用。)
     */
```

```
    String intercept(ActionInvocation invocation) throws Exception;
}
```

该接口中最重要的就是 intercept 方法。针对此接口还提供了一个 AbstractInterceptor 抽象类，它实现了 Interceptor 接口。AbstractInterceptor 类的代码清单如下：

```
public abstract class AbstractInterceptor implements Interceptor {

    /**
     * Does nothing
     */
    public void init() {
    }

    /**
     * Does nothing
     */
    public void destroy() {
    }

    /**
     * Override to handle interception
     */
    public abstract String intercept(ActionInvocation invocation) throws Exception;
}
```

如果我们不想实现 init 和 destory 方法，可以继承这个抽象类来实现我们自定义的拦截器。在实现拦截器的时候，需要注意的是"每个 request 请求都会实例化一个 action，所以 action 不需要线程安全。但是拦截器是单例的，会在请求之间共享。因此拦截器必须线程安全。"要做到这一点，只需在实现拦截器时尽量避免使用成员变量或静态变量，这与使用 Servlet 有些类似。在了解自定义拦截器的知识后，下面就来编写一个拦截器示例以加深对拦截器的理解。

5.4 拦截器的示例

我们现在遇到这样一个需求：如果用户登录则可以访问 action 中的任何方法，否则将不允许用户访问任何方法，并给予相应提示。这也是真实开发中很常见的需求。根据自定义拦截器小节内容的学习，将通过编写自定义拦截器来实现此需求。具体操作步骤如下所示。

1. 编写自定义拦截器类

这里编写名为 LoginInterceptor 的拦截器，它直接继承于 AbstractInterceptor 抽象类，代码清单如下：

```
package lesson4;

import java.util.Map;
```

```java
import javax.servlet.http.HttpServletRequest;
import org.apache.struts2.ServletActionContext;
import com.opensymphony.xwork2.Action;
import com.opensymphony.xwork2.ActionInvocation;
import com.opensymphony.xwork2.interceptor.AbstractInterceptor;

// 判断用户是否登录的拦截器
public class LoginInterceptor extends AbstractInterceptor {
    /**
     * 实现判断登录的入口方法，这里的 intercept 类似于 AOP 中的环绕通知。
     */
    public String intercept(ActionInvocation actionInvocation) throws Exception {
        // 通过 ActionInvocation 对象得到 ActionContext 对象
        // 而 ActionContext 对象可以直接访问 request、response、session 等对象
        // (参见第 2 章的 2.4 节)
        Map<String, Object> session = actionInvocation.getInvocationContext().getSession();
        User user = (User) session.get("user");
        if (user == null) {
            // 得到 response
            HttpServletResponse response = ServletActionContext.getResponse();
            // 跳转到登录页面
            response.sendRedirect("/struts2_04_Interceptor/index.jsp");
            return null;
        }else
        // 正常执行 action
        return actionInvocation.invoke();
    }
}
```

2. 编写相应的 Action 类

编写一个简单的 Action 类，命名为 Login，并提供两个简单方法：login 和 welcome。Login.java 类的代码清单如下：

```java
package lesson4;
import com.opensymphony.xwork2.ActionContext;
import com.opensymphony.xwork2.ActionSupport;

public class Login extends ActionSupport {
    private static final long serialVersionUID = -1035041460500572216L;
    // 定义 user 对象
    private User user;

    // 执行登录的方法
    public String login() {
        // 将当前登录的用户信息存放在 session 中
        ActionContext.getContext().getSession().put("user", user);
        return SUCCESS;
    }
```

```
    // 跳转到欢迎页
    public String welcome() {
        return SUCCESS;
    }

    // 返回的结果页面从此 get 方法中取出数据
    public User getUser() {
        return user;
    }

    // 提交到 Action 时从此 set 方法中取出数据
    public void setUser(User user) {
        this.user = user;
    }
}
```

3. 编写相应的 JavaBean 类

其中用到的 User.java 代码如下：

```
package lesson4;
public class User {
    private String username;
    private String password;
    public String getUsername() {
        return username;
    }
    public void setUsername(String username) {
        this.username = username;
    }
    public String getPassword() {
        return password;
    }
    public void setPassword(String password) {
        this.password = password;
    }
}
```

4. 编写页面文件

登录页面 index.jsp 的代码如下：

```
<%@ page language="java" import="java.util.*" pageEncoding="UTF-8"%>
<html>
    <head>
        <title>登录实例</title>
    </head>
    <body>
        请输入用户名和密码：
        <br>
        <form action="login.action" method="post">
```

```
            <p>
                用户名：
                <input type="text" name="user.username" />
            </p>
            <p>
                密  码：
                <input type="text" name="user.password" />
            </p>
            <input type="submit" value="登录" />
        </form>
    </body>
</html>
```

登录成功，显示欢迎页面。其代码清单如下：

```
<%@ page language="java" import="java.util.*" pageEncoding="UTF-8"%>
<%@ taglib prefix="s" uri="/struts-tags"%>
<html>
    <head>
        <title>登录实例</title>
    </head>
    <body>
        <p>
            您的用户名为：
            <s:property value="#session.user.username" />
        </p>
        <p>
            您的密码为：
            <s:property value="#session.user.password" />
        </p>
    </body>
</html>
```

5. 修改配置文件 struts.xml

到目前为止，已经准备好了所有的文件，但未将它们统一整合在一起，现在剩下的步骤就是配置 struts.xml，代码清单如下：

```
<?xml version="1.0" encoding="UTF-8" ?>
<!DOCTYPE struts PUBLIC
    "-//Apache Software Foundation//DTD Struts Configuration 2.0//EN"
    "http://struts.apache.org/dtds/struts-2.0.dtd">
<struts>
    <package name="login" namespace="/" extends="struts-default">
        <interceptors>
            <!-- 配置自定义的拦截器，取名为 login -->
            <interceptor name="login" class="lesson4.LoginInterceptor" />
            <!-- 配置自定义的 interceptorStack，将自定义的拦截器加入 -->
            <interceptor-stack name="myStack">
                <interceptor-ref name="defaultStack" />
                <interceptor-ref name="login" />
            </interceptor-stack>
```

```xml
        </interceptors>
        <!-- 设置默认的拦截器,覆盖 struts-default 的设置 -->
        <default-interceptor-ref name="myStack" />
        <!-- 定义一个全局 result login,用于返回到登录页面使用 -->
        <!-- LoginInterceptor 中的 return Action.LOGIN 就会返回此页面 -->
        <global-results>
            <result name="login">/index.jsp</result>
        </global-results>
        <!-- 登录代码 action -->
        <action name="login" class="lesson4.Login" method="login">
            <!-- 登录成功后,跳转到 welcome.action -->
            <result name="success" type="redirectAction">welcome.action</result>
        </action>
        <!-- 显示登录信息的 action -->
        <action name="welcome" class="lesson4.Login" method="welcome">
            <result name="success">/welcome.jsp</result>
        </action>
    </package>
</struts>
```

在实际使用中,建议将拦截器设置与全局定义部分放在一个公共的 Struts 配置文件中,然后由其他的子配置文件继承过来,这样可以减少很多重复的配置,让配置文件 struts.xml 的结构更加清晰。

另外要注意,在 Struts2 中,如果自定义了拦截器,它默认的拦截器将失去效果,用户就无法使用 Struts2 的核心功能了。如果既想保留默认的拦截器,又要使用自定义的拦截器,则需要使用拦截器栈。它由一个或多个拦截器组成。在定义 interceptor-stack 时,请将系统提供的默认的拦截器栈设置为第一个(因为 Struts2 的核心功能需要先执行)。

还有一个需要说明的就是拦截器的设置。本例中是对 package 下的所有 action 都采用拦截器功能,每个包下面只能指定一个默认的拦截器。如果只针对某一个 action 采用拦截器,则与上面的设置有所区别,比如这里对 login 进行拦截。代码如下:

```xml
<action name="login" class="lesson4.Login" method="login">
    <!-- 登录成功后,跳转到 welcome.action -->
    <interceptor-ref name="myStack">
    <result name="success" type="redirectAction">welcome.action</result>
</action>
```

如果定义了默认拦截器,又定义了 action 中的拦截器,则默认拦截器将会失去效果。如果要让它们都产生作用,则可以在 action 中定义两个拦截器。

6. 部署并访问应用程序

部署应用程序,启动 Tomcat,在地址栏中输入"http://localhost:8080/struts2_04_Interceptor/welcome.action",会看到如图 5.2 所示的页面。通过浏览器在未登录的情况直接访问 welcome.action,看看拦截器是否生效?

此时会自动跳转到登录页面,说明拦截器确实起了作用。输入用户名、密码后,再单击登录,可这时却又回到登录页面。请读者认真观察拦截器的代码,察觉出问题所在了吗?

图 5.2 Struts2 拦截器示例

因为此拦截器把所有 action 都拦截了(包括登录 action)，所以需要简单修改一下，修改的部分代码如下：

```java
...
    public String intercept(ActionInvocation actionInvocation) throws Exception {
        // 通过 ActionInvocation 对象得到 ActionContext 对象
        // 而 ActionContext 对象可以直接访问 request、response、session 等对象
        // (参见第 2 章 2.4 节的内容)
        HttpServletRequest request = ServletActionContext.getRequest();
        if (isCheck(request.getRequestURI())) {
            Map<String, Object> session = actionInvocation
                    .getInvocationContext().getSession();
            User user = (User) session.get("user");
            if (user == null) {
                return Action.LOGIN;
            }
        }
        // 正常执行
        return actionInvocation.invoke();
    }

    // 有些特殊的请求不需要被过滤
    private boolean isCheck(String path) {
        // 这些不过滤
        if (path.endsWith("/login.action")) {
            return false;
        }
        return true;
    }
...
```

增加了一个 isCheck 方法，将不需要拦截的 action 给去掉。

然后再启动应用，输入相应内容，单击"登录"按钮，此时 action 中的 HttpSession 会保存提交的登录信息，然后拦截器在判断时会发现登录信息不为空，则跳转到

welcome.action，如图 5.3 所示。

图 5.3　Struts2 拦截器实现登录效果

至此一个完整的拦截器例子就完成了。虽说例子是完成了，但拦截器有一个缺陷：它不会拦截类似于 JSP 页面这样的资源文件，也就是说，直接在地址栏中输入"http://localhost:8080/struts2_04_Interceptor/welcome.jsp"，将会绕过拦截器的验证，如图 5.4 所示。

图 5.4　直接访问结果页效果

虽然没有获取到后台的数据，但直接能够通过浏览器访问还是存在安全隐患。解决方法有许多种，这里讨论三种常见的方法。

- 把所有的 JSP 页面放在 WEB-INF 文件夹下，就可以避免直接通过 IE 访问 JSP 页面，而必须通过 action 请求才行。这是 Struts2 推荐的做法。
- 自定义一个权限验证的过滤器配置在 web.xml 中。
- 做一个 include.jsp 页面，加上判断是否登录的逻辑，然后让其他 JSP 页面包含引用此页面。

提示

如果是新项目推荐使用第一种，如果是维护现有系统而存在这个问题，可以考虑使用第二种方法，基本上不考虑第三种。

5.5 用 Annotation 配置拦截器

Annotation 实现的拦截器与配置文件实现的功能完全相同，只是表现形式不同而已，也就是用 Annotation 代替了大部分的 XML 配置文件。

新建一个 LoginAnnotation.java 文件，代码如下：

```java
package lesson4;

import org.apache.struts2.convention.annotation.Action;
import org.apache.struts2.convention.annotation.InterceptorRef;
import org.apache.struts2.convention.annotation.InterceptorRefs;
import org.apache.struts2.convention.annotation.Namespace;
import org.apache.struts2.convention.annotation.ParentPackage;
import org.apache.struts2.convention.annotation.Result;
import org.apache.struts2.convention.annotation.Results;

import com.opensymphony.xwork2.ActionContext;
import com.opensymphony.xwork2.ActionSupport;

//因为在 "login" package 中定义了"login" 拦截器，所以指定 package 为 login
@ParentPackage("login")
//设置 namespace 为"/"
@Namespace("/")
//设置当前 Action 的默认拦截器为 defaultStack + login
@InterceptorRefs({ @InterceptorRef("defaultStack"), @InterceptorRef("login") })
//定义一个默认的 result login 作为返回页面，供 login 拦截器使用
@Results({ @Result(name = "login", location = "/index.jsp") })
public class LoginAnnotation extends ActionSupport {
    private static final long serialVersionUID = -1035041460500572216L;

    // 定义 user 对象
    private User user;

    // 执行登录的方法
    // action 的 URL 为"/login"，执行成功后，会跳转到 welcome.action 中
    @Action(value = "/login", results = { @Result(name = "success", location = "welcome", type = "redirectAction") })
    public String login() {
        // 将当前登录的用户信息存放在 session 中
        ActionContext.getContext().getSession().put("user", user);
        return SUCCESS;
    }

    // 跳转到欢迎页
    // action 的 URL 为"/welcome"，执行成功后，会跳转到 welcome.jsp
    @Action(value = "/welcome", results = { @Result(name = "success", location = "/welcome.jsp") })
    public String welcome() {
```

```java
        return SUCCESS;
    }

    // 返回的结果页面从此 get 方法中取出数据
    public User getUser() {
        return user;
    }

    // 提交到 Action 时从此 set 方法中取出数据
    public void setUser(User user) {
        this.user = user;
    }

}
```

由于使用了 Annotation，所以 struts.xml 的配置信息可以减少很多，修改后的 struts.xml 代码清单如下：

```xml
<?xml version="1.0" encoding="UTF-8" ?>
<!DOCTYPE struts PUBLIC
        "-//Apache Software Foundation//DTD Struts Configuration 2.0//EN"
        "http://struts.apache.org/dtds/struts-2.0.dtd">
<struts>
    <!-- 默认的结果页面路径为"/WEB-INF/content/"，现在改为"/" 表示从 WebRoot 下查找 -->
    <constant name="struts.convention.result.path" value="/"/>

    <!-- 设置使用 annotation 的 action 的包名，这样 convention 插件才能找到这些 action -->
    <constant name="struts.convention.action.packages" value="lesson4" />
    <package name="login" namespace="/" extends="struts-default">
        <interceptors>
            <!-- 配置自定义的拦截器，取名为 login -->
            <interceptor name="login" class="lesson4.LoginInterceptor" />
        </interceptors>
    </package>
</struts>
```

重新打开浏览器按照先前版本运行，效果是一样的。

使用 Annotation 来配置拦截器只是减少了 XML 配置，而一般拦截器的 XML 配置信息比较少，会统一配置在一个公共的 Struts 配置文件中，所以使用 Annotation 来配置拦截器的场合比较少。

5.6　本章小结

本章首先介绍了 Struts2 拦截器的体系结构和流程，然后列举了 Struts2 预制的所有拦截器，供读者参考。接下来的实例详细地说明了拦截器的使用，用法可以有选择地使用基于配置文件或基于 Annotation。

拦截器是 Struts2 的重要组成部分，理解拦截器也就能深刻体会到 Struts2 将 AOP 思想运用得淋漓尽致，同样它强大的"即插即用"特性也方便读者亲自构造适合自己项目的拦截器。

5.7 上机练习

通过前面的练习我们已经实现了用户的登录，用户比较满意，但是发现了几个问题。
(1) 没有 SQL 注入检测，输入的任意字符串都会提交到后台。
(2) 没有限制登录人的 IP 地址，只允许特定的 IP 用户才能使用本系统。
(3) 没有日志审计功能，谁在什么时候登录都无从查证。

现在需要你用 Struts2 的拦截器实现上述功能。我们可以编写 3 个拦截器依次解决上述问题。当然你可以使用 XML 或 Annotation 任意发挥。

对于 SQL 检测部分，应该过滤用户输入的敏感字符串，然后进行用户名和密码的匹配操作。

对于限制 IP 访问的功能，可以将信任的 IP 列表放入一个文本文件中，然后和用户发送过来的请求进行匹配。

对于日志审计功能，可以将用户登录注销信息一行一行地输出。便于管理员日后检索。日志文件按日归档，每天产生一个，以免文件过大。

第 6 章

Struts2 的类型转换

学前提示

当我们通过 HTTP 协议提交参数时，以往的 Servlet 程序接收到的参数类型一律默认为 String 类型。如果需要类型转换的话，需要开发人员后台编写代码手工进行转换。这些繁琐的重复性工作会使代码变得丑陋，Struts2 内置的转换器减轻了开发人员的负担。

当遇到前台页面批量添加一组同一类对象到后台时，Struts2 的类型转换器会表现出强大的魅力。提交表单后，你可以在后台以优雅的 OO 方式来进行操作。而无须颇费周章地采用手工方式进行类型转换。

知识要点

- Struts2 的类型转换器
- 自定义转换器
- 批量类型转换实例
- 类型转换的原理与实现

6.1 Struts2 的类型转换器

Struts2 内建的类型转换器如下。
- String：对 String 类型的转换。
- boolean / Boolean：对 boolean 类型的转换。
- char / Character：对 char 类型的转换。
- int / Integer、float / Float、long / Long、double / Double：对数值类型的转换。
- dates：实现字符串与日期类型之间的转换，日期格式使用用户 HTTP 请求所在 Locale 的 SHORT 格式。
- arrays：要求数组中每一个字符串内容可以被转换为目标对象。
- collections：对 Collection 类型的转换。如果未指定集合内目标对象的类型，默认为 String 类型并会创建一个新的 ArrayList。
- Enumerations：对枚举类型的转换。
- BigDecimal and BigInteger：对 BigDecimal 和 BigInteger 类型的转换。

只要用户的 action 中定义的属性满足上述列表中的任何一条，Struts2 都会帮用户自动转换。比如说现在有这么一个 action，代码清单如下：

```java
//Struts2 的转换器会自动将请求过来的值转换成 int 类型
public class ConvertAction extends ActionSupport {
    private int num;
    public String execute() {
        System.out.println(num);
        return SUCCESS;
    }

    public int getNum() {
        return num;
    }

    public void setNum(int num) {
        this.num = num;
    }

}
```

另外还需要提供一个页面文件，代码清单如下：

```html
<html>
    <head>
        <title>类型转换实例</title>
    </head>
    <body>
        请输入数值：
        <br>
        <form action="convert.action" method="post">
```

```
            <p>
                数值为：
                <input type="text" name="num" />
            </p>
            <input type="submit" value="提交" />
        </form>
    </body>
</html>
```

当我们的 form 表单提交到上面的 action 时，会自己将表单中的参数 "num" 转换成 int 类型。如果出错的话，有两种方式可以将错误信息显示出来。

- 配置第 5 章谈到的 Conversion Error Interceptor 拦截器，将捕获的错误信息显示出来。
- 也可用 Conversion Validator(类型转换校验，关于校验在后面的章节会详细介绍)为每一个属性配置更加详细的错误信息。

实际上，我们在使用 Struts2 时时时刻刻都在使用类型转换，只是这些细节都被隐藏起来了。类型转换具有很强的复用性，尤其是采用自定义的类型转换可以减少代码量，让结构更加清晰。下面简要讲述有关自定义转换器的相关用法。

6.2 自定义转换器

本节我们通过示例来说明如何使用 Struts2 自定义的类型转换功能。

假如我们希望用户在页面上的表单输入信息来创建人员信息。当输入 "10001，张三" 时，表示我们希望在程序中自动创建一个 new Person，并将 "10001" 值自动赋值给 "id" 属性，将 "10001" 值自动赋值给 "name" 属性。

想实现这个功能要做四件事。

- 需要有一个目标 Person POJO 类。
- 创建一个 ConvertAction，并在其同相路径下 classes 文件夹下创建一个 ConvertAction-conversion.properties 文件。注意这个名称必须与 action 名称相同，主要是 Struts2 框架会按照 action 的名称来找。
- 创建一个实现 TypeConverter 接口的 PersonConverter 类，并实现接口中的 convertToString 方法。不过，建议直接继承抽象类 StrutsTypeConverter，StrutsTypeConverter 本身实现了 TypeConverter 接口，并且实现了基本的转换方法，具体细节参见代码。
- 在 ConvertAction-conversion.properties 中加入 person=lesson6.PersonConverter。

其他剩下的配置与普通 Struts2 action 并无区别，这里不再赘述。

ConvertAction-conversion.properties 的转换作用域仅仅局限于 ConvertAction 本身。当我们希望所有的 Person 类在默认的情况下都可以使用 PersonConverter 来转换时，需要扩大 PersonConverter 的作用域，将它定义在 xwork-conversion.properties 文件中，作为全局的类型转换器。这时要求目标转换对象使用完全限定符，否则 Struts2 会找不到该类型的对象。例如：lesson6.Person = lesson6.PersonConverter。还有一点需要注意的是，

PersonConverter.xwork-conversion.properties 文件必须放在 classes 文件夹下。

现在我们按照上述要求采用自定义转换器来完成客户的需求。

1. 编写 POJO 类

创建名为 Person.java 的 POJO 文件，代码清单如下：

```java
package lesson6;
public class Person {
    private int id;
    private String name;

    public int getId() {
        return id;
    }
    public void setId(int id) {
        this.id = id;
    }
    public String getName() {
        return name;
    }
    public void setName(String name) {
        this.name = name;
    }
}
```

2. 编写 Action 类

创建名为 ConvertAction.java 的 Action 文件，代码清单如下：

```java
package lesson6;
import com.opensymphony.xwork2.ActionSupport;
public class ConvertAction extends ActionSupport {
    private Person person;
    // struts2 的转换器会自动将请求过来的值转换成 Person 类型
    public String execute() {
        return SUCCESS;
    }
    public Person getPerson() {
        return person;
    }
    public void setPerson(Person person) {
        this.person = person;
    }
}
```

3. 编写自定义转换器类

Struts2 提供了一个 TypeConverter 接口的默认实现 StrutsTypeConverter，它有两个抽象方法必须被实现，而 performFallbackConversion()、performFallbackConversion()两个方法主要负责处理类型转换出错的问题。编写名为 PersonConverter.java 的转换器，代码清单如下：

```java
package lesson6;
import java.util.Map;
import org.apache.struts2.util.StrutsTypeConverter;
public class PersonConverter extends StrutsTypeConverter {
    // 从字符串转换为对象的方法
    public Object convertFromString(Map map, String[] strings, Class aClass) {
        if (strings.length > 0) {
            String strs = strings[0];
            // 对输入的信息进行字符串操作
            String[] personArr = strs.split(",");
            if (personArr.length == 2) {
                // 如果输入格式正确，则创建 Person 对象
                Person p = new Person();
                p.setId(Integer.parseInt(personArr[0]));
                p.setName(personArr[1]);
                return p;
            } else {
                return null;
            }
        } else {
            return null;
        }
    }
    // 从对象转换为字符串的方法
    public String convertToString(Map map, Object o) {
        if (o instanceof Person) {
            return o.toString();
        } else {
            return "";
        }
    }
}
```

4. 注册自定义转换器

在与 ConvertAction.java 相同的目录下创建 ConvertAction-conversion.properties，并加上：

```
person=lesson6.PersonConverter
```

这里采用的是类级别的类型转换器。

5. 修改配置文件

根据业务流程，修改 struts.xml 配置文件，代码清单如下：

```xml
<?xml version="1.0" encoding="UTF-8" ?>
<!DOCTYPE struts PUBLIC
    "-//Apache Software Foundation//DTD Struts Configuration 2.0//EN"
    "http://struts.apache.org/dtds/struts-2.0.dtd">
<struts>
    <package name="converter" namespace="/" extends="struts-default">
        <action name="convert" class="lesson6.ConvertAction">
```

```
            <result>/welcome.jsp</result>
        </action>
    </package>
</struts>
```

6. 新建相关页面

提供输入和输出的 JSP 页面。注意，与以往不同的是对于输入页面来说，由于使用了类型转换，因此可以直接将 form 表单的 input 元素的 name 属性设置为要转换后的目标类型对象 person。

输入页面 index.jsp 的代码清单如下：

```
<%@ page language="java" import="java.util.*" pageEncoding="UTF-8"%>
<html>
    <head>
        <title>类型转换实例</title>
    </head>
    <body>
        <br>
        <form action="convert.action" method="post">
            <p>
                请输入要创建的人员信息(格式为 10001,张三)：
                <input type="text" name="person" />
            </p>
            <input type="submit" value="提交" />
        </form>
    </body>
</html>
```

输出页面并无任何变化，还是使用标签将 person 对象的属性输出到页面。输出页面 welcome.jsp 的代码清单如下：

```
<%@ page language="java" import="java.util.*" pageEncoding="UTF-8"%>
<%@ taglib prefix="s" uri="/struts-tags"%>
<html>
    <head>
        <title>类型转换实例</title>
    </head>
    <body>
        <p>
            您创建的人员信息 ID 为：
            <s:property value="person.id" />,
            姓名为：
            <s:property value="person.name" />。
        </p>
    </body>
</html>
```

将程序发布后，打开 IE 输入：http://localhost:8080/struts2_06_Conversion/index.jsp，显示的页面如图 6.1 所示。

第 6 章 Struts2 的类型转换

图 6.1 自定义转换器示例首页效果

输入"10001,张三",提交表单查看结果,如图 6.2 所示。

图 6.2 自定义转换器示例结果页效果

这样 Struts2 自定义的类型转换器就完成了。

6.3 批量类型转换实例

在实际的开发过程中,我们会遇到批量创建或更新对象的需求。6.2 节所介绍的类型转换只适合于单个对象的类型软件,无法满足批量操作的需求。

Struts2 考虑到了这一点,提供了对集合类型的转换功能,你只需要简单的设置,就可以实现上述功能。

现在假设我们在 6.2 节的基础上扩展一下需求——即在一个表单中创建多个 person 对象。我们可以修改一下 index.jsp 的代码,变为 indexBatch.jsp,代码清单如下:

```
<%@ page language="java" import="java.util.*" pageEncoding="UTF-8"%>
<html>
    <head>
```

```
            <title>类型转换实例</title>
        </head>
        <body>
            <br>
            <form action="convertBatch.action" method="post">
                <p>
                    请批量输入要创建的人员信息：<br />
                    <!-- 这里我们想批量创建三个人员，注意 name 属性的写法 -->
                    <!-- person 表示在 ConvertBatchAction 定义的 getPerson()。
[N]为下标，表示对应于 List 中的一个对象 -->
                    用户 ID：<input type="text" name="person[0].id" /> 用户名：
<input type="text" name="person[0].name" /> <br />
                    用户 ID：<input type="text" name="person[1].id" /> 用户名：
<input type="text" name="person[1].name" /> <br />
                    用户 ID：<input type="text" name="person[2].id" /> 用户名：
<input type="text" name="person[2].name" /> <br />
                </p>
                <input type="submit" value="提交" />
            </form>
        </body>
</html>
```

上述 `<input type="text" name="person[N].id" />` 的写法看上去有点类似于数组。在使用时，可以用循环语句动态生成上述代码，只要注意 "N" 的值不重复即可。

当然我们还是需要一个结果显示页面 welcomeBatch.jsp 来查看输出结果信息的，代码清单如下：

```
<%@ page language="java" import="java.util.*" pageEncoding="UTF-8"%>
<%@ taglib prefix="s" uri="/struts-tags"%>
<html>
    <head>
        <title>类型转换实例</title>
    </head>
    <body>
        <p>
            <!-- s:iterator 是 struts2 比较常用的一个标签。主要是用于集合迭代，
后面的标签一节会专门讲解 -->
            <!-- 下述代码可以简单理解为 -->
            <!--
                List person = (List)request.getAttribute("person");
                for(int i=0; i<person.size(); i++){
                    Person p = new Person();
                    out.println(p.getId() + "," + p.getName());
                }
            -->
            <!-- 可见 Struts2 的标签帮我们做了很多事，空值和异常处理，
类型转换等问题都不用考虑 -->
            <s:iterator value="person">
                您创建的人员信息 ID 为：
                <s:property value="id" />,
                姓名为：
```

```
                <s:property value="name" />。<br />
            </s:iterator>
        </p>
    </body>
</html>
```

接下来新建一个ConvertBatchAction.java类,用它来处理上述请求页面:

```
package lesson6;
import java.util.List;
import com.opensymphony.xwork2.ActionSupport;
public class ConvertBatchAction extends ActionSupport {
    // 这里定义的名称为 person,它的 setPerson()方法必须与 indexBatch.jsp 中的
input 组件中的 name 属性一致
    private List person;
    // struts2 的转换器会自动将请求过来的值转换成 Person 类型
    public String execute() {
        return SUCCESS;
    }

    public List getPerson() {
        return person;
    }

    public void setPerson(List person) {
        this.person = person;
    }
}
```

ConvertBatchAction 只是将原来的单个对象改成了集合,没有什么特别之处。但要注意定义的属性必须与页面一致。

然后新添加一个 ConvertBatchAction 所对应的 ConvertBatchAction-conversion.properties 文件,加入下面几行:

```
#格式为:Element_action 中定义的集合数据名称=目标要转换的类型
Element_person=lesson6.Person
#格式为:createIfNull_action 中定义的集合数据名称=true,
#它表示如果提交的是空值,会自己创建一个person 对象,这样在调用时就不会出现空指针异常
CreateIfNull_person=true
```

ConvertBatchAction-conversion.properties 文件中定义的内容仍然与 ConvertBatchAction 中定义的 person 属性有关。这些细节部分的设置新手很容易犯错误。完成上述所有配置后,就可以查看运行效果了。

不过,这里要提醒的是,如果你可以使用 Java 5.0 以上版本提供的泛型,ConvertBatchAction-conversion.properties 文件就可以不要了。因为使用泛型后,Struts2 可以确定要转换的目标类型,而无须额外的配置文件帮助,只需将你的 ConvertBatchAction.java 改成下述代码即可:

```
package lesson6;
import java.util.List;
```

```
import com.opensymphony.xwork2.ActionSupport;
public class ConvertBatchAction extends ActionSupport {
    // 这里定义的名称为 person, 它的 setPerson()方法必须与 indexBatch.jsp 中的
input 组件中的 name 属性一致
    private List<Person> person;
    // Struts2 的转换器会自动将请求过来的值转换成 Person 类型
    public String execute() {
        return SUCCESS;
    }
    public List<Person> getPerson() {
        return person;
    }
    public void setPerson(List<Person> person) {
        this.person = person;
    }
}
```

最后还是别忘记在 **struts.xml** 中配置 ConvertBatchAction：

```
<struts>
    <package name="converter" namespace="/" extends="struts-default">
        <action name="convert" class="lesson6.ConvertAction">
            <result>/welcome.jsp</result>
        </action>
        <action name="convertBatch" class="lesson6.ConvertBatchAction">
            <result>/welcomeBatch.jsp</result>
        </action>
    </package>
</struts>
```

打开浏览器，输入"http://localhost:8089/struts2_06_Conversion/indexBatch.jsp"，显示的页面如图 6.3 所示。

图 6.3　批量类型转换示例首页效果

得到的结果信息如图 6.4 所示。

图 6.4 批量类型转换示例最终效果

6.4 类型转换的原理与实现

经过上述几个实例，相信大家对类型转换有了感性的认识。现在我们来学习 Struts2 中类型转换的原理与实现。

Struts2 框架在初始化的时候，会将所有的类型转换器都加载好，包括自定义的类型转换器。自定义的类型转换器的加载靠的就是 *-conversion.properties 中的配置信息。如果配置的信息有误，会出现异常错误。

以 6.3 节中的示例来说，在 Struts2 启动时就会根据 ConvertAction-conversion.properties 中配置的信息找到 PersonConverter 转换器，然后以单例(因为这个转换器可以供所有需要进行 Person 类型转换的 Action 使用)的形式加载到 Struts2 容器中。类型转换的流程如图 6.5 所示。

当 form 表单提交时，所有的请求信息都会依次通过各种各样的拦截器，其中 ParametersInterceptor 专门用于收集提交的信息拦截器，在它的实现代码中会调用创建 ValueStack 对象的语句。而在创建 ValueStack 对象的时候，一个名为 XWorkConverter(它底层还是依赖于 OGNL 的 TypeConverter)的对象类会在创建 ValueStack 的时候将提交到后台的参数依次进行转换。转换时会有如下两种情况：

如果是 Struts2 内建支持转换的类型，则 Struts2 会自动处理；如果不是，则会找到自定义类型转换器，按照定义好的逻辑进行转换，期间如果出错的话，可以将错误信息输出。

对于集合类型来说，唯一需要指定的一点是，集合中所持有的目标对象的类型。否则，后台就算接收到了数据，也无法通过反射给其赋值。原因很简单，HTTP 协议传输的永远都是字符串，Struts2 光从字符串是无法找到目标对象类型的。当然 Java 6.0 提供了更优雅的解决方案，所以建议读者使用 Java 6.0 或以上版本。

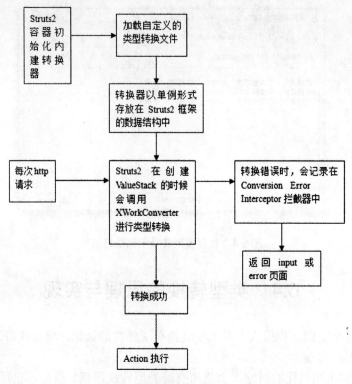

图 6.5　类型转换流程

6.5　本章小结

本章主要讨论了 Struts2 的类型转换器。首先介绍了 Struts2 的内建类型转换器，并谈到 Struts2 的转换器在无时无刻地默默工作着。接下来通过实例详细地说明了类型转换的使用。在使用自定义的类型转换器时，需要注意配置文件的编写，变量名称是大小写敏感的，很容易出错。对于批量转换的话，需要指定目标转换类型。最后谈到了 Struts2 类型转换原理。Struts2 框架从名称上叫 Struts2 并不完全确切，其实它还包括 xwork 框架。类型转换的工作就是交给 xwork 来处理的。

如果使用类型转换的需求并不是特别多。例如只是少数几个 action 需要进行简单的转换，直接用硬编码就可以了。但如果有大量重复进行转换操作的需求时，可考虑使用批量类型转换。

6.6　上机练习

1. 请修改本章程序，使得用户可以输入更为复杂的格式来满足录入需求。新创建的人员信息格式如下：

10001,张三,男,汉族,北京,北京市西城区,010-12345678,100081,目前在中关村从事 IT 职业……

请分别实现单个转换与批量转换的功能。

2．思考一下情形，当用户输入的数据没有遵守上述要求(现实情况总是如此)，在数据里面本身又包含了逗号，使得用户数据的格式与预设的不符合。

比如用户预期输入：

10001,张三,男,汉族,北京,北京市西城区,010-12345678,100081,目前在中关村从事 IT 职业

实际输入的是：

10001,张三,男,汉族,北京,北京市西城区,010-12345678,100081,目前在中关村,从事 IT 职业

第 7 章

OGNL 的应用

学前提示

OGNL 是 Object-Graph Navigation Language(对象图导航语言)的缩写,它是一种功能强大的表达式语言(Expression Language,EL)。OGNL 通过简单一致的表达式语法,可以存取对象的任意属性、调用对象公有方法、遍历整个对象的结构图及实现字段类型转换等功能。它还可以使用相同的表达式去存取对象的属性。

OGNL 是 Struts2 View 端展示的强大辅助工具,它可以完美地结合后台的数据信息,通过简单的表达式呈现在页面上。

知识要点

- OGNL 概述
- OGNL 语法基础
- OGNL 的使用
- Struts2 中的 OGNL

7.1 OGNL 概述

OGNL 是开源社区 opensymphony 的子项目。该项目的网址为 http://www.opensymphony.com/ognl/。OGNL 虽然是 Object-Graph Navigation Language 的缩写，但却有正确的发音。它的发音与单词 orthogonal 的读音相同。

OGNL 主要能做什么？

- 它可以将模型对象与 UI 组件(文本框、下拉框等)进行无缝绑定。并且 OGNL 提供的 TypeConverter 类型转换器可以很方便地将值在类型之间进行转换。
- 它可以将数据库表中的列与 Swing 的 TableModel 组件进行映射。
- 它为许多框架提供了 Web 组件与模型组件的绑定，这些框架包括 WebOGNL、Tapestry、WebWork/Struts2、WebObjects 等。
- 它还提供了比 Jakarata Commons BeanUtils 包和 JSTL 的 EL 表达式更强大的表达式功能。
- 大多数 Java 能做的事，OGNL 都可以做到。此外，还支持集合的 projection(投影)、selection(选择)以及 lambda 表达式。

其实只要掌握很少的语法知识，就可以用 OGNL 实现绝大多数的前端展现功能。

7.2 OGNL 的语法基础

OGNL 的语法比较简单，笔者先从 OGNL 表达式介绍，然后依次介绍 OGNL 表达式、访问常量、操作符等内容。

7.2.1 OGNL 的表达式

OGNL 表达式的基础单元就是导航链，通常简称为链(chain)。最简单的链由下列部分组成。

- 属性名：如 name 和 manager.name。
- 方法调用：如 manager.hashCode()，返回 manager 对象的散列码。
- 数组索引：如 emails[0]，返回当前对象的邮件列表中的第一个邮件地址。

所有 OGNL 表达式的计算都是在当前对象的上下文中，然后每一次表达式计算返回的结果成为当前对象，后面部分接着在当前对象继续进行计算，直到全部表达式计算完成，返回最后得到的对象。我们看如下所示的链：

name.toCharArray()[0].numericValue.toString()

这个表达式按照下列的步骤进行计算。

(1) 获取根对象的 name 属性。
(2) 在 String 结果上调用 toCharArray()方法。
(3) 从 char 数组中提取第一个字符。
(4) 从提取的字符对象上移到 numericValue 方法(这个字符串表示为调用 Character 对象

的 getNumericValue()方法)。

(5) 在 Integer 对象结果上调用 toString()方法。

这个表达式的最终结果是最后返回的 toString()方法调用返回的字符串。

7.2.2 常量

OGNL 支持的所有常量类型如下。

- 字符串常量：以单引号或双引号括起来的字符串。如"hello"、'hello'。不过要注意的是，如果是单个字符的字符串常量，必须使用单引号。
- 字符常量：以单引号括起来的字符，如'a'。
- 数值常量：除了 Java 中的 int、long、float 和 double 外，OGNL 还允许使用 "b" 或 "B" 后缀指定 BigDecimal 常量，用 "h"、"H" 后缀指定 BigInteger 常量。
- 布尔常量：true 和 false。
- null 常量。

7.2.3 操作符

OGNL 除了支持所有的 Java 操作符外，还支持以下几种。

- 逗号：与 C 语言中的逗号操作符类似。
- 大括号{}：用于创建列表，元素之间用逗号分隔。
- in 和 not in：用于判断一个值是否在集合中。

7.2.4 访问 JavaBean 的属性

假如有一个 employee 对象作为 OGNL 上下文的根对象，那对于下面的表达式：

```
name              对应的 Java 代码是 employee.getName();
address.country   对应的 Java 代码是 employee.getAddress().getCountry();
```

访问静态方法和静态字段：

```
@class@method(args)        //调用静态方法
@class@field               //调用静态字段
```

其中 class 必须给出完整的类名(包括包名)，如果省略 class，那么默认使用的类是 java.util.Math，例如：

```
@@min(5,3)
@@max(5,3)
@@PI
```

7.2.5 索引访问

OGNL 支持多种索引方式的访问。

1. 数组和列表索引

在 OGNL 中，数组和列表可以大致看成是一样的。

如 array[0]、list[0]以及{'zhangsan','lisi','wangwu'}[1]等都是合法的表达式。

2. JavaBean 的索引属性

要使用索引属性，需要提供两对 setter 和 getter 方法，一对用于数组，一对用于数组中的元素。例如：

有一个索引属性 interest，它的 getter 和 setter 如下：

```
public String[] interest;
public String[] getInterest(){ return interest;}
public void setInterest(String[] interest){ this.interest=interest;}
public String getInterest(int i){ return interest[i]}
public void setInterest(int i, String newInterest){ interest[i]=newInterest;}
```

对于表达式 interest[2]，OGNL 可以正确解释这个表达式，调用 getInterest(2)方法。如果是设置的情况下，会调用 setInterest(2,value)方法。

3. OGNL 对象的索引属性

JavaBean 的索引属性只能使用整型作为索引，OGNL 扩展了索引属性的概念，可以使用任意的对象来作为索引。

以下是对集合进行操作的方法。

1) 创建集合

(1) 创建列表：

使用花括号将元素包含起来，元素之间使用逗号分隔。如我们可以用这个表达式创建一个列表{'zhangsan','lisi','wangwu'}。

(2) 创建数组：OGNL 中创建数组与 Java 语言中创建数组类似。

(3) 创建 Map：

Map 使用特殊的语法来创建：

```
#{"key1":value1, "key2":value2, …. "keyN":valueN}
```

如果想指定创建的 Map 类型，可以在左花括号前指定 Map 实现类的类名。例如：

```
#@java.util.LinkedHashMap@{"key1":value1, "key2":value2, …. "keyN":valueN}
```

Map 通过 key 来访问，如 map["key"]或 map.key。

2) 投影

OGNL 提供了一种简单的方式在一个集合中对每一个元素调用相同的方法，或者抽取相同的属性，并将结果保存为一个新的集合，称之为投影。

假如 employees 是一个包含 employee 对象的列表，那么#employees.{name}将返回所有雇员的名字的列表。

在投影期间，使用#this 变量来引用迭代中的当前元素。例如：

```
objects.{#this instanceof String? #this: #this.toString()}
```

第 7 章 OGNL 的应用

3) 选择

OGNL 提供了一种简单的方式来使用表达式从集合中选择某些元素，并将结果保存到新的集合中，这称为选择。例如：

```
#employees.{?#this.salary>3000}  将返回薪水大于 3000 的所有雇员的列表。
#employees.{^#this.salary>3000}  将返回第一个薪水大于 3000 的雇员的列表。
#employees.{$#this.salary>3000}  将返回最后一个薪水大于 3000 的雇员的列表。
```

4. lambda 表达式

lambda 表达式的语法是：:[...]。OGNL 中的 lambda 表达式只能使用一个参数，这个参数通过#this 引用。例如：

```
#fact= :[ #this<=1 ? 1 : #this* #fact ( #this-1) ], #fact(30)
#fib= :[#this==0 ? 0 : #this==1 ? 1 : #fib(#this-2)+#fib(#this-1)], #fib(11)
```

了解基本语法之后，笔者打算先通过几个示例带领读者朋友体验 OGNL 的相关用法，从而加深对语法规则的理解。

假设现在有 Group 和 User 两个类。Group 对象与 User 对象是一对多的关系。Group.java 的代码如下：

```java
package lesson7;
import java.util.List;

// 用户组对象
public class Group {
    private Long groupId;
    private String groupName;
    private List<User> users;

    public Long getGroupId() {
        return groupId;
    }
    public void setGroupId(Long groupId) {
        this.groupId = groupId;
    }

    public String getGroupName() {
        return groupName;
    }
    public void setGroupName(String groupName) {
        this.groupName = groupName;
    }

    public List<User> getUsers() {
        return users;
    }
    public void setUsers(List<User> users) {
        this.users = users;
    }
}
```

User.java 的代码如下:

```java
package lesson7;
// 用户对象
public class User {
    private Long userId;
    private String userName;
    private Group group;

    public Long getUserId() {
        return userId;
    }
    public void setUserId(Long userId) {
        this.userId = userId;
    }

    public String getUserName() {
        return userName;
    }
    public void setUserName(String userName) {
        this.userName = userName;
    }

    public Group getGroup() {
        return group;
    }
    public void setGroup(Group group) {
        this.group = group;
    }
}
```

假设现在想用 OGNL 表达式访问 Group 对象的 groupId 与 groupName 属性，那么访问语法就为 group.groupId 和 group.groupName。如果想访问集合属性 users 的大小，那么语法就为 group.users.size 或 group.users.size()。同理，如果想访问 User 对象的属性时，只要使用 user.userId 和 user.userName 即可。最后我们来一个稍微复杂点的，访问 Group 对象的 users 集合中第一个 User 对象的 userName，可以表示为 group.users[0].userName。

看到这里，相信读者一定对 OGNL 强大简洁的语法印象深刻，实际上 OGNL 的语法中最常用的部分只有表 7.1 所列的三种。

表 7.1 OGNL 语法说明

表 示 式	说　　明
属性名	对属性的访问如上面的 group.groupId、group.groupName
方法调用	方法调用与普通 Java 的方法调用用法一样，比如 group.users.size()
数组下标访问	数组下标访问并不局限于数组对象，像 List 照样也可以使用。比如：group.users[0].userId

掌握这些最基本的语法就可以做很多工作了，下面我们就来看看 OGNL 的具体应用。

7.3 OGNL 的使用

目前，我们要做的就是将上一小节的内容通过代码程序实现出来。程序只需要依赖于 ognl.jar、javassist.jar 两个 jar 包，其他的 jar 包在这一章暂时可以忽略。那么我们现在就要看看 OGNL 的代码是怎么写的，请看下面的 OGNLBasic.java：

```java
package lesson7;
import java.util.ArrayList;
import java.util.List;
import java.util.Map;
import ognl.Ognl;
import ognl.OgnlContext;
import ognl.OgnlException;

public class OGNLBasic {
    private static Group group = new Group(); // 用户组对象
    private static List<User> users = new ArrayList<User>(); // 所有用户集合
    private static User user1 = new User(); // 用户 1
    private static User user2 = new User(); // 用户 2
    private static OgnlContext ognlContext = new OgnlContext(); // OGNL 上下文
    private static Object root = new Object(); // 根对象，只做点位符使用

    public static final String HELLO_WORLD = "hello world";

    private static void initData() {
        // 初始化 group 对象
        group.setGroupId(1000L);
        group.setGroupName("OGNL 组");

        // 初始化 user1 对象
        user1.setUserId(1L);
        user1.setUserName("张三");
        user1.setGroup(group);

        // 初始化 user2 对象
        user2.setUserId(2L);
        user2.setUserName("李四");
        user2.setGroup(group);

        // 设置双向关联关系
        users.add(user1);
        users.add(user2);
        group.setUsers(users);

        // 所有对象都放入 OGNLContext(其实就是一个 Map)上，接下来的代码会用到
        ognlContext.put("group", group);
```

```java
        ognlContext.put("users", group.getUsers());
        ognlContext.put("user1", user1);
        ognlContext.put("user2", user2);
    }

    // 以 group 为 OGNL root 对象访问用户组信息
    // 对于方法 Ognl.getValue(String, Object)，第一个参数表示 OGNL 表达式语法，第
二个参数表示根对象
    private static void printGroup() throws OgnlException {
        System.out.println("用户组的ID为: " + Ognl.getValue("groupId", group));
        System.out.println("用户组的名称为: " + Ognl.getValue("groupName", group));
        System.out.println("----------------------------------------");
    }

    // 以 group 为 OGNL root 对象访问用户组大小
    private static void printGroupSize() throws OgnlException {
        System.out.println("用户组的大小为: " + Ognl.getValue("users.size", group));
        // 或者下面写法
        // System.out.println(Ognl.getValue("users.size()", group));
        System.out.println("----------------------------------------");
    }

    // 以 group 为 OGNL root 对象访问用户组中的用户信息
    private static void printUsers() throws OgnlException {
        System.out.println("用户组成员1的ID为: "
                + Ognl.getValue("users[0].userId", group) + ", 名称为: "
                + Ognl.getValue("users[0].userName", group));
        System.out.println("用户组成员2的ID为: "
                + Ognl.getValue("users[1].userId", group) + ", 名称为: "
                + Ognl.getValue("users[1].userName", group));
        System.out.println("----------------------------------------");
    }

    // 所有的对象都放在 OGNLContext 中，可以通过事先设置好的 key 值访问
    private static void printFromOGNLContext() throws OgnlException {
        System.out.println("用户组的ID为: "
                + Ognl.getValue("group.groupId", ognlContext));
        System.out.println("用户组的大小为: "
                + Ognl.getValue("users.size()", ognlContext));
        System.out.println("用户组成员1的ID为: "
                + Ognl.getValue("user1.userId", ognlContext));
        System.out.println("----------------------------------------");
    }

    // 切换 OGNLContext 访问对象，这一点非常重要。
    // 对于方法 Ognl.getValue(String, Map, Object)
    // 第一个参数表示 OGNLContext 上下文件，第三个参数表示根对象
    private static void switchOGNLContext() throws OgnlException {
```

第7章 OGNL 的应用

```java
        //设置 group 为根对象,则其他对象想要切换访问必须加上"#"号,因此访问 user1 对象时
必须写成 #user1.userId
        // OGNL 表达式支持字符串拼接等操作,只要 Java 能做的,它几乎都可以做
        System.out.println("用户组的 ID 为: "
            + Ognl.getValue("groupId + ', 用户 1 的 ID 为' + #user1.userId
",ognlContext, group));
        // 设置 user2 为根对象,则其他对象想要切换访问必须加上"#"号,因此访问 group
对象时必须写成 #group.groupId
        System.out.println("用户组的 ID 为: "
            + Ognl.getValue("#group.groupId + ', 用户 2 的 ID 为' + userId
",ognlContext, user2));
    }

    // 静态变量和静态方法的访问
    // 对于这些变量或方法的访问需要使用"@"符号
    private static void printStatic() throws OgnlException {
        // @System@out.println 表示调用的是 System.out.println();
        //     @lesson7.OGNLBasic@HELLO_WORLD     表 示 取 静 态 变 量
lesson7.OGNLBasic.HELLO_WORLD
        Ognl.getValue("@System@out.println(@lesson7.OGNLBasic@HELLO_WORLD)",
root);
        System.out.println("---------------------------------------");
    }

    // this 表达式的使用
    private static void printThis() throws OgnlException {
    // OGNL 导航至 group.users.size 方法时,使用 #this 来判断 size 的返回值是否大于 0
        System.out.println("用户组是否为空:"+ Ognl.getValue("users.size.(#this >
0 ? '否' : '是')", group));

        // OGNL 支持用表达式赋值
        Ognl.getValue("groupName = 'OGNL 新组'", group);
        System.out.println("用户组的新名称为: " + Ognl.getValue("groupName", group));

        // 导航到 group.groupName 时,可使用 #this 进行各种字符串操作
        System.out.println("  简  称  为 :  "+ Ognl.getValue("groupName.
(#this.substring(0, 4))", group));
        // 其实不用 #this 也可以
        System.out.println("简称为:"+ Ognl.getValue("groupName.substring(0,
4)", group));
        System.out.println("---------------------------------------");
    }

    // 集合元素的访问
    private static void printContainer() throws OgnlException {
        //OGNL 导航至 group.users.size 方法时,使用 #this 来判断 size 的返回值是否大于 0
        // 用 OGNL 创建数组,要求数组中的每个成员的数据类型都必须一致
        int[] myArray = (int[]) Ognl.getValue("new int[]{1,2,3}", ognlContext,
            root);
```

```java
            ognlContext.put("myArray", myArray);

            // 用 OGNL 创建 List 对象，list 对象中可以持有不同数据类型的对象
            List myList = (List) Ognl
                    .getValue("{1,1.34,'OGNL'}", ognlContext, root);
            ognlContext.put("myList", myList);

            // 用 OGNL 创建 map 对象，创建 map 对象时需要注意语法以 "#" 开头，每个对象都是
key:value 的形式
            // 这里表示将上面创建的数组和 List 都放在 myMap 中
            Map myMap = (Map) Ognl.getValue("#{'myList':#myList,"
                    + "'myArray':#myArray}", ognlContext, root);
            ognlContext.put("myMap", myMap);
            // 直接访问集合时，需要用#号。这与前面看到的 group.users 访问有点区别
            System.out.println("myArray 中的元素分别为："+ Ognl.getValue(
                    "#myArray[0] + ', ' + #myArray[1] + ', ' + #myArray[2]",
ognlContext, root));
            System.out.println("myList 中的元素分别为："
                    + Ognl.getValue("#myList[0] + ', ' + #myList[1] + ', ' + #myList[2]",
                            ognlContext, root));
            System.out.print("myMap 中的元素分别为："
                            + Ognl.getValue("#myMap.myArray[0] + ', ' +
#myMap.myArray[1] + ', ' + #myMap['myArray'][2] + ', '",ognlContext, root));
            System.out.println(Ognl.getValue("#myMap.myList[0] + ', ' +
#myMap.myList[1] + ', ' + #myMap['myList'][2]", ognlContext, root));
            System.out.println("-----------------------------------------");
        }

        public static void main(String[] args) throws OgnlException {
            // 初始化数据
            initData();
            // 输出用户组信息
            printGroup();
            // 输出用户组大小
            printGroupSize();
            // 输出用户信息
            printUsers();
            // 从 OGNLContext 中取数据
            printFromOGNLContext();
            // 切换 ONGLContext 实例
            switchOGNLContext();
            // 静态变量和静态方法的访问
            printStatic();
            // this 表达式的使用
            printThis();
            // 对集合元素的访问
            printContainer();
        }
    }
```

运行后的输出结果如图 7.1 所示。

图 7.1　OGNL 示例的运行结果

上面的代码基本上涉及了 OGNL 所有最常用的表达式。OGNL 对于经常与视图层代码打交道的程序员来说，帮助非常大。常常可以事半功倍。以前用 JSTL 标签时，只能支持普遍的 JavaBean，以及有限的方法调用，而上述 ONGL 的很多很棒的语法 JSTL 都不支持。有时候，如果发现 JSTL 不能很优雅地实现功能时，有的开发人员用原始的 JSP 脚本来编写。功能是完成了，但整个页面到处充满了"尖括号、百分号、大括号"之类的，让页面变得越来越难以维护。

当然，OGNL 也不是万能的。如果视图层的技术选型为 Flex RIA 或 EXT 等成熟的 Ajax 框架时，Struts2 的视图层很可能就没有存在的必要了。它可能就会被退居于后台，在某些特定场合发挥作用。

在感受到 OGNL 的强大后，我们就要开始在 Struts2 中使用 OGNL 了。

7.4　Struts2 中的 OGNL

一般在谈 Struts2 的 OGNL 时，往往都会与 Struts2 的标签结合在一起。主要是因为 Struts2 中的标签可以自由使用 OGNL 语法来处理数据。但通过上一节，我们可以清楚地看到 OGNL 本身并不仅仅局限于 Web 程序，普通的 Java 程序都可以任意享受 OGNL 的简洁与强大。

在 2.4 小节，我们提到了一个名为 OGNLValueStack 的对象，在页面上我们可以通过标签将指定的数据显示出来。为什么能做到这点？

再回过头来看上一节的代码中一个名为 switchOGNLContext 的方法：

```
// 切换 OGNLContext 访问对象，这一点非常重要。
    // 对于方法 Ognl.getValue(String, Map, Object)
    // 第一个参数表示 OGNLContext 上下文件，第三个参数表示根对象
    private static void switchOGNLContext() throws OgnlException {
```

```
        // 设置 group 为根对象，则其他对象想要切换访问必须加上"#"号，因此访问 user1
对象时必须写成 #user1.userId
        // OGNL 表达式支持字符串拼接等操作，只要 Java 能做的，它几乎都可以做
        System.out.println("用户组的 ID 为: "
                + Ognl.getValue("groupId + ', 用户1的ID为' + #user1.userId ",
                        ognlContext, group));

        // 设置 user2 为根对象，则其他对象想要切换访问必须加上"#"号，访问 group 对象：
#group.groupId
        System.out.println("用户组的 ID 为: "
                + Ognl.getValue("#group.groupId + ', 用户2的ID为' + userId ",
                        ognlContext, user2));
        System.out.println("-----------------------------------------");
    }
```

上面的代码说明了分别在 group 和 user 两个对象进行上下文切换，唯一需要注意的就是切换后，对非根节点的访问需要加上"#"号；对根对象的访问可以省略"#root."前缀。

若把 group 想象成 request 变量，user 想象成 session 对象，action 想象成 root 对象，就会明白 OGNLValueStack 对象其实做的事就和上面的代码一样。

Struts2 会将所有前后台的数据收集到一个叫 contextMap 的对象中，为了可以细分作用域，将它依次分为 application、session、valueStack(也就是 root)、request、parameters、attr 等。用图形表示如图 7.2 所示。

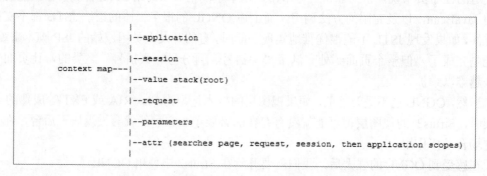

图 7.2　contextMap 的结构

当我们用标签访问 request、session 等对象中的对象时，必须切换上下文，用"#"号来访问。这里我们需要特别注意 attr 这个上下文。OGNLValueStack 除了具备 OGNL 的导航特性外，还有数据结构"栈"的特点。若按照作用域从小到大的顺序来排序，则依次为 pageContext→request→session→application。然后进入栈顺序刚好反过来，变成 application→session→request→pageContext，这样才能保证 pageContext 在栈的顶部。

当使用 attr 来查找属性时，比如要查找#arrt.group.groupId，OGNLValueStack 会先在 pageContext 的上下文中搜索，如果找到了则直接返回，否则 pageContext 出栈，重新在 request 的上下文中搜索。以此类推，如果中途找到了目标对象，则会直接返回，否则会在遍历整个栈后，返回 null。

在标签一章中，我们还会详细介绍 OGNL 在标签中的应用实例。

7.5 本章小结

本章主要讨论了 OGNL 的特性。然后通过一个实例详细地介绍了 OGNL 的用法。让读者在不同的场合下，可以有选择地使用最恰当的表达式。接下来讨论了 Struts2 中 OGNL 的应用。在 Struts2 中，OGNL 与一个被称为 ValueStack 的对象结合在一起，可以让用户按照 JSP 内置常用对象不同的作用域来查找特定对象。而这一切的操作都是透明的，用户只需要知道 OGNL 的导航语法即可。

最后还想强调的是，OGNL 本身就是一个独立的类库，可以应用于任意应用程序。只不过 Struts2 是集成了 OGNL 的强大功能，让开发人员更加轻松。掌握 OGNL 是必要的，接来的标签一章，就会大量用到 OGNL 了。

7.6 上机练习

假设以下是你公司的部分通讯录：

Java 组		
姓名	职位	联系方式
张三	架构师	111
李四	高级软件工程师	222
孙季	软件工程师	333

.Net 组		
姓名	职位	联系方式
丁一	架构师	111
杨丽	高级软件工程师	222
马军	软件工程师	333

1. 请将以上数据用合理的数据结构存储起来，并用 OGNL 按照组依次输出。
2. 如果现在只想输出职位为"架构师"的人员姓名，请修改你的程序并用 OGNL 输出。

提示：数据结构可以是一个 Map<String, List<Person>>，具体实现可以酌情考虑。

第 8 章

Struts2 标签一

学前提示

Struts2 的标签库非常丰富,并且结合 OGNL 表达式会变得非常强大,掌握常用的 Struts2 标签会让开发者事半功倍。由于 Struts2 的标签很多,我们将其拆分成两章来进行讨论。本章讨论的标签是 Struts2 开发过程中最常用的通用标签和 UI 标签。

知识要点

- Struts2 标签的引入
- 通用标签
- UI 标签

8.1 Struts2 标签的引入

虽然学习第 3 章时，已经接触了一些 Struts2 标签。但从本章开始，我们将正式进入有关标签应用的学习。Struts2 标签库中的标签不依赖于任何视图技术，大部分标签都可以在 Struts2 所支持的视图技术中使用。比如对于 JSP、Velocity 和 FreeMarker 等模板技术都可以使用。但是也有部分只针对于某一种模板有效，本章只是详细讨论如何在 JSP 中使用 Struts2 标签。Struts2 把所有标签都定义在 URI 为"/struts-tags"的命名空间下，它不像 Struts1 分别提供了 html、bean、logic、tiles 和 nested 5 个标签库，所以使用 Struts2 标签不用担心记不住 URI。

引入 Struts2 标签非常简单，只需要页面头部加上如下代码即可：

```
<%@ taglib prefix="s" uri="/struts-tags"%>
```

对于有些比较老的容器可能无法解析 struts2-core-*.jar 中 META-INF 文件夹下的 struts-tags.tld 文件。原因在于对于 Servlet 2.3 以前的规范，因为 Web 应用不会自动加载 META-INF 的标签文件，因此必须在 web.xml 文件中配置加载 Struts 2 标签库。这时你需要将此文件解压出来，放在 WEB-INF 文件夹或其他文件夹下，然后在 web.xml 中进行如下配置：

```
<taglib>
        <taglib-uri>/s</taglib-uri>
        <taglib-location>/WEB-INF/struts-tags.tld</taglib-location>
</taglib>
```

这样，就可以在程序中使用 Struts2 标签了。标签的学习不是孤立的，许多时候要将标签组合在一起使用才有意义，所以下面每一小节的学习过程中，可能并不只是单纯介绍一种标签，可能还会涉及其他标签。

Struts2 的标签分为三部分，我们这章先对前面两类标签进行讲解，Ajax 标签在下一章再详细讨论。

- 通用标签：主要用于生成 HTML 元素的标签。
- UI 标签：主要用于数据访问、逻辑控制等的标签。
- Ajax 标签：用于 Ajax 支持的标签。

对于 UI 标签来说，有一组公共的属性，我们在这里先将公共的属性展示给大家，接下来详细介绍各个标签时，就会忽略这些公共属性。

首先是与模板相关的通用属性设置，这些属性用于决定你当时所使用的标签来自于哪个主题域，会以什么样的外观形式展现出来，如表 8.1 所示。

表 8.1 与模板相关的标签

属　性	主　题	类　型	说　明
templateDir	n/a	String	指定所使用模板的目标路径
theme	n/a	String	主题的名字
template	n/a	String	模板的名字

然后是与 JavaScript 有关的属性，它们主要是提供一些常用的 JavaScript 事件，如表 8.2 所示。

表 8.2 标签的 JavaScript 事件

名 字	主 题	数据类型	说 明
onclick	simple	String	JavaScript 的 onclick 事件
ondblclick	simple	String	JavaScript ondblclick 事件
onmousedown	simple	String	JavaScript onmousedown 事件
onmouseup	simple	String	JavaScript onmouseup 事件
onmouseover	simple	String	JavaScript onmouseover 事件
onmouseout	simple	String	JavaScript onmouseout 事件
onfocus	simple	String	JavaScript onfocus 事件
onblur	simple	String	JavaScript onblur 事件
onkeypress	simple	String	JavaScript onkeypress 事件
onkeyup	simple	String	JavaScript onkeyup 事件
onkeydown	simple	String	JavaScript onkeydown 事件
onselect	simple	String	JavaScript onselect 事件
onchange	simple	String	JavaScript onchange 事件

接下来是与提示有关的属性，它提供了一些友好的信息显示方式来显示自定义的各种信息，如表 8.3 所示。

表 8.3 标签的信息显示

名 字	默 认 值	数据类型	说 明
tooltip	none	String	浮动提示框里的文本
jsTooltipEnabled	false	String	采用 JavaScript 方式来显示浮动内容
tooltipIcon	/struts/static/tooltip/tooltip.gif	String	浮动提示框图标的文件路径
tooltipDelay	500	String	浮动提示框显示内容的延时(以毫秒为单位)

最后是所有 UI 标签的公共属性，如表 8.4 所示。

表 8.4 标签的公共属性

属 性	主 题	类 型	说 明
cssClass	simple	String	指定 HTML 元素的 class 属性
cssStyle	simple	String	指定 HTML 元素的 style 属性
title	simple	String	指定 HTML 元素的 title 属性
disabled	simple	String	指定 HTML 元素的 disabled 属性
label	xhtml	String	指定一个表单元素的 label 标签
labelPosition	xhtml	String	指定一个表单元素的 lable 标签位置。可选择的值有 top 和 left，默认值为 left

续表

属性	主题	类型	说明
requiredposition	xhtml	String	指定一个表单元素的 label 标签必须出现的位置。可选择的值有 left 和 right，默认值是 right
name	simple	String	指定 HTML 元素的 name 属性
required	xhtml	Boolean	当设置为 true 时，表明是否要给当前 lable 值前加上一个星号*，表示为必选项
tabIndex	simple	String	指定 HTML 元素的 tabindex 属性
value	simple	String	指定一个表单元素的值

8.2 通用标签

通用标签可分为流程控制标签和数据访问标签，主要完成页面流程控制，以及对 ValueStack 访问的控制。里面有许多必须掌握的基本标签。下面逐个介绍各标签的使用。

8.2.1 流程控制标签

读者朋友在学习 Java 基础时，肯定大量练习过流程控制的习题，本节也只是针对相关标签提供对应的简单应用示例，有基础的读者朋友可以直接进入下一章节的学习。

1. if/elseif/else 标签

if/elseif/else 标签指的是 "<s:if test="...">"、"<s:elseif test="...">" 和 "<s:else>" 三个标签。这三个标签是一个统一的整体。可以在页面使用类似于 Java 代码中 "if… else if…else" 的结构对页面的流程进行控制。其中 "test" 属性部分为一个返回 Boolean 类型的表达式。三个标签中只有<s:if>可以单独使用，而<s:elseif>和<s:else>必须和<s:if>结合使用，并且<s:elseif>允许出现多次。

现在我们来看一个用于显示考试结果的 JSP 页面 if.jsp，其代码如下：

```
<%@ page language="java" import="java.util.*" pageEncoding="UTF-8"%>
<%@taglib uri="/struts-tags" prefix="s"%>
<html>
    <head>
        <title>if/elseIf/else 示例</title>
    </head>
    <body>
        <h2>
            if/elseIf/else 示例
        </h2>
        考试分数：84
        <!-- 使用 set 标签来定义一个变量 score,值为 84 -->
        <s:set name="score" value="84" />
        <br />
        考试结果：
```

```
            <!--使用 OGNL 表达式从#attr 中取出 score 值 -->
            <s:if test="#attr.score>90">优秀</s:if>
            <s:elseif test="#attr.score>80">优</s:elseif>
            <s:elseif test="#attr.score>60">良</s:elseif>
            <s:else>不及格</s:else>
    </body>
</html>
```

在上面的代码中,首先在页面设置属性 scored 的值为 84,经过层层判断,最终将输出结果"优",代码运行效果如图 8.1 所示。

图 8.1　if/elseif/else 标签示例效果

在该标签中"if"和"elseif"必须指定一个 test 属性,该属性就是进行条件判断的逻辑表达式。if/elseif/else 标签是必须掌握的 Struts2 标签之一,虽然不建议在视图层加入过多的逻辑,但这只是建议,实际上使用 if/elseif/else 标签仍然可以保持页面干净整洁。

2. append 标签

该标签用于将多个集合对象拼接成为一个新的集合对象,在拼接完成之后使用一个 <s:iterator>即可迭代多个集合对象,它有 id 和 var 属性,详情如表 8.5 所示。

表 8.5　append 标签作用说明

属　性	必　选	使用表达式	类　型	描　述
id	否	否	String	已经废弃,使用 var 来代替 id 属性
var	否	否		指定将此值栈中符合条件的集合生成新的集合的名称,用于 iterator 标签进行迭代

下面我们先来看一个如何对 List 进行拼接的实例,页面 append-list.jsp 的代码如下:

```
<%@ page language="java" import="java.util.*" pageEncoding="UTF-8"%>
<%@taglib uri="/struts-tags" prefix="s"%>
<html>
    <head>
        <title>s:append 示例</title>
```

```
        </head>

        <body>
            <h2>
                s:append 示例
            </h2>

            拼接、迭代 list:
            <p />
            <!-- 使用 s:append 将两个 List 集合拼接成新的集合 -->
            <s:append id="newList">
                <s:param value="{'北京','山东','上海'}" />
                <s:param value="{'云南','河北','河南'}" />
            </s:append>

            <!-- 迭代新集合(List) -->
            <s:iterator value="newList" status="st">
                <s:property /> 
                <!-- 如果当前迭代项的索引为偶数则输出一个换行 -->
                <!-- 后面在讲 iterator 标签时还会详细介绍 -->
                <s:if test="#st.even">
                    <br />
                </s:if>
            </s:iterator>
        </body>
</html>
```

上面的代码首先使用<s:append>将两个 List 拼接成为一个新的 List，名为"newList"，然后迭代这个"newList"，代码运行效果如图 8.2 所示。

图 8.2 s:append 标签示例效果

同样使用<s:append>也可以拼接 Map 对象，页面 append-map.jsp 的代码用于拼接迭代 Map：

```
<%@ page language="java" import="java.util.*" pageEncoding="UTF-8"%>
<%@taglib uri="/struts-tags" prefix="s"%>
<html>
```

```
<head>
    <title>s:append 示例</title>
</head>

<body>
    <h2>s:append 示例</h2>

    拼接、迭代 map: <p/>
    <!-- 使用 s:append 将两个集合(Map)拼接成新的集合 -->
    <s:append var="newMap">
        <s:param value="#{'1':'java','2':'c/c++'}"/>
        <s:param value="#{'3':'php','4':'javascript'}"/>
    </s:append>

    <!-- 迭代新集合(Map) -->
    <s:iterator value="newMap" status="st">
        <!-- 输出 map 的 key 和 value -->
        <s:property value="key"/>
        <s:property value="value"/><br/>
    </s:iterator>
</body>
</html>
```

使用<s:append>拼接迭代 Map 对象，代码运行效果如图 8.3 所示。

图 8.3　s:append 标签示例效果

3. generator 标签

该标签将指定字符串按指定的分隔符分割成多个字串，临时生成的多个字串可使用 iterator 迭代输出，该标签的属性说明如表 8.6 所示。

表 8.6　generator 标签作用说明

属性	必选	表达式	类型	描述
id	否	否	String	已经废弃，使用 var 来代替 id 属性
count	否	否	Integer	指定生成集合迭代时的最大次数

续表

属性	必选	表达式	类型	描述
val	是	否	String	指定被解析的字符串
separator	是	否	String	指定用于解析字符串的分隔符
converter	否	否	org.apache.struts2.util.Iterator-Generator.Converter	指定一个转换器，将集合中的每个字符串转换成对象
var	否	否	String	指定生成的新集合的名字

下面创建一个名为 generator.jsp 的页面，来演示 generator 标签的用法。

```jsp
<%@ page language="java" import="java.util.*" pageEncoding="UTF-8"%>
<%@taglib uri="/struts-tags" prefix="s"%>
<html>
    <head>
        <title>s:generator 示例</title>
    </head>
    <body>
        <h2>    s:generator 示例 </h2>
        <!-- 使用 s:generator 将一个字符串解析成集合 -->
        <s:generator val="'java,c/c++,php,c#,javascript,ruby'" separator=",">
            <!-- 在 generator 标签中，该集合位于 ValusStack 的栈顶，所以这里迭代的就是临时生成的集合 -->
            <s:iterator status="st">
                <s:property />
                <s:if test="#st.even">
                    <br />
                </s:if>
            </s:iterator>
        </s:generator>
        <hr />
        <!-- 指定 var 和 count 属性，这里最多迭代四次，也就是说 javascript、ruby 不会显示出来 -->
        <s:generator val="'java,c/c++,php,c#,javascript,ruby'" separator=","
            count="4" var="name" />
        <s:iterator value="name" status="st">
            <s:property />
            <s:if test="#st.even">
                <br />
            </s:if>
        </s:iterator>
    </body>
</html>
```

上面代码的运行效果如图 8.4 所示。

4. iterator 标签

iterator 标签主要用于对集合进行迭代，这里的集合包括数组、List、Set，也可对 Map 类型的对象进行迭代输出。iterator 标签的运用也非常广泛，对于列表展示更是功不可没。

该标签拥有的属性说明如表 8.7 所示。

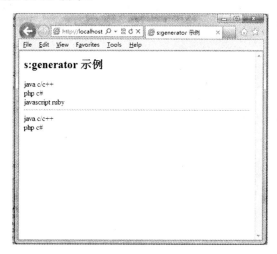

图 8.4　s:generator 标签示例效果

表 8.7　iterator 标签属性列表

属性	必选	默认值	使用表达式	类型	描　　述
begin	否	0	否	Integer	指定集合迭代的开始下标
end	否	集合的大小	否	Integer	指定集合迭代的结束下标
id	否		否	String	已经废弃，使用 var 来代替 id 属性
status	否	false	否	Boolean	如果指定了此值，则每次迭代时会将一个 IteratorStatus 实例压入值栈。通过该实例可判断当前迭代元素的属性
step	否	1	否	Integer	表示迭代的步长。当步长为负数时，begin 的值要大于 end 的值
value	否		否	String	被迭代的集合，若不指定则使用 ValueStack 栈顶的集合
var	否		否	String	对 value 集合里元素的引用起一个别名

我们来创建一个名为 iterator-list.jsp 的页面，进行迭代操作：

```
<%@ page language="java" import="java.util.*" pageEncoding="UTF-8"%>
<%@taglib uri="/struts-tags" prefix="s"%>
<html>
    <head>
        <title>s:iterator 迭代 list 示例</title>
    </head>
    <body>
        <h2>
            s:iterator 迭代 list 示例
        </h2>
        迭代 list：
```

```
            <s:set name="provinceList" value="{'北京','上海','深圳'}" />
            <s:iterator value="provinceList" id="province">
                <s:property value="province" />
            </s:iterator>
        </body>
</html>
```

上面的代码中首先定义了一个 provinceList 集合，然后使用<s:iterator>迭代输出该集合中的元素，代码运行效果如图 8.5 所示。

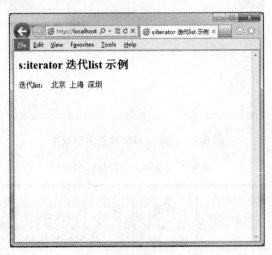

图 8.5 s:iterator 标签示例效果

如果在<s:iterator>标签中指定了 status 属性，则每次迭代都会产生一个 IteratorStatus 实例，该实例有以下几个方法。

- int getCount()：返回当前迭代元素的数量。
- int getIndex()：返回当前迭代元素的索引。
- boolean isEven()：返回当前被迭代元素的索引是否为偶数。
- boolean isOdds()：返回当前被迭代元素的索引是否为奇数。
- boolean isFirst()：返回当前被迭代元素是否是第一个元素。
- boolean isLast()：返回当前被迭代元素是否是最后一个元素。
- int modulus(int operand)：对指定的数值进行取模操作后返回。

通过上面几个方法，我们在迭代集合时就可以实现更多的控制。

接下来，我们创建一个名为 iterator-status.jsp 的页面，测试 status 属性：

```
<%@ page language="java" import="java.util.*" pageEncoding="UTF-8"%>
<%@taglib uri="/struts-tags" prefix="s"%>
<html>
    <head>
        <title>s:iterator 迭代 list 示例</title>
    </head>
    <body>
        <h2>
            s:iterator 迭代 list 示例
```

```
            </h2>
            构建了一个 List 集合，然后迭代 list：
            <s:set name="provinceList" value="{'北京','上海','深圳'}" />
            <s:iterator value="provinceList" id="province" status="st">
                <span
                    <s:if test="#st.even">
                        style="background-color:#108ac6"
                    </s:if>
                >
                    <s:property value="province" />
                </span>
            </s:iterator>
        </body>
</html>
```

上面的代码中根据 IteratorStatus 属性判断，如果当前被迭代元素的索引为偶数，则将其背景设为蓝色，代码运行效果如图 8.6 所示。

图 8.6　s:iterator 标签示例效果

此外 <s:iterator> 还可以用来迭代 Map 对象，迭代 Map 对象时每个 key-value 对被当成一个集合元素。即 Map 中 key-value 有几对就迭代几次。下面为页面 iterator-map.jsp 的代码，用于对 Map 对象进行代替操作：

```
<%@ page language="java" import="java.util.*" pageEncoding="UTF-8"%>
<%@taglib uri="/struts-tags" prefix="s"%>
<html>
    <head>
        <title>s:iterator 迭代 Map 示例</title>
    </head>
    
    <body>
        <h2>
            s:iterator 迭代 Map 示例
        </h2>
```

```
            迭代map：
            <s:set name="proMap" value="#{'1':'北京','2':'上海','3':'深圳'}" />
            <s:iterator value="proMap">
                <s:property value="key" /> :
                <s:property value="value" />
            </s:iterator>
        </body>
</html>
```

代码运行效果如图 8.7 所示。

图 8.7 s:iterator 标签示例效果

5. merge 标签

该标签也是用来拼接集合对象的，虽然用法上与配置上和 append 完全一样，但它采用的拼接方式与 append 的拼接方式不同。比如有两个 list1、list2，使用 append 标签时，list2 会追加到 list1 的尾部；而使用 merge 的话，则先访问 list1 的第一个元素，再访问 list2 的第一个元素，然后才访问 list1 的第二个元素和 list2 的第二个元素。就这样一直交替访问下去。

创建一个名为 merge-list.jsp 的页面，来看看 merge 标签的实例：

```
<%@ page language="java" import="java.util.*" pageEncoding="UTF-8"%>
<%@taglib uri="/struts-tags" prefix="s"%>
<html>
    <head>
        <title>s:merge 示例</title>
    </head>

    <body>
        <h2>s:merge 示例</h2>

        拼接、迭代list: <br/>
        <!-- 使用 s:merge 将两个集合(List)拼接成新的集合 -->
        <s:merge var="newList">
            <s:param value="{'java','c/c++','C#','php'}"/>
```

```
            <s:param value="{'javascript','html','css','flash'}"/>
        </s:merge>

        <!-- 迭代新集合(List) -->
        <s:iterator value="newList" var="name" status="st">
            <s:property value="name"/>
            <!-- 如果当前迭代项的索引为偶数则输出一个换行 -->
            <s:if test="#st.even">
                <br/>
            </s:if>
        </s:iterator>
    </body>
</html>
```

以上代码的运行效果如图 8.8 所示。

图 8.8　s:merge 标签示例效果

通过上面的代码和运行效果图，可以发现<s:merge>拼接集合时，生成的新集合的元素顺序如下。

第一个集合的第一个元素："java"
第二个集合的第一个元素："javascript"
第一个集合的第二个元素："c/c++"
第二个集合的第二个元素："html"
……

而<s:append>拼接集合，生成的新集合的元素顺序如下。

第一个集合的第一个元素……
第一个集合的第二个元素……
……
第二个集合的第一个元素……
……

二者拼接集合时，新集合中的集合元素是相同的，只是顺序不同而已。

接下来,我们来看一个 merge 拼接 map 的实例,新建一个名为 merge-map.jsp 的页面,代码如下:

```jsp
<%@ page language="java" import="java.util.*" pageEncoding="UTF-8"%>
<%@taglib uri="/struts-tags" prefix="s"%>
<html>
    <head>
        <title>s:merge 示例</title>
    </head>
    <body>
        <h2>
            s:merge 示例 拼接、迭代 map:
        </h2>
        <!-- 使用 s:merge 将两个集合(Map)拼接成新的集合 -->
        <s:merge var="newMap">
            <s:param value="#{'java':'17.5%','c':'17.2%'}" />
            <s:param value="#{'php':'9.9%','c#':'4.2%'}" />
        </s:merge>

        <!-- 迭代新集合(Map) -->
        <s:iterator value="newMap" var="name" status="st">
            <s:property value="key" />
            <s:property value="value" />
            <br />
        </s:iterator>
    </body>
</html>
```

以上代码运行后,效果如图 8.9 所示。

图 8.9　s:merge 标签示例效果

6. sort 标签

该标签用于对集合进行排序,排序时必须提供自己的排序规则,即实现自己的 Comparator。

表 8.8 sort 标签属性列表

属性	必选	表达式	类型	描述
comparator	是	否	java.util.Comparator	指定进行排序的 Comparator 实例
id	否	否	String	已经废弃，使用 var 来代替 id 属性
source	否	否	String	指定要排序的集合，默认对 ValueStack 栈顶的集合进行排序
var	否	否	String	为排序后的结果起一个名称。只局限于当前 pageContext 作用域

sort 标签除 jsp 页面外，还需要一个实现 java.util.Comparator 的类来辅助排序，我们创建一个名为 MyComparator.java 的类用于对整数进行排序：

```java
package lesson8;
import java.util.Comparator;
public class MyComparator implements Comparator<Integer> {
    // 决定两个元素的大小
    public int compare(Integer operand1, Integer operand2) {
        return (operand1 - operand2);
    }
}
```

接下来再创建一个名为 sort.jsp 的页面，进行排序演示：

```jsp
<%@ page language="java" import="java.util.*" pageEncoding="UTF-8"%>
<%@taglib uri="/struts-tags" prefix="s"%>
<html>
    <head>
        <title>s:sort 示例</title>
    </head>
    <body>
        <h2>
            s:sort 示例
        </h2>
        <!-- 使用 bean 标签定义一个 Comparator 实例 -->
        <s:bean var="myComparator" name="lesson8.MyComparator">
            <!-- 使用自定义的排序规则对目标集合进行排序 -->
            <s:sort comparator="myComparator" source="{5,6,2,1,9,4,0,3}">
                <s:iterator status="st">
                    <s:property />
                </s:iterator>
            </s:sort>
        </s:bean>
    </body>
</html>
```

上面的代码首先定义了自己的 Comparator，即排序规则(按照数字大小由小到大排序)，页面代码运行效果如图 8.10 所示。

图 8.10 s:sort 标签示例效果

7. subset 标签

相信大家都用过 String 类的 substring 方法，它主要用于获取字符串的子串。而 subset 也是类似，该标签用于截取并获得集合的子集，常用的有如表 8.9 所示的几个属性。

表 8.9 subset 标签属性列表

属 性	必 选	表 达 式	类 型	描 述
source	否	否	String	指定源集合，不指定默认取得 ValueStack 栈顶的集合
count	否	否	Integer	指定子集中元素的个数,不指定默认取得源集合的全部元素
start	是	否	Integer	指定开始截取的位置，默认为 0
decider	否	否	org.apache.struts2.util.SubsetIteratorFilter.Decider	指定由开发者自己决定是否选中该元素
id	否	否	String	已经废弃，使用 var 来代替 id 属性
var	否	否	String	为截取后的结果起一个名称。只局限于当前 pageContext 作用域

创建一个名为 subset.jsp 的页面，来看看 subset 标签实例：

```
<%@ page language="java" import="java.util.*" pageEncoding="UTF-8"%>
<%@taglib uri="/struts-tags" prefix="s"%>
<html>
    <head>
        <title>s:subset 示例</title>
    </head>
    <body>
        <h2>
            s:subset 示例
        </h2>
```

```
<!-- 最大长度为 3，因此 c#不会输出 -->
list subset 实例：
<p />
<s:subset source="{'java','c/c++','php','c#'}" start="0" count="3">
    <s:iterator status="st">
        <s:property />
    </s:iterator>
</s:subset>
<hr />
map subset 实例：
<p />
<!-- 起始下标为 1，最大长度为 3，因此 Java 不会输出 -->
<s:subset
    source="#{'java':'17.5%','c':'17.2%','php':'9.9%','c#':'4.2%'}"
    start="1" count="3">
    <s:iterator status="st">
        <s:property value="key" />
        <s:property value="value" />
        <s:if test="#st.even">
            <br />
        </s:if>
    </s:iterator>
</s:subset>
</body>
</html>
```

以上代码的运行效果如图 8.11 所示。

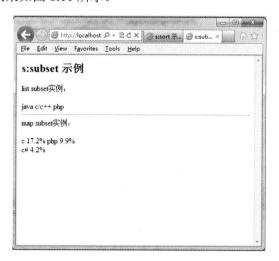

图 8.11　s:subset 标签示例效果

8.2.2　数据标签

数据标签也是 Struts2 中常用的标签，它主要包括 a 标签、action 标签、bean 标签、date 标签等。本小节笔者将与读者朋友一起探讨这些标签的用法。

1. a 标签

<s:a>标签即 HTML 的超链接，有带参数和不带参数两种使用方式。

```
<%@ page language="java" import="java.util.*" pageEncoding="UTF-8"%>
<%@taglib uri="/struts-tags" prefix="s"%>
<html>
    <head>
        <title>s:a 示例</title>
    </head>

    <body>
        <h2>
            s:a 示例
        </h2>

        无参数用法：
            <!-- 最终会变成访问 http://www.sun.com 的超链接 -->
            <s:a href="http://www.sun.com">sun 的官方网站</s:a>
        <p />

        带参数用法：

            <!-- 先将参数 message 的值进行 UTF-8 编码，然后追加到 url 后面
            最终会变成 http://www.sun.com/?message=%E6%88%91%E7%88%B1java-->
            <s:url var="sun" value="http://www.sun.com">
                <s:param name="message">我爱java</s:param>
            </s:url>
            <s:a href="%{sun}">sun 的官方网站</s:a>

    </body>
</html>
```

页面运行效果如图 8.12 所示。

图 8.12 s:a 标签示例效果

通过观察发现传入的参数值"我爱 java"确实进行了 UTF-8 编码，通过这种方式有效地解决了 action 接收中文参数乱码的问题。

2. action 标签

action 标签用于在 JSP 页面直接调用 action,当需要调用 action 时可以指定 action 的 name 和 namespace，若指定了 executeResult 参数的值为"true"，该标签还会把 action 的处理结果(视图页面)包含到本页面中。

action 标签有如表 8.10 所示的几个属性。

表 8.10　action 标签属性列表

属　性	必　选	默　认　值	表　达　式	类　型	描　述
executeResult	否	false	否	Boolean	指定是否要将 Action 的处理结果页面包含到当前页
flush	否	false	否	true	指定 action 标签结束时，是否将 write 缓冲区 flush
id	否		否	String	已经废弃，使用 var 来代替 id 属性
ignoreContextParams	否	false	否	Boolean	指定页面请求参数是否需要传入调用的 action
name	是		否	String	指定要调用的 action
namespace	否	当前使用此标签的 URL	否	String	指定调用的 action 所在的 namespace
rethrowException	否	false	否	Boolean	如果 name 属性指定的 action 抛出异常,则调用此 action 的页面是否也要抛出异常
var	否		否	String	指定其压入值栈的名称,一般没什么用处。

action 所涉及的内容比较多,我们一步一步来。首先,创建一个名为 ActionTag.java 的类,作为 action 标签的对象,代码如下:

```
package lesson8;
import com.opensymphony.xwork2.ActionSupport;
public class ActionTag extends ActionSupport {
    private String message = "";
    public String execute() throws Exception {
        if ("".equals(message)) {
            message = "请求参数的值为空";
        } else {
            message = "请求参数的值为: " + message;
        }
        return SUCCESS;
    }
    
    public String getMessage() {
        return message;
    }
```

```java
        public void setMessage(String message) {
            this.message = message;
        }
}
```

接着我们需要创建两个 JSP 页面，一个是 ActionTag.java 执行后的返回结果页面，另一个是调用 ActionTag 类的访问页面。其中返回结果页面 action-include.jsp 的代码如下：

```jsp
<%@ page language="java" import="java.util.*" pageEncoding="UTF-8"%>
<%@taglib uri="/struts-tags" prefix="s"%>
<html>
    <head>
        <title></title>
    </head>

    <body>
        <table cellpadding="1" cellspacing="1">
            <tr>
                <td style="color: #108ac6">
                    <!-- 输出 action 中的 message 属性 -->
                    <s:property value="message" />
                </td>
            </tr>
        </table>
    </body>
</html>
```

接下来创建访问页面 action.jsp，代码如下：

```jsp
<%@ page language="java" import="java.util.*" pageEncoding="UTF-8"%>
<%@taglib uri="/struts-tags" prefix="s"%>
<html>
    <head>
        <title>s:action 示例</title>
    </head>
    <body>
        <h2>
            s:action 示例
        </h2>
        将结果包含到本页面中：
        <s:action name="actionTag" executeResult="true" namespace="/" />
        <hr/>
        将结果包含到本页面中，同时阻止本页面的请求参数传入 action：
        <s:action name="actionTag" executeResult="true" namespace="/" ignoreContextParams="true" />
        <hr/>
        不将结果包含到本页面中：
        <s:action name="actionTag" executeResult="false" namespace="/" />
    </body>
</html>
```

最后不要忘记在 struts.xml 中配置这个 action：

```xml
<?xml version="1.0" encoding="UTF-8" ?>
<!DOCTYPE struts PUBLIC
    "-//Apache Software Foundation//DTD Struts Configuration 2.0//EN"
    "http://struts.apache.org/dtds/struts-2.0.dtd">
<struts>
    <package name="tags" namespace="/" extends="struts-default">
        <action name="actionTag" class="lesson8.ActionTag">
            <result>/generic/action-include.jsp</result>
        </action>
    </package>
</struts>
```

项目发布后，我们通过下列 URL 来访问应用程序：

http://localhost:8080/ struts2_08_Tags/generic/action.jsp?message=test

程序运行结果如图 8.13 所示。

图 8.13　s:action 标签示例效果

通过这个实例，相信读者已经清楚了 action 标签的用法。

3. bean 标签

bean 标签用于创建一个 JavaBean 实例，创建 JavaBean 实例时，可以为 JavaBean 的属性传值，前提是要为属性提供 setter/getter 方法。表 8.11 是 bean 标签的几个属性介绍。

表 8.11　bean 标签属性列表

属性	必选	表达式	类型	描述
id	否	否	String	已经废弃，使用 var 来代替 id 属性
name	是	否	String	要实例化的 JavaBean 的实现类
var	否	否	String	指定其压入值栈的名称，从而允许直接通过 id 属性来访问该 JavaBean 实例

我们来创建测试代码，先创建一个 Person 类，作为需要实例化的 JavaBean：

```java
package lesson8;
public class Person {
    /**
     * 因为要作为 JavaBean，所以必须提供一个无参数构造函数
     */
    public Person() {
    }

    /**
     * 如果只提供有参数的构造函数，则运行会报错，原因就是无法实例化对象
     *
     * @param name
     */
    public Person(String name) {
    }

    private String name;
    public String getName() {
        return name;
    }

    public void setName(String name) {
        this.name = name;
    }
}
```

接下来创建 bean.jsp，来使用 Struts2 的 bean 标签：

```jsp
<%@ page language="java" import="java.util.*" pageEncoding="UTF-8"%>
<%@taglib uri="/struts-tags" prefix="s"%>
<html>
    <head>
        <title>s:bean Tag 示例</title>
    </head>
    <body>
        <h2>
            s:bean Tag 示例
        </h2>
        <!-- 使用 bean 标签来创建 Person 对象 -->
        <s:bean name="lesson8.Person">
            <!-- 通过 setName 方法给 name 赋值 -->
            <s:param name="name" value="'struts2'" />
            名称为：:<b style="color: red"> <i><s:property value="name" />
            </i> </b>
        </s:bean>
        <!-- 当然也可以使用 var 属性 -->
        <s:bean var="person" name="lesson8.Person">
            <!-- 通过 setName 方法给 name 赋值 -->
            <s:param name="name" value="'study'" />
        </s:bean>
```

```
            <b style="color: red"> <i><s:property value="#person.name" />
              </i> </b>
        </body>
</html>
```

上面的代码首先使用<s:bean>标签创建 JavaBean 的实例，然后使用<s:param>标签为 name 属性赋值。代码运行之后效果如图 8.14 所示。

图 8.14 s:bean 标签示例效果

4. date 标签

date 标签用于格式化输出日期，还可以计算两个日期之间的差值。该标签有如表 8.12 所示的几个属性。

表 8.12 date 标签属性列表

属性	必选	默认值	表达式	类型	描述
format	否		否	String	将根据该属性指定的格式来格式化日期
id	否		否	String	已经废弃，使用 var 来代替 id 属性
name	是		否	String	指定要格式化的日期值
nice	否	false	否	String	用于指定是否输出指定日期和当前日期之间的时间差
var	否		否	String	指定其压入值栈的名称，从而允许直接通过此 id 来访问

我们来创建一个 date.jsp 页面，代码如下：

```
<%@ page language="java" import="java.util.*" pageEncoding="UTF-8"%>
<%@taglib uri="/struts-tags" prefix="s"%>
<html>
    <head>
        <title>s:date 示例</title>
    </head>
    <body>
```

```
<%
    java.util.Date date = new java.util.Date(12, 333, 555, 0, 9);
    pageContext.setAttribute("date", date);
%>
当前日期，不指定format：
<s:date name="new java.util.Date()" />
<hr />

当前日期，指定format：
<s:date name="new java.util.Date()" format="yyyy-MM-dd" />
<hr />

生成日期，指定nice="true"：
<s:date name="#attr.date" nice="false" />
<br />
距今已有，指定nice="false"：
<s:date name="#attr.date" nice="true" />
</body>
</html>
```

上面的代码运行效果如图 8.15 所示。

图 8.15　s:date 标签示例效果

> **注意**
>
> 当 nice="true" 和 format 属性都指定时，会输出指定日期和当前日期的时间差，即 format 失效。

5. debug 标签

debug 标签主要用于辅助测试，在页面生成一个链接，通过该链接可以查看到 ValueStack 和 StackContext 中所有的值信息。

debug 有一个 id 属性，只是该元素的一个引用 id，没有太大意义。

创建一个 debug.jsp 页面，代码如下：

```jsp
<%@ page language="java" import="java.util.*" pageEncoding="UTF-8"%>
<%@taglib uri="/struts-tags" prefix="s"%>
<html>
    <head>
        <title>s:debug 示例</title>
    </head>
    <body>
        <s:set id="name" value="'debug'" />
        <s:property value="name" />
        <s:debug />
    </body>
</html>
```

代码运行后效果如图 8.16 所示。

图 8.16　s:debug 标签示例效果

单击图 8.16 所示页面中的 Debug 链接，将看到如图 8.17 所示的详细 Debug 信息页面。

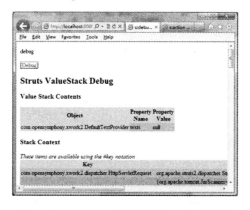

图 8.17　s:debug 标签示例信息提示效果

6．i18n 标签

i18n 标签主要用于将某个资源文件放到当前的值栈中，然后允许使用 text 标签来访问资源文件中的键值对。

对于此标签的演示，我们先在 classpath 下创建两个资源文件：test1.properties 和 test2.properties。两个文件的内容分别如下：

```
test1.properties:
test1.label=test1
test2.properties:
test2.label=test2
```

接下来，我们创建 i18n.jsp 页面，用来访问上述两个资源文件：

```
<%@ page language="java" import="java.util.*" pageEncoding="UTF-8"%>
<%@taglib uri="/struts-tags" prefix="s"%>
<!DOCTYPE HTML PUBLIC "-//W3C//DTD HTML 4.01 Transitional//EN">
<html>
    <head>
        <title>s:i18n 示例</title>
    </head>
    <body>
        资源文件 test1 中 test1.label 的值为：
        <s:i18n name="test1">
            <s:text name="test1.label" />
        </s:i18n>
        <p />
        资源文件 test2 中 test2.label 的值为：
        <s:i18n name="test2">
            <s:text name="test2.label" />
        </s:i18n>
    </body>
</html>
```

代码运行后如图 8.18 所示。

图 8.18 s:i18n 标签示例效果

7.include 标签

include 标签用于将一个 JSP 页面，或者 Servlet 包含到本页面中。该标签有一个必须设置的属性"value"，表示需要包含的 JSP 页面或 Servlet。

我们先创建一个 include.jsp 页面，作为主页面，代码如下：

```jsp
<%@ page language="java" import="java.util.*" pageEncoding="UTF-8"%>
<%@taglib uri="/struts-tags" prefix="s"%>
<html>
  <head>
    <title>s:include 示例</title>
  </head>
  <body>
    <s:include value="include-page.jsp">
        <!-- 使用 s:param 标签为传参到 include2.jsp -->
        <s:param name="name" value="'struts2'"/>
    </s:include>
  </body>
</html>
```

然后创建一个名为 include-page.jsp 的页面：

```jsp
<%@ page language="java" import="java.util.*" pageEncoding="UTF-8"%>
<table cellpadding="1" cellspacing="1">
    <tr>
        <td>参数为：</td>
        <!--
            在使用 include 标签时，由于 ValueStack 还未创建，所以无法从值栈中取值。
            但我们可以从 HttpServletRequest 对象中取值，下面就是使用 EL 表示式
            将参数的值取出
         -->
        <td style="color: #108ac6">
            ${param.name}
        </td>
    </tr>
</table>
```

代码运行后的效果如图 8.19 所示。

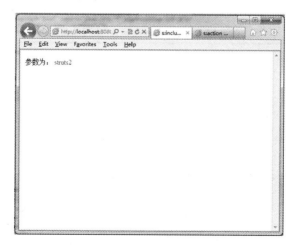

图 8.19　s:include 标签示例效果

8. param 标签

param 标签主要用于为其他标签提供参数,例如可以为 include 标签和 bean 标签提供参数。该标签有如表 8.13 所示的两个参数。

表 8.13 param 标签属性列表

属性	必选	默认值	表达式	类型	描述
name	否		否	String	指定需要设置参数的参数名
value		当前值栈对应属性的值	否	String	指定需要设置参数的参数值

param 标签的使用方式主要有以下两种。

- 第一种:

```
<s:param name="name" value=" 'struts2' "/>
```

- 第二种:

```
<s:param name="name" >struts2</s:param>
```

9. property 标签

property 标签用于输出指定值,它的常用属性说明如表 8.14 所示。

表 8.14 property 标签属性列表

属性	必选	默认值	表达式	类型	描述
default	否		否	String	如果需要输出的值为空,则显示 default 设置的默认值
escapge	否	true	否	Boolean	指定是否转义输出 HTML 代码
EscapgeJavaScript	否	false	否	Boolean	指定是否转义输出 JavaScript 代码
value	否	值栈顶部的值	否	Object	指定需要输出的属性值,如果不指定该属性,默认输出 ValueStack 栈顶的值

前面的示例中已多次使用该标签,这里我们再创建一个名为 property.jsp 的页面,代码如下:

```
<%@ page language="java" import="java.util.*" pageEncoding="UTF-8"%>
<%@taglib uri="/struts-tags" prefix="s"%>
<html>
    <head>
        <title>s:property Tag 示例</title>
    </head>
    <body>
        <h2>
            s:property Tag 示例
        </h2>
```

```
            <s:push value="new java.util.Date()">
                当前时间为：
                <!-- 调用 Date 类的 getTime 方法，返回当前时间 -->
                <s:property value="time" />
                <p />
                    测试 default 属性：
                <!-- 调用 Date 类的 getTime 方法，返回当前时间 -->
                <s:property value="time2" default="java.util.Date 类没有 getTime2()这个方法" />
            </s:push>
            <p />
            <s:set name="fontColor" value="'<font color=\"red\">显示为红色</font>'" />
            escape=false 的结果：
            <s:property value="#fontColor" />
            <p />
            escape=true 的结果：
            <s:property value="#fontColor" escape="false"/>
        </body>
    </html>
```

代码运行后的效果如图 8.20 所示。

图 8.20　s:property 标签示例效果

10. push 标签

push 标签用于将某个对象放到 ValueStack 的栈顶，从而可以很方便地访问该对象。

我们创建一个 push.jsp 页面，代码如下：

```
<%@ page language="java" import="java.util.*" pageEncoding="UTF-8"%>
<%@taglib uri="/struts-tags" prefix="s"%>
<html>
    <head>
        <title>s:push 示例</title>
    </head>
    <body>
```

```
        <h3>
            使用 s:push 将某个值放入 ValueStack 的栈顶
        </h3>
        <s:bean name="lesson8.Person" var="person">
            <s:param name="name" value="'struts2'" />
        </s:bean>
        <!-- 使用 push 标签将 Stack Context 中的 person 实例放入 ValueStack 栈顶 -->
        <s:push value="person">
            <!-- 输出 ValueStack 栈顶的元素 -->
            <s:property value="name" />
        </s:push>
    </body>
</html>
```

代码运行后的效果如图 8.21 所示。

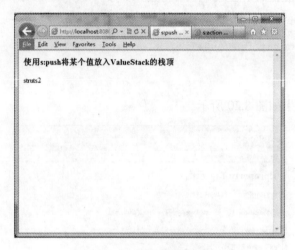

图 8.21　s:push 标签示例效果

11. set 标签

set 标签用于将某个对象或值放入指定范围内。该标签有如表 8.15 所示的几个属性。

表 8.15　set 标签属性列表

属性	必选	默认值	表达式	类型	描　　述
id	否		否	String	已经废弃，使用 var 来代替 id 属性
name	否		否	String	已经废弃，使用 var 来代替 id 属性
scope	否	action	否	String	指定新变量被放置的范围，可选的值为 application、session、request、page 及 action
var	否		否	String	指定其压入值栈的名称，从而允许直接通过此 id 来访问

我们来创建一个 set.jsp，代码如下：

```
<%@ page language="java" import="java.util.*" pageEncoding="UTF-8"%>
<%@taglib uri="/struts-tags" prefix="s"%>
```

```
<html>
    <head>
        <title>s:set 示例</title>
    </head>
    <body>
        将值放入默认范围内：
        <s:set id="name" value="'00'" />
        <s:property value="name" />
        <hr />
        将值放入 Page 范围内：
        <s:set id="name" value="'11'" scope="page" />
        ${pageScope.name}
        <hr />
        将值放入 Request 范围内：
        <s:set id="name" value="'22'" scope="request" />
        <s:property value="#request.name" />
        <hr />

        将值放入 Session 范围内：
        <s:set id="name" value="'33'" scope="session" />
        <s:property value="#session.name" />
        <hr />

        将值放入 Application 范围内：
        <s:set id="name" value="'44'" scope="application" />
        <s:property value="#application.name" />
    </body>
</html>
```

上面的代码是给 name 属性赋不同的值，将 name 放入不同的范围中，代码运行后的效果如图 8.22 所示。

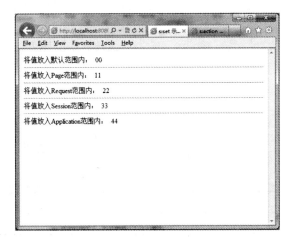

图 8.22　s:set 标签示例效果

12. text 标签

text 标签主要用来显示资源文件中的键值对。我们在<s:i18n />标签中已经看到了关于 text 标签的用法了，它主要有如表 8.16 所示的几个属性。

表 8.16　text 标签属性列表

属　性	必选	默认值	表达式	类型	描　述
id	否		否	String	已经废弃，使用 var 来代替 id 属性
name	是		否	String	要获取资源文件中的键值
SearchValueStack	否	true	否	Boolean	如果从资源文件中找不到键值，则从值栈中找
var	否		否	String	指定其压入值栈的名称，从而允许直接通过此 id 来访问

关于 text 标签的实例参见"i18n 标签"小节，这里不再赘述。

13. url 标签

url 标签主要用于生成 URL 链接。其中，Struts2 允许在<s:url />标签中再嵌套 param 标签来提供额外的参数。这个参数可以是单个值，也可以是一个数组或集合。

url 标签有很多属性，如表 8.17 所示。

表 8.17　url 标签属性列表

属　性	必选	默认值	表达式	类型	描　述
action	否		否	String	指定生成 URL 的地址为哪个 action，如果 action 不提供，就用 value 作为 URL 的值
anchor	否		否	String	指定 URL 的锚点
encode	否	true	否	Boolean	指定是否需要对请求参数进行 encode 编码
escapeAmp	否	true	否	Boolean	指定是否需要对"&"进行 escape 编码
ForceAddSchemeHostAndPort	否	false	否	Boolean	指定生成的 URL 是否需要添加额外的信息，比如 URL 的 scheme、host 及 port
includeContext	否	true	否	Boolean	指定是否需要将当前上下文包含在 url 地址中
includeParams	否	none	否	Boolean	指定是否包含请求参数，其值只能为 none、get、all
method	否		否	String	指定使用 action 的方法
namespace	否		否	String	指定使用 action 的命名空间
portletMode	否		否	String	以 portlet 模式返回结果
portletUrlType	否	render	否	String	指定此 URL 为一个 portlet 渲染还是 action 的 URL。默认值为"render"，如果要创建一个 action URL，则要设置为"action"

续表

属性	必选	默认值	表达式	类型	描述
scheme	否		否	String	设置 scheme 属性
value	否	true	否	Boolean	指定生成 URL 的地址值，如果 value 不提供就用 action 属性指定的 action 作为 URL 地址
windowState	否		否	String	返回 portlet 时窗口的状态

使用<s:url>标签，用户不用考虑上下文环境，也不用考虑请求的后缀，但读者需要注意一个问题：在<s:url>标签中，value 对应的值在默认状态下会被当成普通字符串来处理，如在页面上添加如下代码：

```
<s:set name="myurl" value="'www.csdn.net'"/>
<s:url value="#myurl" />
```

运行后会原样输出，即输出"#myurl"，如何才能输出这个变量对应的值呢？需要做如下修改。

```
<s:url value="%{#myurl}" />
```

在实际使用中，url 标签一般结合 a 标签使用。如<a href="<s:url action…"/>。

8.3 UI 标签

所谓 UI(用户界面)标签其实大多是 HTML 标签，只是在 Struts2 中做了相关的扩展而已，使用起来更加方便，很多标签在前面的章节中我们都遇到过。UI 标签可以分为表单和非表单标签两类，下面将逐一介绍每个标签常用的属性及用法。

8.3.1 表单标签

表单标签是用户最常用的标签，只要读者朋友熟悉 HTML 中表单的相关元素，则对此小节的学习就会比较轻松。

1. checkbox 标签

s:checkbox 用于生成复选框，使用的时候要注意如下以个属性。

- value：用于指定是否选中该复选框，true 表示复选框被选中，false 表示不被选中。
- fieldValue：用于指定此复选框对应的真实的值。

我们创建一个 checkbox.jsp 页面，代码如下：

```
<%@ page language="java" import="java.util.*" pageEncoding="UTF-8"%>
<%@taglib uri="/struts-tags" prefix="s"%>
<!DOCTYPE HTML PUBLIC "-//W3C//DTD HTML 4.01 Transitional//EN">
<html>
    <head>
        <title>s:checkbox 示例</title>
```

```
        </head>

        <body>
            选中,值为 1 <br />
            <s:checkbox label="Java" name="checkbox" value="true" fieldValue="1"/>
            <hr>
            不选中,值为 2 <br />
            <s:checkbox label=".Net" name="checkbox" value="false" fieldValue="2"/>
        </body>
</html>
```

上述代码运行以后,页面效果如图 8.23 所示。

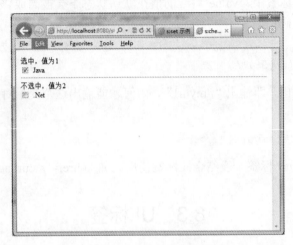

图 8.23 s:checkbox 标签示例效果

2. checkboxlist 标签

checkboxlist 标签用于生成多个复选框,常用属性如下。

- list:可以是 list、map、数组等。
- name:指定复选框的名称。
- value:指定选中复选框的 key 值。

下面通过示例来演示此标签的用法。

创建一个 checkboxlist.jsp 页面,代码如下:

```
<%@ page language="java" import="java.util.*" pageEncoding="UTF-8"%>
<%@taglib uri="/struts-tags" prefix="s"%>
<html>
    <head>
        <title>s:checkboxlist 示例</title>
    </head>
    <body>
        <s:checkboxlist label="请选择您熟悉的编程语言"
            list="#{'0':'Java','1':'PHP','2':'ASP'}" name="language"
            listKey="key" listValue="value" value="0" />
    </body>
</html>
```

上述代码运行以后，页面效果如图 8.24 所示。

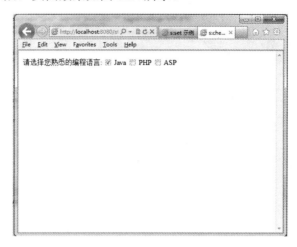

图 8.24　s:checkboxlist 标签示例效果

读者查看页面源码，会发现生成的代码中有"<tr><td>"标签，这是由 Struts2 主题自动生成的代码片段。如果不需要这些代码，可以在 struts.xml 中加入下行代码。

```
<constant name="struts.ui.theme" value="simple"/>
```

此小节只讲述了集合为 list 的情况，请读者朋友自行完成集合为 map 或数组的练习。

3. combobox 标签

combobox 标签用于生成下拉菜单，常用属性如下。

- list：指定 combobox 列表值。
- name：指定 combobox 的名字。
- headerKey：对应 combobox 列表最上边的 key 值。
- headerValue：对应 combobox 列表最上边的 value 值。
- readonly：指定 combobox 对应文本是否可以输入，默认为 false。

创建一个 combobox.jsp 页面，代码如下：

```
<%@ page language="java" import="java.util.*" pageEncoding="UTF-8"%>
<%@taglib uri="/struts-tags" prefix="s"%>
<html>
    <head>
        <title>s:combobox 示例</title>
    </head>
    <body>
        <!-- 使用 s:combobox 必须加入 s:form 表单标签，否则会报 JavaScript 错误 -->
        <s:form>
            <s:combobox label="姓名" name="comboboxValue"
                list="#{'1':'java', '2':'.net', '3': 'javascript'}" headerKey="0"
                headerValue="--请选择--" readonly="true" />
        </s:form>
    </body>
</html>
```

上述代码运行以后，页面效果如图 8.25 所示。

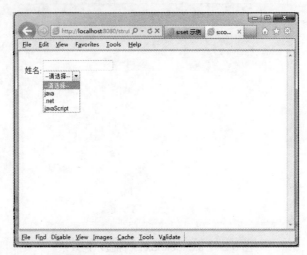

图 8.25　s:combobox 标签示例效果

4. doubleselect 标签

doubleselect 标签用于生成连动下拉菜单，常用属性如下。

- name：指定第一个下拉框的 name 的属性。
- list：表示第一个下拉框的列表值。
- doubleName：指定第二个下拉框的 name 的属性。
- doubleList：表示第二个下拉框的列表。
- readonly：指定 combobox 对应文本是否可以输入，默认为 false。

我们创建一个 doubleselect.jsp 页面，代码如下：

```
<%@ page language="java" import="java.util.*" pageEncoding="UTF-8"%>
<%@taglib uri="/struts-tags" prefix="s"%>
<html>
    <head>
        <title>s:doubleselect 示例</title>
    </head>
    <body>
        <s:form>
            <!-- 测试 s:doubleselect 标签 -->
            <!-- 其中 top 表示当前第一个下拉框选中的节点值 -->
            <s:doubleselect label="请选择您所使用的语言" name="first"
                list="{'常用语言','其他语言'}" doubleName="second"
                doubleList="top == '常用语言' ? {'Java', '.Net'} : {'c/c++',
'php'}" />
        </s:form>
    </body>
</html>
```

上述代码运行以后，页面效果如图 8.26 所示。

图 8.26　s:doubleselect 标签示例效果

5. head 标签

s:head 在<head></head>里使用，表示头文件结束，引入该标签将自动导入两个文件：struts/utils.js 和 struts/xhtml/styles.css。

使用 head 标签很简单，创建一个 head.jsp 页面，代码如下：

```
<%@ page language="java" import="java.util.*" pageEncoding="UTF-8"%>
<%@taglib uri="/struts-tags" prefix="s"%>
<html>
    <head>
        <title>Struts2 标签之 s:head 的使用</title>
        <s:head />
    </head>
</html>
```

上述代码运行没有任何效果，但通过查看生成的 HTML 页面的源代码，还是能发现点线索的，生成的源代码内容如下：

```
<html>
    <head>
        <title>Struts2 标签之 s:head 的使用</title>
        <link rel="stylesheet" href="/struts2_08_Tags/struts/xhtml/styles.css" type="text/css"/>
        <script src="/struts2_08_Tags/struts/utils.js" type="text/javascript"></script>
    </head>
</html>
```

因此，我们就明白了为什么有些标签必须使用 head 标签，因为它提供了额外的 utils.js 及相应的 css 样式。

6. file 标签

s:file 标签用于生成文件域和 HTML 的 file 组件用法上并无区别，下面是 file.jsp 的代码：

```
<%@ page language="java" import="java.util.*" pageEncoding="UTF-8"%>
<%@taglib uri="/struts-tags" prefix="s"%>
<html>
    <head>
        <title>struts2 s:file 标签</title>
    </head>
    <body>
        <s:file name="myfile" label="请选择一个要上传的文件" />
    </body>
</html>
```

上述代码运行以后的页面效果如图 8.27 所示。

图 8.27　s:file 标签示例效果

7. form 标签

s:form 标签用于生成 HTML 的 form 表单，不过它比普通 form 组件拥有更多的选择。
- 可以帮助检查配置的 action 是否有效，如果无效则会在控制台打出警告信息。
- 可以配置"namespace"属性来表示 action 所属的命名空间。
- 可以设置主题样式，使得表单组件的外观一致。

创建一个 form.jsp 页面，代码如下：

```
<%@ page language="java" import="java.util.*" pageEncoding="UTF-8"%>
<%@taglib uri="/struts-tags" prefix="s"%>
<html>
    <head>
        <title>struts2 s:form 标签</title>
    </head>
    <body>
        <!-- 配置 action 时，可以不用加上.action 之类的后缀，Struts2 标签会自动生成 -->
        <s:form name="test" namespace="/" action="actionTag">
        </s:form>
    </body>
</html>
```

上述代码运行也不会有任何效果，但我们通过查看生成的 HTML 页面的源代码，可以看到具体的情况：

```html
<html>
    <head>
        <title>struts2 s:file 标签</title>
    </head>
    <body>
        <form id="actionTag" name="test" action="/struts2_08_Tags/actionTag.action" method="post">
<table class="wwFormTable">
        </table></form>
    </body>
</html>
```

由此可见，form 标签按照 namespace 属性生成了正确的 action 地址，并且在 form 表单内还附带了样式及相关表格代码。

8. hidden 标签

s:hidden 标签用于生成一个隐藏域，与 HTML 的 hidden 组件效果完成相同。不过，s:hidden 的 value 属性支持使用 OGNL 表达式，我们创建一个 hidden.jsp，代码如下：

```jsp
<%@ page language="java" import="java.util.*" pageEncoding="UTF-8"%>
<%@taglib uri="/struts-tags" prefix="s"%>
<!DOCTYPE HTML PUBLIC "-//W3C//DTD HTML 4.01 Transitional//EN">
<html>
    <head>
        <title>struts2 s:hidden 标签</title>
    </head>
    <body>
        <s:hidden name="test" value="%{1+1}"/>
    </body>
</html>
```

上述代码运行以后，其生成的 HTML 代码如下：

```html
<html>
    <head>
        <title>struts2 s:hidden 标签</title>
    </head>
    <body>
        <input type="hidden" name="test" value="2" id="test"/>
    </body>
</html>
```

可以看到确实 s:hidden 支持 OGNL 表达式。

9. label 标签

s:label 标签用于生成一个隐藏域，与 HTML 的 label 组件效果相同。不过，s:label 的 value 属性支持使用 OGNL 表达式，我们创建一个 label.jsp，代码如下：

```
<%@ page language="java" import="java.util.*" pageEncoding="UTF-8"%>
<%@taglib uri="/struts-tags" prefix="s"%>
<!DOCTYPE HTML PUBLIC "-//W3C//DTD HTML 4.01 Transitional//EN">
<html>
    <head>
        <title>struts2 s:label 标签</title>
    </head>
    <body>
        <s:label value="label 标签"/>
    </body>
</html>
```

上述代码运行以后，页面效果如图 8.28 所示。

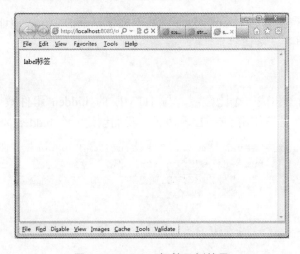

图 8.28　s:label 标签示例效果

10. optiontransferselect 标签

optiontransferselect 是一个比较复杂的标签，但它实现的功能却又经常使用。等读者看到后面的截图就会明白了。optiontransferselect 标签的属性有很多，表 8.18 中是最常用的。

表 8.18　optiontransferselect 标签属性列表

属　性	必选	默认值	表达式	类　型	描　述
addAllToLeftLabel	否		否	String	设置将右边复选框中的所有值全部可以移到左边复选框按钮的名称
addAllToLeftOnclick	否		否	String	设置将右边复选框中的所有值全部可以移到左边复选框时的自定义 JavaScript 事件
addAllToRightLabel	否		否	String	设置将左边复选框中的所有值全部可以移到右边复选框按钮的名称
addAllToLeftOnclick	否		否	String	设置将左边复选框中的所有值全部可以移到右边复选框时的自定义 JavaScript 事件

续表

属 性	必选	默认值	表达式	类 型	描 述
addToLeftLabel	否		否	String	设置"添加到左边复选框"按钮的名称
addToLeftOnclick	否		否	String	设置单击"添加到左边复选框"按钮的自定义 JavaScript 事件
addToRightLabel	否		否	String	设置"添加到右边复选框"按钮的名称
addToRightOnclick	否		否	String	设置单击"添加到右边复选框"按钮的自定义 JavaScript 事件
allowAddAllToLeft	否	true	否	Boolean	是否激活"全部添加到左边复选框"按钮
allowAddAllToRight	否	true	否	Boolean	是否激活"全部添加到右边复选框"按钮
allowAddToLeft	否	true	否	Boolean	是否激活"添加到左边复选框"按钮
allowAddToRight	否	true	否	Boolean	是否激活"添加到右边复选框"按钮
allowSelectAll	否	true	否	Boolean	是否激活"全选"按钮
allowUpDownOnLeft	否	true	否	Boolean	是否激活左边复选框的"上移"、"下移"按钮
AllowUpDownOnRight	否	true	否	Boolean	是否激活右边复选框的"上移"、"下移"按钮
doubleDisabled	否	false	否	Boolean	是否禁用右边复选框,禁用会变会成灰色
doubleEmptyOption	否	false	否	Boolean	是否向右边复选框插入一个空白选项
doubleHeaderKey	否		否	String	右边复选框标题的 key 值(必须与 doubleHeaderValue 组合使用,否则无效)
doubleHeaderValue	否		否	String	右边复选框标题的 value 值(必须与 doubleHeaderKey 组合使用,否则无效)
doubleId	否		否	String	设置右边复选框的 HTML ID 值
doubleList	是		否	String	设置右边复选框的迭代集合
doubleListKey	否		否	String	设置右边复选框的迭代集合中用对象的哪个属性作为 key 值
doubleListValue	否		否	String	设置右边复选框的迭代集合中用对象的哪个属性作为 value 值
doubleMultiple	否	false	否	Boolean	设置右边复选框是否允许多选

续表

属　性	必选	默认值	表达式	类　型	描　述
doubleName	是		否	String	设置右边复选框的对应 select 组件的 name 属性
doubleSize	否		否	Integer	设置右边复选框的 size 属性
emptyOption	否	false	否	Boolean	是否向左边复选框插入一个空白选项
formName	否		否	String	包含这个组件的表单的名字
headerKey	否		否	String	左边复选框的标题的 key 值(必须与 doubleHeaderValue 组合使用，否则无效)
headerValue	否		否	String	左边复选框的标题的 value 值(必须与 doubleHeaderKey 组合使用，否则无效)
leftDownLabel	否		否	String	设置左边复选框"下移"按钮的标签值
leftTitle	否		否	String	设置左边复选框的标题名称
leftUpLabel	否		否	String	设置左边复选框"上移"按钮的标签值
id	否		否	String	设置左边复选框的 HTML ID 值
list	是		否	String	设置左边复选框的迭代集合
listKey	否		否	String	设置左边复选框的迭代集合中用对象哪个属性作为 key 值
listValue	否		否	String	设置左边复选框的迭代集合中用对象哪个属性作为 value 值
multiple	否		否	Boolean	设置左边复选框是否允许多选
name	是		否	String	设置左边复选框的对应 select 组件的 name 属性
rightDownLabel	否		否	Boolean	设置右边复选框"下移"按钮的标签值
rightTitle	否		否	String	设置右边复选框的标题名称
rightUpLabel	否		否	String	设置右边复选框"上移"按钮的标签值
selectAllLabel	否		否	String	设置"全选"按钮的标签值
selectAllOnclick	否		否	String	设置单击"全选"按钮的自定义 JavaScript 事件
size	否		否	Integer	设置左边复选框的 size 属性
UpdownOnLeft-Onclick	否		否	String	设置单击左边复选框"上移"，"下移"按钮的自定义 JavaScript 事件

续表

属　　性	必选	默认值	表达式	类　型	描　　述
UpdownOnRight-Onclick	否		否	String	设置单击右边复选框"上移"、"下移"按钮的自定义 JavaScript 事件

虽然 optiontransferselect 标签的属性众多，但一般不会用到其全部属性，下面我们来创建一个 optiontransferselect.jsp 页面，看看实际的例子：

```
<%@ page language="java" import="java.util.*" pageEncoding="UTF-8"%>
<%@taglib uri="/struts-tags" prefix="s"%>
<html>
    <head>
        <title>struts2 s:optiontransferselect 标签</title>
    </head>
    <body>
        <s:optiontransferselect
            label="optiontransferselectl 示例"
            name="testIn"
            doubleName="testOut"
            leftTitle="web 应用"
            rightTitle="desktop 应用"
            leftUpLabel="上移"
            leftDownLabel="下移"
            rightUpLabel="上移"
            rightDownLabel="下移"
            addToLeftLabel="<-向左移动"
            addToRightLabel="向右移动->"
            addAllToLeftLabel="<-全部左移"
            addAllToRightLabel="全部右移->"
            selectAllLabel="-全部选择-"
            cssStyle="width:150px;height:250px;"
            doubleCssStyle="width:150px;height:250px;"
            buttonCssStyle=""
            list="#{1:'java', 2:'.net', 3:'php', 4:'ruby', 5:'python'}"
            listKey="key"
            listValue="value"
            emptyOption="false"
            multiple="true"
            doubleList="#{11:'c', 22:'c++', 33:'delphi'}"
            doubleListKey="key"
            doubleListValue="value"
            doubleEmptyOption="false"
            doubleMultiple="true" />
    </body>
</html>
```

上述代码运行以后，页面效果如图 8.29 所示。

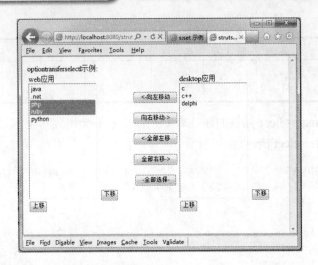

图 8.29 s:optiontransferselect 标签示例效果

11. optgroup 标签

optgroup 标签是一个非常实用的标签，它允许以分组的形式来使用 html 的 select 组件，这样可以为用户提供更清晰的选择方式。下面我们就来创建一个 optgroup.jsp 页面，代码如下：

```jsp
<%@ page language="java" import="java.util.*" pageEncoding="UTF-8"%>
<%@taglib uri="/struts-tags" prefix="s"%>
<html>
    <head>
        <title>struts2 s:optgroup 标签</title>
    </head>
    <body>
        <s:select  label="请选择您经常使用的开发技术"  name="test" value="'struts2'"
            list="#{'C':'C语言', 'php':'php'}" multiple="true" size="10">
            <s:optgroup  label="Java 系列"  list="#{'struts2':'struts2','spring':'spring','hibernate':'hibernate'}" />
            <s:optgroup label="其他"
                list="#{'js':'javascript','css':'css','flex':'flex'}" />
        </s:select>
        <hr>
        <s:select  label="请选择您经常使用的开发技术"  name="test" value="'struts2'"
            list="#{'C':'C语言', 'php':'php'}" >
            <s:optgroup  label="Java 系列"  list="#{'struts2':'struts2','spring':'spring','hibernate':'hibernate'}" />
            <s:optgroup label="其他"
                list="#{'js':'javascrtip','css':'css','flex':'flex'}" />
        </s:select>
    </body>
</html>
```

上述代码运行以后，页面效果如图 8.30 所示。

图 8.30　s:optgroup 标签示例效果

12. password 标签

s:password 标签用来生成 HTML 密码输入框组件，不过它的 value 属性支持使用 OGNL 表达式。下面创建 password.jsp 示例，代码如下：

```
<%@ page language="java" import="java.util.*" pageEncoding="UTF-8"%>
<%@taglib uri="/struts-tags" prefix="s"%>
<!DOCTYPE HTML PUBLIC "-//W3C//DTD HTML 4.01 Transitional//EN">
<html>
    <head>
        <title>struts2 s:password 标签</title>
    </head>
    <body>
        <s:password label="请输入密码" name="password" size="20" maxlength="15" />
    </body>
</html>
```

上述代码运行以后，页面效果如图 8.31 所示。

图 8.31　s:password 标签示例效果

13. radio 标签

s:radio 标签用来生成单选按钮或单选按钮组,常用的属性如下。

- list:可以是一个 map 或者 list 对象,也可以绑定到后台的 bean 的值,list 集合的大小决定了 radio 组件的个数。
- value:用于指定选中项的 key 值。

```
<%@ page language="java" import="java.util.*" pageEncoding="UTF-8"%>
<%@taglib uri="/struts-tags" prefix="s"%>
<html>
    <head>
        <title>struts2 s:radio 标签</title>
    </head>
    <body>
        <s:radio label="请选择您的性别" name="gender" value="2" list="#{'0':'男','1':'女','2':'保密'}" />
    </body>
</html>
```

这两句代码将生成三个单选按钮,其中按钮"保密"是选中的,运行以后页面效果如图 8.32 所示。

图 8.32　s:radio 标签示例的运行效果

14. reset 标签

s:reset 标签用于生成重置表单的 HTML 组件,Struts2 支持其两种重置形式。我们创建一个 reset.jsp 页面,代码如下:

```
<%@ page language="java" import="java.util.*" pageEncoding="UTF-8"%>
<%@taglib uri="/struts-tags" prefix="s"%>
<html>
    <head>
        <title>struts2 s:reset 标签</title>
    </head>
    <body>
```

```
            <s:reset value="Reset1" />
            <s:reset type="button" value="Reset2"/>
        </body>
</html>
```

这段代码实际没有任何意义，仅仅只是为了演示如何使用 reset 标签，我们查看源文件，看看这两种形式的区别：

```
<!DOCTYPE HTML PUBLIC "-//W3C//DTD HTML 4.01 Transitional//EN">
<html>
    <head>
        <title>struts2 s:reset 标签</title>
    </head>
    <body>
        <tr>
            <td colspan="2"><div align="right"><input type="reset" value="Reset1"/>
</div></td>
        </tr>
        <tr>
            <td colspan="2"><div align="right"><button type="reset" value=
"Reset2">Reset2</button>
</div></td>
        </tr>
    </body>
</html>
```

通过上述源代码，我们可以清楚地看到一个是"`<input type="reset" value="Reset1"/>`"，另一个则是"`<button type="reset" value="Reset2">`"，但实际效果是一样的，使用其中一种方式即可。

15. select 标签

s:select 标签用来生成下拉菜单。虽然 HTML 中就有 select 组件，但 Struts2 中的 select 标签的回显功能已经帮我们实现了，只要设置它的 value 属性就可以省去很多 JavaScript 代码。

常用的属性如表 8.19 所示。

表 8.19 select 标签属性列表

属 性	必 选	使用表达式	类 型	描 述
headerKey	否	否	String	下拉框头节点的 key 值
headerValue	否	否	String	下拉框头节点的 value 值
list	是	否	String	用于进行迭代的集合
listKey	否	否	String	设置下拉框的迭代集合中使用对象的哪个属性作为 key 值
listValue	否	否	String	设置下拉框迭代集合中使用对象的哪个属性作为 value 值
multiple	否	否	Boolean	设置下拉框是否允许多选
size	否	否	Integer	设置下拉框的 size 值

续表

属 性	必 选	使用表达式	类 型	描 述
value	否	否	String	要设置的默认值
id	否	否	String	对应的 html 中的 id 属性值

创建一个 select.jsp 页面，示例代码如下：

```
<%@ page language="java" import="java.util.*" pageEncoding="UTF-8"%>
<%@taglib uri="/struts-tags" prefix="s"%>
<!DOCTYPE HTML PUBLIC "-//W3C//DTD HTML 4.01 Transitional//EN">
<html>
    <head>
        <title>struts2 s:select 标签</title>
    </head>
    <body>
        <s:select label="请选择您经常使用的技术"
            list="#{'1':'c/c++', '2':'java', '3':'php'}" name="test"
            headerKey="-1" headerValue="--请选择--" />
    </body>
</html>
```

以上代码运行以后的页面效果如图 8.33 所示。

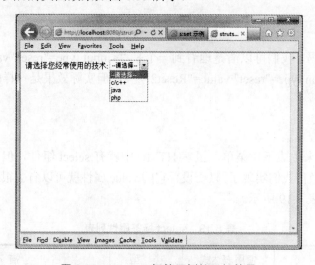

图 8.33　s:select 标签示例的运行效果

16. submit 标签

与 s:reset 标签类似，s:submit 标签用于生成提供表单的 HTML 组件，Struts2 支持三种重置形式。我们创建一个 submit.jsp 页面，代码如下：

```
<%@ page language="java" import="java.util.*" pageEncoding="UTF-8"%>
<%@taglib uri="/struts-tags" prefix="s"%>
<!DOCTYPE HTML PUBLIC "-//W3C//DTD HTML 4.01 Transitional//EN">
<html>
    <head>
        <title>struts2 s:submit 标签</title>
```

```
        </head>
        <body>
            <s:submit value="Submit1" />
            <s:submit type="button" value="Submit2"/>
            <s:submit type="image" value="Submit3" src="test.jpg"/>
        </body>
</html>
```

这段代码实际也没有任何意义，也只是为了演示如何使用 submit 标签，我们查看源文件，看看这三种形式的区别：

```
<!DOCTYPE HTML PUBLIC "-//W3C//DTD HTML 4.01 Transitional//EN">
<html>
    <head>
        <title>struts2 s:reset 标签</title>
    </head>
    <body>
        <tr>
            <td  colspan="2"><div   align="right"><input  type="submit"  id=""
value="Submit1"/>
</div></td>
</tr>
        <tr>
            <td  colspan="2"><div  align="right"><button  type="submit"  id=""
value="Submit2">
Submit2
</button>
</div></td>
</tr>
        <tr>
        <td colspan="2"><div align="right"><input type="image" alt="Submit3"
src="a.jpg" id="" value="Submit3"/>
</div></td>
</tr>
    </body>
</html>
```

通过上述源代码，我们可以清楚地看到一个是"<input type="submit" id="" value="Submit1"/>"，另一个则是"<button type="submit" id="" value="Submit2">"，最后一个则是"<input type="image" .. />"。

17. textarea 标签

s:textarea 用于生成文本输入区域，使用的时候与 html 的 textarea 组件完全一样，只是它的 value 属性支持使用 OGNL 表达式。

我们创建一个 textarea.jsp 示例，代码如下：

```
<%@ page language="java" import="java.util.*" pageEncoding="UTF-8"%>
<%@taglib uri="/struts-tags" prefix="s"%>
<html>
```

```
        <head>
            <title>struts2 s:textarea 标签</title>
        </head>
        <body>
            <s:textarea label="请输入您的评论" name="comments" cols="30" rows="8"
                value="%{'struts2'+'评论'}" />
        </body>
</html>
```

以上代码运行以后的页面效果如图 8.34 所示。

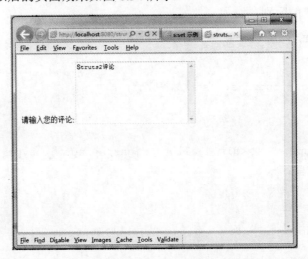

图 8.34　s:textarea 标签示例的运行效果

18. textfield 标签

s:textfield 标签用来生成 HTML 的普通输入框组件，不过它的 value 属性支持使用 OGNL 表达式。我们创建一个 textfield.jsp 示例，代码如下：

```
<%@ page language="java" import="java.util.*" pageEncoding="UTF-8"%>
<%@taglib uri="/struts-tags" prefix="s"%>
<!DOCTYPE HTML PUBLIC "-//W3C//DTD HTML 4.01 Transitional//EN">
<html>
    <head>
        <title>struts2 s:textfield 标签</title>
    </head>
    <body>
        <s:textfield label="请输入用户名" name="username" value="%{'struts2'+'用户'}" />
    </body>
</html>
```

以上代码运行以后的页面效果如图 8.35 所示。

19. token 标签

s:token 标签主要用于解决页面重复提交等问题。此标签必须配合 TokenInterceptor 或 TokenSessionStoreInterceptor 拦截器使用，通过设置此标签，页面在初始时，会生成 hidden

隐藏域用于存放生成的唯一标识，并且在 HttpSession 对象中也会存放此标识值，最后在提交时来判断是否一致。

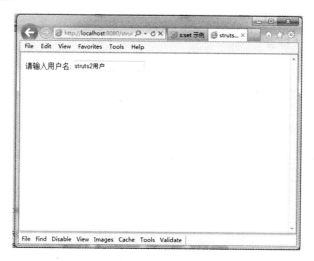

图 8.35　s:textfield 标签示例的运行效果

我们来创建一个 token.jsp 页面，示例代码如下：

```jsp
<%@ page language="java" import="java.util.*" pageEncoding="UTF-8"%>
<%@taglib uri="/struts-tags" prefix="s"%>
<!DOCTYPE HTML PUBLIC "-//W3C//DTD HTML 4.01 Transitional//EN">
<html>
    <head>
        <title>s:token 示例</title>
    </head>
    <body>
        <s:form>
            <s:token />
        </s:form>
    </body>
</html>
```

运行后，是看不出任何效果的，但我们通过查看源文件，就会发现确实自动生成了一些 hidden 组件，用于后台判断重复提交：

```html
<!DOCTYPE HTML PUBLIC "-//W3C//DTD HTML 4.01 Transitional//EN">
<html>
    <head>
        <title>s:token 示例</title>
    </head>
    <body>
        <form id="token" name="token" action="/struts2_08_Tags/token.jsp" method="post">
<table class="wwFormTable">
            <input type="hidden" name="struts.token.name" value="struts.token" />
<input type="hidden" name="struts.token" value="Q1Y5BJXUE893BBH5NS8PD2R16PVZ3L38" />
        </table></form>
```

```
        </body>
</html>
```

更多的 token 标签使用细节请参见 12.1 小节的内容。

20. updownselect 标签

s:updownselect 是一个比较复杂的标签，它实现了我们经常使用的功能——对一个 select 下拉框组件中的内容进行排序。updownselect 标签的属性有很多，表 8.20 中是最常用的属性。

表 8.20 updownselect 标签属性列表

属　性	必　选	默认值	表达式	类　型	描　述
allowMoveDown	否	true	否	Boolean	是否显示"下移"按钮
allowMoveUp	否	true	否	Boolean	是否显示"上移"按钮
allowSelectAll	否	true	否	Boolean	是否显示"全选"按钮
emptyOption	否	false	否	Boolean	是否要在下拉框的标题节点下面插入一个空白选项
headerKey	否		否	String	设置下拉框标题的 key 值(必须与 headerValue 组合使用，否则无效)
headerValue	否		否	String	设置下拉框标题的 value 值(必须与 headerKey 组合使用，否则无效)
list	是		否	String	用于进行迭代的集合
listKey	否		否	String	设置下拉框迭代集合中用对象哪个属性作为 key 值
listValue	否		否	String	设置下拉框迭代集合中用对象哪个属性作为 value 值
moveDownLevel	否	v	否	String	设置"下移"按钮的标签值
moveDownLevel	否	^	否	String	设置"上移"按钮的标签值
multiple	否	false	否	Boolean	设置下拉框是否允许多选
selectAllLabel	否	*	否	String	设置"全选"按钮的标签值
size	否			Integer	设置下拉框的 size 属性值

我们来创建一个 updownselect.jsp 页面，用于显示标签的用法，代码如下：

```
<%@ page language="java" import="java.util.*" pageEncoding="UTF-8"%>
<%@taglib uri="/struts-tags" prefix="s"%>
<!DOCTYPE HTML PUBLIC "-//W3C//DTD HTML 4.01 Transitional//EN">
<html>
    <head>
        <title>struts2 s:updownselect 标签</title>
    </head>
    <body>
```

```
            <!-- Example 1: simple example -->
            <s:updownselect
                label="对你最喜爱的技术进行排序"
                list="#{'ruby':'ruby',  'python':'python',  'java':'java',
'c':'c','c#':'c#'}"
                name="test"
                headerKey="-1"
                headerValue="--- 请排序 ---"
                emptyOption="false"
                allowMoveUp="true"
                allowMoveDown="true"
                allowSelectAll="true"
                moveUpLabel="上移"
                moveDownLabel="下移"
                size="10"
                selectAllLabel="全选" />
    </body>
</html>
```

上述代码运行以后，页面效果如图 8.36 所示。

图 8.36　s:updownselect 标签示例的运行效果

8.3.2　非表单标签

除了表单标签外，还有 actionerror、actionmessage、fielderror 等非表单标签，接下来将对这些标签进行简要说明。

1. actionerror 标签

s:actionerror 标签用于显示执行 action 过程中的错误信息。这些错误信息并不一定就是异常，也可能是某些逻辑上的错误，比如说"用户名密码不正确"之类的。

使用 actionerror 标签非常简单，只需要如下配置即可：

```
<%@ page language="java" import="java.util.*" pageEncoding="UTF-8"%>
<%@taglib uri="/struts-tags" prefix="s"%>
<!DOCTYPE HTML PUBLIC "-//W3C//DTD HTML 4.01 Transitional//EN">
<html>
    <head>
        <title>s:actionerror 示例</title>
    </head>
    <body>
        <s:actionerror />
        <s:form>
        </s:form>
    </body>
</html>
```

更多的 actionerror 标签使用细节请参见第 10 章的内容，里面会大量用到 actionerror 标签。

2. actionmessage 标签

s:actionmessage 标签用于显示执行 action 过程中的提示信息。这些信息可以友好地提示用户各种操作情况说明，比如说"用户名保存成功"。

使用 actionmessage 标签非常简单，只需要如下配置：

```
<%@ page language="java" import="java.util.*" pageEncoding="UTF-8"%>
<%@taglib uri="/struts-tags" prefix="s"%>
<html>
    <head>
        <title>s:actionmessage 示例</title>
    </head>
    <body>
        <s:actionmessage />
        <s:form>
        </s:form>
    </body>
</html>
```

更多的 actionmessage 标签使用细节请参见第 10 章的内容，里面会大量用到 actionmessage 标签。

3. fielderror 标签

s:fielderror 标签用于显示执行 action 过程中的属性的错误信息。这些信息可以友好地提示用户是否有不合法的表单输入，比如说"用户名不允许为空"。

使用 fielderror 标签非常简单，只需要如下配置：

```
<%@ page language="java" import="java.util.*" pageEncoding="UTF-8"%>
<%@taglib uri="/struts-tags" prefix="s"%>
<html>
    <head>
        <title>s:fielderror 示例</title>
    </head>
    <body>
```

```
        <s:fielderror />
        <s:form>
        </s:form>
    </body>
</html>
```

更多的 fielderror 标签使用细节请参见第 10 章的内容，里面会大量用到 fielderror 标签。

4. component 标签

s:component 标签用于指定主题下自定义的 UI 组件。如果要传参数的话，可在 component 标签中配置 param 参数来传递。

使用 component 我们首先需要在指定的主题下创建这个组件。这个目录默认为 /template/xhtml/ 下的 ftl 模板。关于主题的介绍，我们会在后面继续讨论。这里只介绍 component 标签的使用。

我们先在 WebRoot 下创建目录结构 "/template/simple"，然后创建一个 message.ftl 页面。组织结构如图 8.37 所示。

图 8.37 component 标签示例的运行效果

message.ftl 页面的代码如下：

```
<div id="msg">
    <strong>
        你好,struts2
    </strong>
</div>
```

然后再创建一个 component.jsp 页面，来使用上述设置好的 message.ftl 自定义 UI 组件：

```
<%@ page language="java" import="java.util.*" pageEncoding="UTF-8"%>
<%@taglib uri="/struts-tags" prefix="s"%>
```

```
<!DOCTYPE HTML PUBLIC "-//W3C//DTD HTML 4.01 Transitional//EN">
<html>
    <head>
        <title>s:component 示例</title>
    </head>
    <body>
        <!-- 默认是 xhtml，我们将 theme 设置为 simple -->
        <s:component template="message" theme="simple" />
    </body>
</html>
```

上述代码运行以后，页面效果如图 8.38 所示。

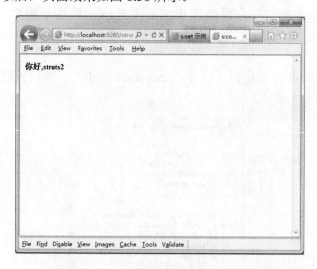

图 8.38　s:component 标签示例的运行结果

5. div 标签

s:div 标签用于生成一个 div，用法同 HTML 的 div 基本一致，所以没有什么特别需要注意的地方。

创建一个 div.jsp 示例，代码如下：

```
<%@ page language="java" import="java.util.*" pageEncoding="UTF-8"%>
<%@taglib uri="/struts-tags" prefix="s"%>
<!DOCTYPE HTML PUBLIC "-//W3C//DTD HTML 4.01 Transitional//EN">
<html>
    <head>
        <title>s:div 示例</title>
    </head>
    <body>
        <s:div>struts2 的 div 标签</s:div>
    </body>
</html>
```

上述代码运行以后，页面效果如图 8.39 所示。

图 8.39　s:div 标签示例的运行效果

8.4　本 章 小 结

　　本章详细讨论了 Struts2 中标签的用法，包括通用标签、UI 标签。对于开发人员来说，标签也许是 Struts2 内容最多的一块。不过大多数标签还是基于 HTML 的组件，因而要使用时只需要查找相关的文档即可上手。

　　这章介绍的标签基本满足了开发人员的一般开发需求，下一章节我们会讨论基于 Ajax 的 Struts 标签。

8.5　上 机 练 习

　　假设以下是你公司的部分通讯录：

Java 组		
姓名	职位	联系方式
张三	架构师	111
李四	高级软件工程师	222
孙季	软件工程师	333
.Net 组		
姓名	职位	联系方式
丁一	架构师	111
杨丽	高级软件工程师	222
马军	软件工程师	333

　　1. 请将以上数据用合理的数据结构存储起来，定义在 Struts2 的一个 action 中，供 JSP 使用。

2. 使用 Struts2 标签，将上述表格原样输出。
3. 使用 Struts2 标签，只输出联系方式为"333"的人员信息。

提示：数据结构可以是一个 Map<String, List<Person>>，具体实现可以酌情考虑。

第9章

Struts2 标签二

学前提示

上一章节我们讨论了常用的通用标签和 UI 标签，相信读者已经熟悉了 Struts2 标签的用法。本章继续详细讨论 Struts2 的 Ajax 标签。

知识要点

- Ajax 标签
- Struts2 主题和模板

9.1 Ajax 标签

Struts2 支持很多 Ajax 插件。其中 Dojo 插件是支持的比较早的一个，目前也比较成熟。Struts2 的 Dojo 插件提供了许多标签可以让我们很容易地写出 Ajax 程序，而且对于 Java 程序员来说这一切都是透明的，不用掌握许多 JavaScript 知识。不过，对于目前主流的 Web 应用程序来说，掌握 JavaScript 本身也越来越重要。

要想使用 Struts Dojo 标签插件，需要做以下三步：

(1) 首先要将 struts2-dojo-plugin-*.jar 包放在 classpath 中，否则无法引入标签。

(2) 然后对于每个要用到该标签的页面，必须使用 taglib 指令添加到 JSP 页面的顶部：

```
<%@ taglib prefix="sx" uri="/struts-dojo-tags"%>
```

(3) 在每个页面的<head />部分要写出 sx:head 标签，否则 Dojo 相关的 JavaScript 无法正常引入：

```
<head>
        <!-- 必须引入 sx:head，否则会缺少支持 dojo 的 JavaScript 引入 -->
        <sx:head debug="true" cache="false" compressed="false" />
</head>
```

9.1.1 a 标签

sx:a 标签本质上生成的是一个 HTML<a.../>页面链接，只是该标签在<a.../>组件的基础上，加入了许多非标准的 html 属性，并且允许用户单击这个链接发出一个 Ajax 请求。

该标签有一个 target 属性，用来指定一个 html 元素(通常是一个 div)来显示相关的 Ajax 的返回结果。如果它包含在某个表单里面的话，单击这个链接时，会自动异步提交表单的 action 的属性作为目标地址。

a 标签的属性比较多，常用的如表 9.1 所示。

表 9.1 a 标签属性列表

属　性	默认值	类　型	说　明
afterNotifyTopics		String	如果请求成功的话，则在请求之后发布通知。通知之间使用逗号作为分隔符
ajaxAfterValidation	false	boolean	如果验证成功，则发出一个异步请求与后台交互。该属性只在 validate 属性被设置为 true 时才起作用
beforeNotifyTopics		String	将在请求到达之前发布的通知，通知之间使用逗号作为分隔符
errorNotifyTopics		String	如果请求失败，则在请求之后发布通知，通知之间使用逗号作为分隔符
errorText		String	请求失败时显示的错误信息

续表

属性	默认值	类型	说明
executeScripts	false	boolean	是否执行获取到内容里的 JavaScript 代码
formFilter		String	用来过滤表单字段的函数
formId		String	用来表示表单的 id 属性
handler		String	用来对请求进行处理的 JavaScript 函数
highlightColor		String	用来对 targets 属性所指定的元素进行高亮显示的颜色
highlightDuration	2000	integer	对 targets 属性所指定的元素进行高亮显示的持续时间(以毫秒为单位)。必须与 highlightColor 属性配合使用时才有效
href		String	指定要跳转的 URL,如果想配置成异步获取内容,则必须使用 url 标签
id		String	此组件的 id
indicator		String	服务器正在对请求进行处理时显示的元素的标识符
javascriptTooltip	false	boolean	是否使用 JavaScript 来生成提示框
listenTopics		String	将触发远程调用的通知
loadingText	Loading ...	String	正在异步加载内容时显示的提示消息
notifyTopics		String	在请求之前、之后以及在发生错误时将发布的通知,通知之间使用逗号作为分隔符
openTemplate		String	用来打开被呈现的 HTML 文件的模板
parseContent	true	boolean	是否将返回的内容解析为 dojo 组件
separateScripts	true	boolean	是否要为每个标签单独创建一个作用范围来运行脚本代码
showErrorTransportText	true	boolean	是否显示出错消息
showLoadingText	false	boolean	当在加载后台内容时,是否指定的目标区域显示加载提示信息
targets		String	用于异步显示后台交互信息目标组件。它们之间以逗号进行分隔
transport	XMLHttpTransport	String	用 Dojo 来传递相关请求的传输对象
validate	false	boolean	是否进行 Ajax 验证

为了演示 sx:a 标签的实际效果,需要有 action 来配合,作为请求的 Ajax。首先创建一个 AjaxATag.java,代码如下:

```
package lesson8;
import org.apache.struts2.ServletActionContext;
import com.opensymphony.xwork2.ActionSupport;
public class AjaxATag extends ActionSupport {
    public String execute() throws Exception {
```

```
            ServletActionContext.getResponse().setContentType(
                "text/html;charset=utf-8");
            ServletActionContext.getResponse().getWriter().write("a 标签请求成功。");
            ServletActionContext.getResponse().getWriter().close();
            return null;
        }
    }
```

接下来创建一个 a.jsp，示例代码如下：

```
<%@ page language="java" import="java.util.*" pageEncoding="UTF-8"%>
<%@taglib uri="/struts-tags" prefix="s"%>
<!-- 必须引入 dojo 标签 -->
<%@ taglib prefix="sx" uri="/struts-dojo-tags"%>
<html>
    <head>
        <title>sx:a 示例</title>
        <!-- 必须引入 sx:head，否则会缺少支持 dojo 的 JavaScript 引入 -->
        <sx:head debug="true" cache="false" compressed="false" />
    </head>
    <body>
        <!-- 在异步请求 action 完成前，显示进度条图片来提供友好的用户界面 -->
        <img id="loadingImage" src="LoadingAnimation.gif"
            style="display: none" />

        <!-- 在异步请求 action 完成后，将结果显示在此 div 中 -->
        <s:div id="parentDiv"></s:div>
        <!-- s:form 配置的是 sx:a 单击时，异步提交到后台的 action -->
        <s:form action="ajaxA" namespace="/">
            <!-- indicator 指定在加载时,使用哪个 id 组件来显示请求完成前的提示信息 -->
            <sx:a targets="parentDiv" showLoadingText="false"
                indicator="loadingImage">
                    异步显示
            </sx:a>
        </s:form>
    </body>
</html>
```

最后别忘记在 struts.xml 中进行配置：

```
<struts>
    <package name="tags" namespace="/" extends="struts-default">
        <action name="ajaxA" class="lesson8.AjaxATag">
        </action>
    </package>
</struts>
```

程序发布后，我们访问 Ajax/a.jsp 页面，然后单击"异步显示"超链接，可以看到最终显示的结果如图 9.1 所示。

由于 AjaxATag.java 中的代码逻辑非常简单，所以图片加载是瞬间完成，一闪即过，因此需要读者引起注意。

第 9 章　Struts2 标签二

图 9.1　sx:a 标签示例效果

9.1.2　autocompleter 标签

sx:autocompleter 标签与 Google Suggest 技术类似，允许客户在输入表单时提供自动提示和关键字补全。Struts2 的 autocompleter 标签使用的既支持 list 属性(这一点与其他标签的用法类似)，同时还支持 JSON 串。

autocompleter 的主要属性如表 9.2 所示。

表 9.2　autocompleter 标签属性列表

属　性	默认值	类　型	说　明
afterNotifyTopics		String	如果请求成功的话，则在请求之后发布通知。通知之间使用逗号作为分隔符
autoComplete	false	Boolean	autocompleter 是否应该对文本框自动增加提示功能
beforeNotifyTopics		String	将在请求之前发表的话题清单，话题之间使用逗号作为分隔符
dataFieldName	name 属性中的值	String	被返回的 JSON 对象里的、包含数组的那个字段的名字
delay	100	integer	搜索之前延迟的毫秒数
dropdownHeight	120	integer	下拉菜单的高度，以像素为单位
dropdownWidth	与输入框一样	integer	下拉菜单的宽度，以像素为单位
emptyOption	false	Boolean	是否插入一个空选项
errorNotifyTopics		String	如果请求失败的话，则在请求之后来发布通知，通知之间使用逗号作为分隔符
forceValidOption	false	Boolean	是否只能选择一个被包括的选项
formFilter		String	用来过滤表单字段的函数
formId		String	其字段将被传递为请求参数的表单的 id
headerKey		String	下拉提示选项中第一项的 key 值

续表

属 性	默 认 值	类 型	说 明
headerValue		String	下拉提示选项中第一项的 value 值
href		String	指定要跳转的 URL，如果想配置成异步获取内容，则必须使用 url 标签
iconPath		String	设置下拉菜单的图标文件的路径
id		String	此组件的 id
indicator		String	服务器正在对请求进行处理时显示的元素的标识符
javascriptTooltip	false	boolean	是否使用 JavaScript 来生成提示框
keyName		String	被选中的键将被赋给哪一个属性
list		String	一个用来填充表单的集合对象
listkey		String	列表里将用来提供选项 key 值的对象属性
listValue		String	列表里将用来提供选项 value 值的对象属性
listenTopics		String	将触发远程调用的通知
loadMinimumCount	3	integer	在加载提示列表之前必须由用户在文本框里输入的最少字符个数
loadOnTextChange	true	boolean	是否在用户每次往文本框里输入一个字符时重新加载提示列表
maxlength		integer	对应 HTML maxlength 属性
notifyTopics		String	在请求之前、之后以及在发生错误时将发布的通知，通知之间使用逗号作为分隔符
preload	true	boolean	是否在加载页面的同时重新加载提示列表
resultsLimit	30	integer	提示列表的最大个数。-1 表示无限制
searchType	startstring	String	提示列表的匹配类型，可选择的值是 starting、startword 和 substring
showDownArrow	true	boolean	是否显示一个向下的箭头
transport	XMLHttpTransport	String	用 dojo 来传递相关请求的传输对象
valueNotifyTopics		String	将在有一个值被选中时发布通知，通知之间使用逗号作为分隔符

对于 autocompleter 的演示，也需要创建一个对应的 AjaxAutocompleterTag.java 用于生成符合异步请求 JSON 串，代码如下：

```
package lesson8;
import org.apache.struts2.ServletActionContext;
import com.opensymphony.xwork2.ActionSupport;
public class AjaxAutocompleterTag extends ActionSupport {
    public String execute() throws Exception {
        ServletActionContext.getResponse().setContentType(
            "text/json-comment-filtered;charset=utf-8");
```

```
            StringBuffer sb = new StringBuffer();
            //拼json串
            sb.append("[");
            sb.append(" ['C/C++', '1'], " +
                     "   ['C#', '1'], " +
                     "   ['D', '2']," +
                     "   ['Java', '3'], " +
                     "   ['Javascript', '4'], " +
                     "   ['PHP', '5']");
            sb.append("]");
            ServletActionContext.getResponse().getWriter().write(sb.toString());
            ServletActionContext.getResponse().getWriter().close();
            return null;
        }
}
```

然后再创建一个 autocompleter.jsp 页面，示例代码如下：

```
<%@ page language="java" import="java.util.*" pageEncoding="UTF-8"%>
<%@taglib uri="/struts-tags" prefix="s"%>
<!-- 必须引入dojo标签 -->
<%@ taglib prefix="sx" uri="/struts-dojo-tags"%>
<html>
    <head>
        <title>sx:autocompleter 示例</title>
        <!-- 必须引入 sx:head，否则会缺少支持dojo的JavaScript引入 -->
        <sx:head cache="false" compressed="false" />
    </head>
    <body>
        <!-- s:form 配置的是 sx:a 单击时，异步提交到后台的action -->
        <s:form>
            <!-- 直接配置list属性为一个固定的集合 -->
            <sx:autocompleter  name="test1"  list="{'java','javascript','json','jfreechart'}" autoComplete="true" label="请输入您感兴趣的技术"/>
            <!-- 配置href属性，指定集合的值来自于 action -->
            <sx:autocompleter name="test2" href="ajaxAutocompleter.action" autoComplete="false" label="请输入您喜欢的语言"/>
        </s:form>
    </body>
</html>
```

最后还要在 struts.xml 中配置这个 action：

```
<struts>
    <package name="tags" namespace="/" extends="struts-default">
        <action name="ajaxAutocompleter" class="lesson8.AjaxAutocompleterTag">
        </action>
    </package>
</struts>
```

上述代码运行以后，页面效果如图 9.2 所示。

图 9.2　sx:autocompleter 标签示例效果

我们只要输入满足条件的字符，Struts2 的 autocompleter 标签就会自动生成相应的下拉框，供你选择。

9.1.3　bind 标签

sx:bind 标签用来把某个 html 组件要调用的 JavaScript 事件嫁接到另一个 html 组件中。这有点类似于监听程序，我们可以设置 bind 来监听任何感兴趣的事件。

bind 的主要属性如表 9.3 所示。

表 9.3　bind 标签属性列表

属　　性	默 认 值	类　　型	说　　明
afterNotifyTopics		String	如果请求成功的话，则在请求之后发布通知。通知之间使用逗号作为分隔符
ajaxAfterValidation	false	boolean	如果验证成功，则发出一个异步请求与后台交互该属性只在 validate 属性被设置为 true 时才起作用
beforeNotifyTopics		String	将在请求到达之前发布的通知，通知之间使用逗号作为分隔符
errorNotifyTopics		String	如果请求失败的话，则在请求之后来发布通知，通知之间使用逗号作为分隔符
errorText		String	请求失败时显示的错误信息
events		String	将被关联的所有事件，事件之间使用逗号作为分隔符
executeScripts	false	boolean	是否执行获取到内容里的 JavaScript 代码
formFilter		String	用来过滤表单字段的函数
formId		String	其字段将被传递为请求参数的表单的 id
handler		String	用来对请求进行处理的 JavaScript 函数
highlightColor		String	用来对 targets 属性所指定的元素进行高亮显示的颜色

续表

属 性	默 认 值	类 型	说 明
highlightDuration	2000	integer	对 targets 属性所指定的元素进行高亮显示的持续时间(以毫秒为单位)。必须与 highlightColor 属性配合使用时才有效
href		String	指定要跳转的 URL，如果想配置成异步获取内容，则必须使用 url 标签
id		String	此组件的 id
indicator		String	服务器正在对请求进行处理时显示的元素的标识符
listenTopics		String	将触发远程调用的通知
loadingText	Loading...	String	正在异步加载内容时显示的提示消息
notifyTopics		String	在请求之前、之后以及在发生错误时将发布的通知，通知之间使用逗号作为分隔符
separateScripts	true	boolean	是否要为每个标签单独创建一个作用范围来运行脚本代码
showErrorTransport-Text	true	boolean	是否显示出错消息
showLoadingText	false	boolean	是否当在加载后台内容时，指定的目标区域显示加载提示信息
sources		String	将被关联的源组件列表。它们之间使用逗号作为分隔符
targets		String	用于异步显示后台交互信息目标组件。它们之间以逗号进行分隔
transport	XMLHttp-Transport	String	用 Dojo 来传递相关请求的传输对象
validate	false	boolean	是否进行 Ajax 验证

bind 标签也是异步执行的，所以也需要创建一个 AjaxBindTag.java 来作为异步请求的 action：

```
package lesson8;
import org.apache.struts2.ServletActionContext;
import com.opensymphony.xwork2.ActionSupport;
public class AjaxBindTag extends ActionSupport {
    public String execute() throws Exception {
        ServletActionContext.getResponse().setContentType(
                "text/html;charset=utf-8");
        ServletActionContext.getResponse().getWriter().write("bind标签请求成功。");
        ServletActionContext.getResponse().getWriter().close();
        return null;
    }
}
```

接下来创建 bind.jsp，来使用 bind 标签：

```jsp
<%@ page language="java" import="java.util.*" pageEncoding="UTF-8"%>
<%@taglib uri="/struts-tags" prefix="s"%>
<!-- 必须引入 dojo 标签 -->
<%@ taglib prefix="sx" uri="/struts-dojo-tags"%>
<!DOCTYPE HTML PUBLIC "-//W3C//DTD HTML 4.01 Transitional//EN">
<html>
    <head>
        <title>sx:bind 示例</title>
        <!-- 必须引入 sx:head，否则会缺少支持 dojo 的 JavaScript 引入 -->
        <sx:head debug="true" cache="false" compressed="false" />
    </head>
    <body>
        <!-- 在异步请求 action 完成前，显示进度条图片来提供友好的用户界面 -->
        <img id="loadingImage" src="LoadingAnimation.gif"
            style="display: none" />
        <!-- 在异步请求 action 完成后，将结果显示在此 div 中 -->
        <s:div id="parentDiv"></s:div>
        <s:form>
            <s:submit id="btn" value="测试bind标签"/>
            <!--
                indicator 指定在加载时，使用哪个 id 组件来显示请求完成前的提示信息
                href 属性表示此 bind 要执行 action 的 URL，如果不配置此属性，则没有任何效果
            -->
            <sx:bind sources="btn" href="ajaxBind.action" events="onclick" targets="parentDiv" showLoadingText="false" indicator="loadingImage"/>

        </s:form>
    </body>
</html>
```

还是不要忘记在 struts.xml 中配置这个 action：

```xml
<?xml version="1.0" encoding="UTF-8" ?>
<!DOCTYPE struts PUBLIC
    "-//Apache Software Foundation//DTD Struts Configuration 2.0//EN"
    "http://struts.apache.org/dtds/struts-2.0.dtd">
<struts>
    <package name="tags" namespace="/" extends="struts-default">
        <action name="ajaxBind" class="lesson8.AjaxBindTag">
        </action>
    </package>
</struts>
```

运行效果如图 9.3 所示。

由于 AjaxBindTag.java 中的代码逻辑非常简单，所以图片加载是瞬间完成的，因此需要读者引起注意。

第 9 章　Struts2 标签二

图 9.3　sx:bind 标签示例效果

9.1.4　datetimepicker 标签

sx:datetimepicker 其实不能算是一个 Ajax 标签，只是一个界面友好的日历控件。这与其他 UI 标签没有任何区别。

datetimepicker 的主要属性如表 9.4 所示。

表 9.4　datetimepicker 标签属性列表

属　　性	默　认　值	类　　型	说　　明
adjustWeeks	false	boolean	是否调整每个月份里的行数。如果这个属性的值是 false，则每个月份都将固定显示为连续的 42 天
dayWidth	narrow	String	用来确定标题里的日期名称；可选择的值有 narrow、abbr 和 wide
displayFormat		String	用于格式化日期的匹配字符串，比如 dd/MM/yyyy
displayWeeks	6	integer	总共将要显示的星期的个数
endDate	2941-10-12	Date	日历控件所能显示的最晚日期
formatLength	short	String	显示日期/时间值时使用的格式类型，可选择的值有 short、medium、long 和 full
javascriptTooltip	false	boolean	是否使用 JavaScript 来生成提示框
language		String	使用的语言。默认值是浏览器的默认语言
startDate	1492-10-12	Date	日历控件所能显示的最早日期
staticDisplay	false	boolean	是否只能查看和选择当前月份里的日期
toggleDuration	100	integer	以毫秒为单位的切换持续时间
toggleType	plain	String	下拉列表的切换类型，可选择的值有 plain、wipe、explode 和 fade
type	date	String	这个标签将呈现为日历表还是时间表，可取值是 date 和 time

续表

属 性	默 认 值	类 型	说 明
valueNotifyTopics		String	将在用户选中一个日期/时间值时被发布的通知，通知之间使用逗号作为分隔符
weekStartsOn	integer	0	一个星期的第一天。0代表星期日，6代表星期六

要使用 datetimepickter 标签的话，也非常简单，只需创建一个 datetimepickter.jsp 页面，代码如下：

```jsp
<%@ page language="java" import="java.util.*" pageEncoding="UTF-8"%>
<%@taglib uri="/struts-tags" prefix="s"%>
<!-- 必须引入dojo标签 -->
<%@ taglib prefix="sx" uri="/struts-dojo-tags"%>
<html>
    <head>
        <title>sx:datetimepicker 示例</title>
        <!-- 必须引入 sx:head，否则会缺少支持dojo的JavaScript引入 -->
        <sx:head cache="false" compressed="false" />
    </head>
    <body>
        <s:form>
            <sx:datetimepicker name="test1" label="默认日期格式" />
            <sx:datetimepicker name="test2" label="YYYY-MM-DD 日期格式" displayFormat="yyyy-MM-dd" />
            <sx:datetimepicker name="test4" label="设置指定值" value="%{'2010-12-31'}" />
            <sx:datetimepicker name="test5" label="设置为今天" value="%{'today'}"/>
        </s:form>
    </body>
</html>
```

上述代码运行以后，页面效果如图9.4所示。

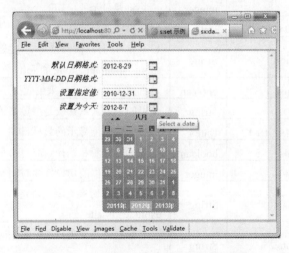

图9.4 sx:datetimepicker 标签示例效果

9.1.5 div 标签

sx:div 标签与 s:div 标签的不同之处在于前者可以向后台发送异步请求，来不断更新自己的内容。它通过配置 updateFreq 属性，来设置自动异步请求时间，这样就可以做到每隔一段指定的时间就重新更新它的内容。

div 的主要属性如表 9.5 所示。

表 9.5 div 标签属性列表

名 字	默 认 值	类 型	说 明
afterNotifyTopics		String	如果请求成功的话，则在请求之后发布通知。通知之间使用逗号作为分隔符
autoStart	true	boolean	是否自动启用计时器
beforeNotifyTopics		String	将在请求到达之前发布的通知，通知之间使用逗号作为分隔符
closable	false	boolean	是否对在 tabbedpanel 组件中的 div 选项卡显示一个可关闭的 Close 按钮
delay		integer	在异步获取内容之前延迟等待的毫秒数
errorNotifyTopics		String	如果请求失败，则在请求之后来发布通知，通知之间使用逗号作为分隔符
errorText		String	请求失败时显示的错误信息
executeScripts	false	boolean	是否执行获取到内容里的 JavaScript 代码
formFilter		String	用来过滤表单字段的函数
formId		String	其字段将被传递为请求参数的表单的 id
handler		String	用来对请求进行处理的 JavaScript 函数
highlightColor		String	用来对 targets 属性所指定的元素进行高亮显示的颜色
highlightDuration	2000	integer	对 targets 属性所指定的元素进行高亮显示的持续时间（以毫秒为单位）。必须与 highlightColor 属性配合使用才有效
href		String	指定要跳转的 URL,如果想配置成异步获取内容，则必须使用 url 标签
id		String	此组件的 id
indicator		String	服务器正在对请求进行处理时显示的元素的标识符
javascriptTooltip	false	boolean	是否使用 JavaScript 来生成浮动提示框
listenTopics		String	将触发远程调用的通知
loadingText	Loading ...	String	正在异步加载内容时显示的提示消息
notifyTopics		String	在请求之前、之后以及在发生错误时将发布的通知，通知之间使用逗号作为分隔符

续表

名 字	默 认 值	类 型	说 明
openTemplate		String	用来打开被呈现的 HTML 文件的模板
parseContent	true	boolean	是否将返回的内容解析为 Dojo 组
preload	true	boolean	是否在加载页面的同时加载动态 Web 内容
refreshOnShow	false	boolean	是否要在 div 元素变得可见时加载动态内容。这个属性只有当 div 标签在 tabbedpanel 组件中时才起作用
separateScripts	true	boolean	是否要为每个标签单独创建一个作用范围来运行脚本代码
showErrorTransportText	true	boolean	是否显示出错消息
showLoadingText	false	boolean	是否当在加载后台内容时,指定的目标区域显示加载提示信息
startTimerListenTopics		String	将启动计时器工作的通知
stopTimerListenTopics		String	将停止计时器工作的通知
transport	XMLHttpTransport	String	用 dojo 来传递相关请求的传输对象
updateFreq		integer	动态内容的刷新频率(以毫秒为单位)

div 标签的使用还是涉及异步请求,我们创建 AjaxDivTag.java 类,代码如下:

```java
package lesson8;
import java.util.Date;
import org.apache.struts2.ServletActionContext;
import com.opensymphony.xwork2.ActionSupport;
public class AjaxDivTag extends ActionSupport {
    public String execute() throws Exception {
        ServletActionContext.getResponse().setContentType(
            "text/html;charset=utf-8");
        ServletActionContext.getResponse().getWriter().write("div 标签异步请求成功,当前时间为:" + new Date());
        ServletActionContext.getResponse().getWriter().close();
        return null;
    }
}
```

接下来创建 div.jsp 页面,示例代码如下:

```jsp
<%@ page language="java" import="java.util.*" pageEncoding="UTF-8"%>
<%@taglib uri="/struts-tags" prefix="s"%>
<!-- 必须引入 dojo 标签 -->
<%@ taglib prefix="sx" uri="/struts-dojo-tags"%>
<html>
    <head>
        <title>sx:div 示例</title>
        <!-- 必须引入 sx:head,否则会缺少支持 dojo 的 JavaScript 引入 -->
        <sx:head cache="false" compressed="false" />
```

```
        </head>
        <body>
            <!--
                href 指定要异步请求的 action
                updateFreq 指定间隔周期,单位为毫秒
                highlightColor 为渐变色
            -->
            <sx:div
                href="ajaxDiv.action"
                updateFreq="3000"
                highlightColor="red"
                >
                初始状态
            </sx:div>
        </body>
</html>
```

还是老规矩，必须在 struts.xml 中进行配置：

```
<?xml version="1.0" encoding="UTF-8" ?>
<!DOCTYPE struts PUBLIC
    "-//Apache Software Foundation//DTD Struts Configuration 2.0//EN"
    "http://struts.apache.org/dtds/struts-2.0.dtd">
<struts>
    <package name="tags" namespace="/" extends="struts-default">
        <action name="ajaxDiv" class="lesson8.AjaxDivTag">
        </action>
    </package>
</struts>
```

当我们刚开始访问 div.jsp 页面时，出现的是如图 9.5 所示的效果。

图 9.5　sx:div 标签示例效果

div 标签开始定时每三秒向后台请求，生成如图 9.6 所示的页面。

图 9.6　sx:div 标签示例运行结果

9.1.6　head 标签

sx:head 标签设置在<head />组件之间，用于生成 Dojo 配置、JavaScript 代码，以及相关主题的 CSS 样式。目前我们使用的 Ajax 是基于 Dojo 的，所以每个 JSP 页面都必须包含这个标签，否则无法正常使用。表 9.6 列出了 head 标签的属性。

表 9.6　head 标签属性列表

属　性	默 认 值	类　型	说　明
baseRelativePath	/struts/dojo	String	Dojo 插件的安装路径
cache	true	boolean	是否让浏览器缓存 Dojo 文件
compressed	true	boolean	是否使用 Dojo 文件的压缩版本
debug	false	boolean	是否使用 Dojo 的调试模式
extraLocales		String	Dojo 使用的其他地理时区的清单，以逗号作为分隔符
locale		String	覆盖 Dojo 的默认地理时区设置
parseContent	false	boolean	在寻找组件(widget)时是否分析整个文档

compressed 属性(默认值是 true)用来表明是否使用 Dojo 文件的压缩版本。使用压缩版本可以节省加载时间，但生成的代码比较难阅读。如果是在开发模式下，建议大家把这个属性设置为 false，这样比较便于阅读本章讨论的标签所呈现出来的代码。

在开发模式下，还应该把 debug 属性设置为 true，把 cache 属性设置为 false。把 debug 属性设置为 true 将使得 Dojo 把警告消息和出错消息显示在页面的底部。

我们来创建一个 head.jsp 页面，代码如下：

```
<%@ page language="java" import="java.util.*" pageEncoding="UTF-8"%>
<%@taglib uri="/struts-tags" prefix="s"%>
<!-- 必须引入dojo标签 -->
<%@ taglib prefix="sx" uri="/struts-dojo-tags"%>
<html>
```

```
            <head>
                <title>sx:head 示例</title>
                <sx:head cache="false" compressed="true" debug="true"/>
            </head>
            <body>
            </body>
        </html>
```

程序运行后，不会有任何信息，但我们通过查看源代码，可以发现 head 标签为我们引入了许多 JavaScript 和 CSS：

```
<!-- 必须引入 dojo 标签 -->
<!DOCTYPE HTML PUBLIC "-//W3C//DTD HTML 4.01 Transitional//EN">
<html>
    <head>
        <title>sx:head 示例</title>
        <script language="JavaScript" type="text/javascript">
         // Dojo configuration
    djConfig = {
        isDebug: true,
        bindEncoding: "UTF-8"
         ,baseRelativePath: "/struts2_08_Tags/struts/dojo/"
         ,baseScriptUri: "/struts2_08_Tags/struts/dojo/"
         ,parseWidgets : false
        
    };
</script>


    <script language="JavaScript" type="text/javascript" src="/struts2_08_Tags/struts/dojo/dojo.js"></script>
    <script language="JavaScript" type="text/javascript" src="/struts2_08_Tags/struts/ajax/dojoRequire.js"></script>
    <script language="JavaScript" type="text/javascript">
    dojo.hostenv.writeIncludes(true);
    </script>
    <link rel="stylesheet" href="/struts2_08_Tags/struts/xhtml/styles.css" type="text/css"/>
    <script language="JavaScript" src="/struts2_08_Tags/struts/utils.js" type="text/javascript"></script>
    <script language="JavaScript" src="/struts2_08_Tags/struts/xhtml/validation.js" type="text/javascript"></script>
    <script language="JavaScript" src="/struts2_08_Tags/struts/css_xhtml/validation.js" type="text/javascript"></script>
    </head>
    <body>
    </body>
</html>
```

通过上述源代码，我们看到之所以可以通过引入标签来实现 Ajax，实际上是 Struts2 帮我们隐藏了内部 Ajax 实现的细节，最终还是要落实到 JavaScript 中去。

9.1.7 submit 标签

sx:submit 标签除具备普通 s:submit 标签的所有属性之外，还具有异步提交的功能。这可以为我们省去很多重复而枯燥的 ajax 脚本。

submit 的主要属性列表如表 9.7 所示。

表 9.7 submit 标签属性列表

属 性	默认值	类 型	说 明
AfterNotifyTopics		String	如果请求成功，则在请求之后发布通知。通知之间使用逗号作为分隔符
ajaxAfterValidation	false	boolean	如果验证成功，则发出一个异步请求与后台交互。该属性只在 validate 属性被设置为 true 时才起作用
beforeNotifyTopics		String	将在请求到达之前发布的通知，通知之间使用逗号作为分隔符
errorNotifyTopics		String	如果请求失败的话，则在请求之后来发布通知，通知之间使用逗号作为分隔符
errorText		String	请求失败时显示的错误信息
executeScripts	false	boolean	是否执行获取到内容里的 JavaScript 代码
formFilter		String	用来过滤表单字段的函数
formId		String	其字段将被传递为请求参数的表单的 id
handler		String	用来对请求进行处理的 JavaScript 函数
highlightColor		String	用于高亮显示 targets 属性所指定的元素的颜色
highlightDuration	2000	integer	对 targets 属性所指定的元素进行高亮显示的持续时间(以毫秒为单位)。必须与 highlightColor 属性配合使用才有效
href		String	指定要跳转的 URL，如果想配置成异步获取内容，则必须使用 url 标签
id		String	此组件的 id
indicator		String	服务器正在对请求进行处理时显示的元素的标识符
javascriptTooltip	false	boolean	是否使用 JavaScript 来生成提示框
listenTopics		String	将触发远程调用的通知
loadingText	Loading ...	String	正在异步加载内容时显示的提示消息
method		String	对应着 HTML submit 元素的 method 属性
notifyTopics		String	在请求之前、之后以及在发生错误时将发布的通知，通知之间使用逗号作为分隔符
parseContent	true	boolean	是否将返回的内容解析为 Dojo 组件

续表

属　性	默认值	类　型	说　明
separateScripts	true	boolean	是否要为每个标签单独创建一个作用范围来运行脚本代码
showErrorTransportText	true	boolean	是否显示出错消息
showLoadingText	false	boolean	在加载后台内容时,是否指定的目标区域显示加载提示信息
src		String	image 类型的提交按钮的图片来源
targets		String	用于异步显示后台交互信息目标组件。它们之间以逗号进行分隔
transport	XMLHttpTransport	String	用 Dojo 来传递相关请求的传输对象
type	input	String	提交按钮的类型,可选择的值有 input、image 和 botton
validate	false	boolean	是否进行 Ajax 验证

我们先创建一个 AjaxSubmitTag.java,用于异步执行后台程序的 action,代码如下:

```java
package lesson8;
import org.apache.struts2.ServletActionContext;
import com.opensymphony.xwork2.ActionSupport;
public class AjaxSubmitTag extends ActionSupport {
    public String execute() throws Exception {
        ServletActionContext.getResponse().setContentType(
                "text/html;charset=utf-8");
        ServletActionContext.getResponse().getWriter().write("submit 标签请求成功。");
        ServletActionContext.getResponse().getWriter().close();
        return null;
    }
}
```

接着创建 submit.jsp 示例页面,示例代码如下:

```jsp
<%@ page language="java" import="java.util.*" pageEncoding="UTF-8"%>
<%@taglib uri="/struts-tags" prefix="s"%>
<!-- 必须引入 dojo 标签 -->
<%@ taglib prefix="sx" uri="/struts-dojo-tags"%>
<html>
    <head>
        <title>sx:submit 示例</title>
        <!-- 必须引入 sx:head,否则会缺少支持 dojo 的 JavaScript 引入 -->
        <sx:head debug="true" cache="false" compressed="false" />
    </head>
    <body>
        <!-- 在异步请求 action 完成前,显示进度条图片来提供友好的用户界面 -->
        <img id="loadingImage" src="LoadingAnimation.gif"
            style="display: none" />
```

```
        <!-- 在异步请求 action 完成后,将结果显示在此 div 中 -->
        <s:div id="parentDiv"></s:div>
        <!-- 通过 s:url 标签设置要异步请求的 action -->
        <s:url var="ajaxTest" value="ajaxSubmit" namespace="/"/>
        <!-- 将请求后的结果返回至 parentDiv 标签中 -->
        <sx:submit id="btn" value="测试 submit 标签" href="%{ajaxTest}" targets="parentDiv" />
    </body>
</html>
```

最后需要在 struts.xml 中配置这个 action,代码如下:

```
<?xml version="1.0" encoding="UTF-8" ?>
<!DOCTYPE struts PUBLIC
    "-//Apache Software Foundation//DTD Struts Configuration 2.0//EN"
    "http://struts.apache.org/dtds/struts-2.0.dtd">
<struts>
    <package name="tags" namespace="/" extends="struts-default">
        <action name="ajaxSubmit" class="lesson8.AjaxSubmitTag">
        </action>
    </package>
</struts>
```

现在我们来访问 submit.jsp 页面,然后单击其中的按钮时会异步执行 action,显示结果如图 9.7 所示。

图 9.7 sx:submit 标签示例效果

9.1.8 tabbedpanel 标签

sx:tabbedpanel 标签主要用来提供页卡功能。对于现在的 Web 应用程序来说,选项卡的使用非常频繁,通常需要 UI 人员设置好样式与 div 后,开发人员才可以进行开发。Struts2 的 tabbedpanel 允许开发人员不需要任何额外的代码,就可以轻松地开发出强大的页卡。

严格意义上来说,tabbedpanel 并不只针对 Ajax,普通的静态 html 代码同样可以使用,只不过默认的 tabbedpanel 样式不一定能够满足所有系统的需求,还是需要进行调整的。

tabbedpanel 的主要属性如表 9.8 所示。

表 9.8　tabbedpanel 标签属性列表

属　　性	默 认 值	类　　型	说　　明
afterNotifyTopics		String	如果请求成功的话，则在请求之后发布通知。通知之间使用逗号作为分隔符
ajaxAfterValidation	false	boolean	如果验证成功,则发出一个异步请求与后台交互。该属性只在 validate 属性被设置为 true 时才起作用
beforeNotifyTopics		String	将在请求到达之前发布的通知,通知之间使用逗号作为分隔符
errorNotifyTopics		String	如果请求失败的话,则在请求之后来发布通知，通知之间使用逗号作为分隔符
errorText		String	请求失败时显示的错误信息
executeScripts	false	boolean	是否执行获取到内容里的 JavaScript 代码
formFilter		String	用来过滤表单字段的函数
formId		String	其字段将被传递为请求参数的表单的 id
handler		String	用来对请求进行处理的 JavaScript 函数
highlightColor		String	用来对 targets 属性所指定的元素进行高亮显示的颜色
highlightDuration	2000	integer	对 targets 属性所指定的元素进行高亮显示的持续时间(以毫秒为单位)。必须与 highlightColor 属性配合使用才有效
href		String	指定要跳转的 URL，如果想配置成异步获取内容，则必须使用 url 标签
id		String	此组件的 id
indicator		String	服务器正在对请求进行处理时显示的元素的标识符
javascriptTooltip	false	boolean	是否使用 JavaScript 来生成提示框
listenTopics		String	将触发远程调用的通知
loadingText	Loading...	String	正在异步加载内容时显示的提示消息
notifyTopics		String	在请求之前、之后以及在发生错误时将发布的通知，通知之间使用逗号作为分隔符
parseContent	true	boolean	是否分析返回的动态 Web 内容以寻找部件
separateScripts	true	boolean	是否将返回的内容解析为 Dojo 组件
showErrorTransportText	true	boolean	是否要为每个标签单独创建一个作用范围来运行脚本代码
showLoadingText	false	boolean	是否显示出错消息
targets		String	在加载后台内容时,是否指定的目标区域显示加载提示信息

续表

属 性	默 认 值	类 型	说 明
transport	XMLHttpTransport	String	用于异步显示后台交互信息目标组件。它们之间以逗号进行分隔
validate	false	boolean	用 Dojo 来传递相关请求的传输对象

我们先创建一个 AjaxTabbedpanelTag.java 程序，用于演示 tabbedpanel 标签与后台的异步交互，代码如下：

```java
package lesson8;
import org.apache.struts2.ServletActionContext;
import com.opensymphony.xwork2.ActionSupport;
public class AjaxTabbedpanelTag extends ActionSupport {
    public String execute() throws Exception {
        ServletActionContext.getResponse().setContentType(
            "text/html;charset=utf-8");
        ServletActionContext.getResponse().getWriter().write("tabbedpanel标签请求成功。");
        ServletActionContext.getResponse().getWriter().close();
        return null;
    }
}
```

接下来，还是创建 tabbedpanel.jsp 示例页面，代码如下：

```jsp
<%@ page language="java" import="java.util.*" pageEncoding="UTF-8"%>
<%@taglib uri="/struts-tags" prefix="s"%>
<!-- 必须引入 dojo 标签 -->
<%@ taglib prefix="sx" uri="/struts-dojo-tags"%>
<!DOCTYPE HTML PUBLIC "-//W3C//DTD HTML 4.01 Transitional//EN">
<html>
    <head>
        <title>sx:tabbedpanel 示例</title>
        <!-- 必须引入 sx:head，否则会缺少支持 dojo 的 JavaScript 引入 -->
        <sx:head debug="false" cache="false" compressed="false" />
    </head>

    <body>
        <!-- 引入 sx:tabbedpanel 标签 -->
        <sx:tabbedpanel id="test">
            <!-- 第一个页卡配置静态表单内容 -->
            <sx:div id="one" label="静态内容" labelposition="top" closable="true">
                请输入下列信息<br />
                <s:form>
                    <s:textfield name="test1" label="用户名" />
                    <br />
                    <s:textfield name="test2" label="密码" />
                </s:form>
            </sx:div>
            <!-- 第二个页面异步访问后台 -->
            <sx:div id="two" label="Ajax加载" href="ajaxTabbedpanel.action">
                默认信息
```

```
            </sx:div>
        </sx:tabbedpanel>
    </body>
</html>
```

最后在 struts.xml 中配置这个 action：

```
<?xml version="1.0" encoding="UTF-8" ?>
<!DOCTYPE struts PUBLIC
    "-//Apache Software Foundation//DTD Struts Configuration 2.0//EN"
    "http://struts.apache.org/dtds/struts-2.0.dtd">
<struts>
    <package name="tags" namespace="/" extends="struts-default">
        <action name="ajaxTabbedpanel" class="lesson8.AjaxTabbedpanelTag">
        </action>
    </package>
</struts>
```

当访问 tabbedpanel.jsp 页面时，可以看到如图 9.8 所示的页面。

图 9.8　sx:tabbedpanel 标签示例效果

其中"静态内容"页卡是允许关闭的，当单击"Ajax 加载"时，会看到 Struts2 的 tabbedpanel 标签确实已经帮我们从后台将数据取出来了，如图 9.9 所示。

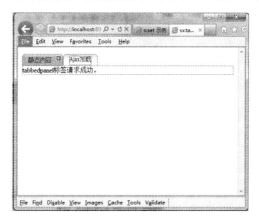

图 9.9　sx:tabbedpanel 标签示例运行结果

9.1.9 textarea 标签

sx:textarea 并不能算是一个 Ajax 标签,只是一个富文本编辑器。在早期 Webwork2 时代,集成的富文本编辑器为 fckeditor。而且 fckeditor 比 dojo 的 textarea 强大不少,不过由于种种原因,Struts2 默认没有内置 fckeditor。但 Dojo 中的 textarea 的优点在于非常简单,而且界面也干净。

textarea 的主要属性如表 9.9 所示。

表 9.9 textarea 标签属性列表

属 性	默 认 值	类 型	说 明
cols		integer	设置 textarea 的 cols 属性
id		String	此组件的 id
rows		integer	设置 textarea 的 rows 属性
wrap	false	boolean	设置 textarea 的 wrap 属性

使用 textarea 标签非常简单,我们创建 textarea.jsp 示例页面,代码如下:

```
<%@ page language="java" import="java.util.*" pageEncoding="UTF-8"%>
<%@taglib uri="/struts-tags" prefix="s"%>
<!-- 必须引入 dojo 标签 -->
<%@ taglib prefix="sx" uri="/struts-dojo-tags"%>
<html>
    <head>
        <title>sx:textarea 示例</title>
        <!-- 必须引入 sx:head,否则会缺少支持 dojo 的 JavaScript 引入 -->
        <sx:head debug="true" cache="false" compressed="false" />
    </head>
    <body>
        <sx:textarea cols="50" rows="10" name="test" />
    </body>
</html>
```

运行以后页面效果如图 9.10 所示。

图 9.10 textarea 标签示例效果

9.1.10 tree/treenode 标签

sx:tree/sx:treenode 标签主要用于生成树形列表。这对大多数信息系统来说是必不可少的组件。比较对于机构列表的展示，常常就是以树形结构出现。这一节，我们就使用 Struts2 的 tree 标签来展示树形列表。

tree 的主要属性如表 9.10 所示。

表 9.10 tree 标签属性列表

属 性	默 认 值	类 型	说 明
blankIconSrc		String	空白图标的来源
childCollectionProperty		String	将返回一个子节点集合的属性的名字
collapsedNotifyTopics		String	当在某个节点闭合时发布通知，通知之间使用逗号作为分隔符
errorNotifyTopics		String	如果请求失败的话，则在请求之后来发布通知，通知之间使用逗号作为分隔符
expandIconSrcMinus		String	节点处于扩展状态时的图标的来源
expandIconSrcPlus		String	节点处于闭合状态时的图标的来源
expandedNotifyTopics		String	将在某个节点扩展时发布通知，通知之间使用逗号作为分隔符
gridIconSrcC		String	用作子节点图标的图片文件的来源
gridIconSrcL		String	用来呈现最后一个子节点前面的图像来源
gridIconSrcP		String	用作父节点图标的图片文件的来源
gridIconSrcV		String	用来呈现竖线的图像来源
gridIconSrcX		String	用来呈现根节点前面的横竖线的图像文件的来源
gridIconSrcY		String	用来呈现最后一个父节点前面的横竖线的图像来源
href		String	用来异步从后台取出 json 串生成树的 URL
id		String	此组件的 id
iconHeight	18px	String	图标的高度
iconWidth	19px	String	图标的宽度
javascriptTooltip	false	boolean	是否使用 JavaScript 来生成提示框
nodeIdProperty			用作节点 ID 的属性的名字
nodeTitleProperty			用作节点标题的属性的名字
openTemplate		String	用来打开被呈现的 HTML 文件的模板
rootNode		String	用作根节点的属性的名字
selectedNotifyTopics		String	将在某个节点被选中时发布通知，通知之间使用逗号作为分隔符。将被传递给各有关订阅者的对象里有一个名为 node 的属性
showGrid	true	boolean	是否显示 Dojo 树里的 grid
showRootGrid	true	boolean	showRootGrid 属性

续表

属 性	默 认 值	类 型	说 明
toggle	fade	String	toogle 属性，可取值是 fade 和 explode
toggleDuration	150	integer	以毫秒为单位的延迟等待时间

treenode 的主要属性如表 9.11 所示。

表 9.11　treenode 标签属性列表

属 性	默 认 值	类 型	说 明
javascriptTooltip	false	boolean	是否使用 JavaScript 来生成提示框
openTemplate		String	用来打开被呈现的 HTML 文件的模板

这里，我们会使用异步请求来生成树，所以需要事先创建一个 AjaxTreeTag.java，代码如下：

```java
package lesson8;
import org.apache.struts2.ServletActionContext;
import com.opensymphony.xwork2.ActionSupport;
public class AjaxTreeTag extends ActionSupport {
    // 对于异步树，会将树的 id 属性值以 nodeId 参数名提交到后台
    private String nodeId;
    public String execute() throws Exception {
        ServletActionContext.getResponse().setContentType(
                "text/json-comment-filtered;charset=utf-8");
        StringBuffer sb = new StringBuffer();
        // 拼 json 串
        sb.append("[");
        if (nodeId == null) {
            // 如果是根节点
            sb.append(this.getRoot());
        } else {
            // 如果不是根节点
            sb.append(getOther());
        }
        sb.append("]");
        ServletActionContext.getResponse().getWriter().write(sb.toString());
        ServletActionContext.getResponse().getWriter().close();
        return null;
    }
    // 取得根节点的数据
    private String getRoot() {
        return "{'label':'java', 'id':1, 'hasChildren': true} ";
    }
    // 取得其他节点的数据
    private String getOther() {
        if ("1".equals(nodeId)) {
            return "{'label':'struts', 'id':2, 'hasChildren': true} ";
        } else if ("2".equals(nodeId)) {
```

```
                return "{'label':'ajaxTag', 'id':3, 'hasChildren': false} ";
            }
            return null;
        }
        public String getNodeId() {
            return nodeId;
        }
        public void setNodeId(String nodeId) {
            this.nodeId = nodeId;
        }
    }
```

接下来创建 tree.jsp 页面，用于演示静态树与动态树的示例：

```
<%@ page language="java" import="java.util.*" pageEncoding="UTF-8"%>
<%@taglib uri="/struts-tags" prefix="s"%>
<!-- 必须引入 dojo 标签 -->
<%@ taglib prefix="sx" uri="/struts-dojo-tags"%>
<html>
    <head>
        <title>sx:tree/treenode 示例</title>
        <!-- 必须引入 sx:head，否则会缺少支持 dojo 的 JavaScript 引入 -->
        <sx:head debug="false" cache="false" compressed="false" />
    </head>
    <body>
        静态树示例：<p />
        <sx:tree id="tree1" label="静态树">
            <sx:treenode id="node1" label="c/c++" />
            <sx:treenode id="node2" label="java">
                <sx:treenode id="node21" label="struts2" />
                <sx:treenode id="node22" label="spring" />
                <sx:treenode id="node23" label="hibernate" />
            </sx:treenode>
            <sx:treenode id="node3" label="php" />
        </sx:tree>
        <hr />
        动态树示例：<p />
        <s:url var="url" namespace="/" action="ajaxTree" />
        <sx:tree id="tree" href="%{#url}" />
    </body>
</html>
```

最后还得在 struts.xml 中配置这个 action：

```
<?xml version="1.0" encoding="UTF-8" ?>
<!DOCTYPE struts PUBLIC
    "-//Apache Software Foundation//DTD Struts Configuration 2.0//EN"
    "http://struts.apache.org/dtds/struts-2.0.dtd">
<struts>
    <package name="tags" namespace="/" extends="struts-default">
        <action name="ajaxTree" class="lesson8.AjaxTreeTag">
        </action>
```

```
</package>
</struts>
```

运行以后页面效果如图 9.11 所示。

图 9.11　sx:tree/sx:treenode 标签示例效果

对于动态树来说，由于是异步的，所以根节点的展示都会触发 Ajax 请求以向后台请求数据。对于数据特别大的系统来说，异步树是个非常好的解决方案。

9.2　Struts2 主题和模板

Struts2 所有的 UI 标签都是基于主题和模板的，因而主题和模板是 Struts2 所有 UI 标签的核心。上面所讲述的标签中，大多数默认的主题都是 xhtml，因而对于在实际生成的 html 页面会有额外的样式来控制 HTML 组件的布局，比如靠左或靠右等。这对于刚接触 Struts2 标签的新手常常摸不着头脑，不知道如何设置。

对于 Struts2 的 UI 标签而言，用户可以直接设置它的 template 属性来指定需要使用的模板，不过也可以设置 theme 属性来指定主题。实际上对开发者而言，并不推荐直接设置模板属性，而是应该选择特定主题，本书所有的实例中都是设置 theme 属性。

以下是指定 UI 标签主题的优先级从高到低排列：

- 通过指定 UI 标签上的 theme 属性来指定主题。
- 通过指定 UI 标签所属的 form 标签的 theme 属性来指定主题。
- 通过取得 page 作用域内以 theme 为名称的属性来确定主题。
- 通过取得 request 作用域内以 theme 为名称的属性来确定主题。
- 通过取得 session 作用域内以 theme 为名称的属性来确定主题。
- 通过取得 application 作用域内以 theme 为名称的属性来确定主题。

我们可以在 struts.properties 文件或者 struts.xml 文件中设置常量 struts.ui.theme 的值作为默认的全局设置(默认值是 xhtml)。

Struts2 的模板目录是通过设置 struts.properties 文件或者 struts.xml 文件中的 struts.ui.templateDir 常量来指定的。它的优先查找顺序与主题一样。该常量的默认值是

template，即意味着 Struts2 会从 Web 应用程序的 template 目录，classpath(包括 Web 应用的 WEB-INF\classes 路径和 WEB-INF\lib 路径)的 template 目录来依次加载特定的模板文件。如果我们只使用一个 input 标签，且指定主题为 xhtml，则加载模板文件的顺序如下。

- 搜索 Web 应用程序中的/template/xhtml/input.ftl 文件。
- 搜索 classpath 路径下的 template/xhtml/input.ftl 文件。

Struts2 的模板文件默认是 FreeMarker，扩展名一般为.ftl。用户也可以通过修改 struts.ui.templateSuffix 常量的值来改变 Struts2 默认的模板技术，该常量接受以下几个值。

- ftl：基于 FreeMarker 的模板技术。
- vm：基于 Velocity 的模板技术。
- jsp：基于 JSP 的模板技术。

虽然 Struts2 允许用户自定义使用自己的模板与主题，但如果完全从零开始，就要实现所有的模板和主题，这个工作量很大，不是很现实。好在 Struts2 默认提供了 4 个主题：simple、xhtml、css_xhtml 和 ajax，这 4 个主题的模板文件放在 Struts2 的核心类库里(struts2-core.jar 包)，可以解压，然后查看里面的实现。

最后，我们自己动手写一个 template 来看看如何使用 theme 和 template。首先，在 WebRoot 下创建一个名为 template\simple 的文件夹，然后创建一个 text.ftl 文件，代码如下：

```
<#--
/*
theme 和 template 测试
 */
-->
请输入测试程序：<input type="text" value="theme 和 template 测试" />
```

在这里，我们编写了一个 input 输入框。由于它的名称也叫 text.ftl，因此它会覆盖掉 struts2-core.jar 中 simple 文件夹下同名的 text.ftl 模板文件。

接下来，我们创建一个测试页面 text.jsp，示例代码如下：

```
<%@ page language="java" import="java.util.*" pageEncoding="UTF-8"%>
<%@taglib uri="/struts-tags" prefix="s"%>
<html>
    <head>
        <title>s:text 示例</title>
    </head>
    <body>
        <s:textfield name="demo" theme="simple" />
    </body>
</html>
```

运行代码后，效果如图 9.12 所示。

看到这里，相信读者已经明白，为什么 Struts2 标签会有这么多属性了，也明白了为什么有的标签样式有所变化。因为开发人员完全可以自行修改模板对应的 ftl 文件，让你的标签更加丰富与强大。

图 9.12　Struts2 模块示例效果

9.3　本章小结

　　本章详细讨论了 Struts2 的 Ajax 标签，它屏蔽了 JavaScript 的底层实现细节，开发者可以很快上手。一般来说，Ajax 标签的正确使用，大大提高了用户体验。最后还谈到了 Struts2 的主题和模板，它们一般不需要开发人员亲自去实现，但有些特殊情况还得亲自处理一下，比如在使用 checkboxlist 标签时，默认是依次顺序排开，当要显示的 checkbox 特别多时，很难看，可以考虑修改 checkboxlist 模板，让每五个换行一次。

　　Struts2 的标签对于页面逻辑的控制及数据的回显支持很好。当你习惯了用 Struts2 标签+OGNL 开发后，你的开发效率将会提高不少。

9.4　上机练习

　　假设以下是你开发项目的部分情况表：

组员名单		
姓名	职位	联系方式
张三	高级软件工程师	111
李四	高级软件工程师	222
孙季	软件工程师	333
模块开发情况		
模块	负责人	进度
登录	张三	80%
用户管理	李四	60%
Excel 导出	孙季	50%

续表

费用支出情况			
项目费用	人员费用	工资(50%)	
		加班费(10%)	
		项目奖(10%)	
	硬件费用	服务器(20%)	
		开发机(10%)	

现在需要用 Ajax 的方式实现上述表格的显示。比如需要做 3 个 tabs，单击第一个 tab 则通过 Ajax 与后台交互显示"组员名单"；单击第二个后显示"模块开发情况"；第三个 tab 加载的是一个树，单击"项目费用"会加载"人员费用"以及"硬件费用"，以此类推。

第 10 章

Struts2 校验

学前提示

没有输入和输出的程序是没有意义的。俗话说，病从口入。如果程序不从入口的地方严加把关，到处理的时候就会出现很多潜在的隐患。对于一个商业化的程序来说，在程序的输入部分需要尽量考虑到各种情况，保证输入数据的正确性，比如想收集年龄这样的数据。就算输入有误，也需要用友好的界面将信息提示给用户。

对于 Web 应用程序来说，表单的验证是必不可少的一个环节，除了上述因素外，验证的好坏还会直接影响服务器的性能和软件的应用效率。这一章主要讨论的是校验，Struts2 提供了多种校验规则，基本可以满足表单验证的需求。

知识要点

- 服务器端的校验配置
- 客户端的校验配置
- Ajax 的校验配置

10.1 快速上手

首先从一个例子来引申这一章主要讨论的检验话题。在第2章有一个关于登录的实例。现在在此基础上增加需求：用户名和密码必须为"admin"才允许登录，否则在登录界面提示"用户名或密码错误"。

要实现这样的需求并不难，最简单、最快速的方法就是通过直接硬编码在 action 的方法中加逻辑判断。然后如果通过验证则跳转到欢迎页面，否则返回登录页面提示全新输入。代码清单如下：

```java
public class Login extends ActionSupport implements SessionAware {
...
// 执行登录的方法
   public String execute() {
      //如果登录失败
      if (!"admin".equals(user.getUsername())
            || !"admin".equals(user.getPassword())) {
         //设置要显示的错误信息等逻辑
         ...
         return INPUT;
      }else{
         // 如果登录成功,将登录的用户对象存放在session中
         session.put("user", user);
         return SUCCESS;
      }
   }
...
}
```

上述代码工作得很好，对于这种简单的需求，我一向建议用这种最简单直接的方法来解决，而不是为了使用 Struts2 校验框架而使用。

Struts2 可能也考虑到了这种简单的需求，提供了一个 com.opensymphony.xwork2.Validateable 接口来处理校验问题。下面是 Validateable 接口的定义，它只有一个方法 validate()，代码清单如下：

```java
public interface Validateable {
    /**
     * 执行校验
     */
    void validate();
}
```

除此之外，还有一个 com.opensymphony.xwork2.ValidationAware 接口专门用于收集各种校验和提示信息等，这个接口就定义了许多方法：

```java
public interface ValidationAware {
    // 设置一组 Action 错误信息,如果要显示的错误信息比较多,这个比较有用
    void setActionErrors(Collection<String> errorMessages);
```

```
    //返回Action错误信息，框架会用到
    Collection<String> getActionErrors();

    // 设置一组Action普通信息，如果要显示的错误信息比较多，这个比较有用
    void setActionMessages(Collection<String> messages);
    //返回Action普通信息，框架会用到
    Collection<String> getActionMessages();

    // 设置一组Action属性错误信息，如果要显示的错误信息比较多，这个比较有用
    void setFieldErrors(Map<String, List<String>> errorMap);

    //返回Action普通信息，框架会用到
    Map<String, List<String>> getFieldErrors();

    // 设置Action错误信息，经常会用到
    void addActionError(String anErrorMessage);

    // 设置Action普通信息，经常会用到
    void addActionMessage(String aMessage);

    // 设置Action属性错误信息，经常会用到
    void addFieldError(String fieldName, String errorMessage);

    //判断是否有Action错误信息，框架会用到
    boolean hasActionErrors();

    //判断是否有Action普通信息，框架会用到
    boolean hasActionMessages();

    //判断是否有错误信息，框架会用到
    //它的内部只会通过调用hasActionErrors和hasActionErrors来判断是否有错误信息
    boolean hasErrors();
    //判断是否有Action属性错误信息，框架会用到
    boolean hasActionErrors ();
}
```

看上去这个接口方法很多，其实主要就是为了做一件事——收集各种信息。这些信息主要分三种：ActionMessage、ActionError 和 FieldErrors。

这三者在使用上大同小异。但需要注意的是，ActionMessage 收集的信息不算错误信息，Struts2 在进行校验时，并不会将它收集到的信息算作是错误信息，这点一定要注意。

而我们继承的 ActionSupport 又实现了这两个接口，所以可以重新覆盖这个实现，可以实现校验与正常流程的分离。我们可以将上述代码简单地修改如下：

```
package lesson10;
import java.util.Map;
import org.apache.struts2.interceptor.SessionAware;
import com.opensymphony.xwork2.ActionSupport;
public class Login extends ActionSupport implements SessionAware {
    private static final long serialVersionUID = -1035041460500572216L;
    private User user;
```

```java
        private Map<String, Object> session;

    // 执行登录的方法
    public String execute() {
        // 将登录的用户对象存放在session中
        session.put("user", user);
        return SUCCESS;
    }
    // 校验
    public void validate() {
        if (!"admin".equals(user.getUsername())|| !"admin".equals(user.getPassword())) {
            this.addActionMessage("ActionMessage:用户名或密码错误。");
            this.addActionError("ActionMessage:用户名或密码错误。");
            this.addFieldError("user.username", "用户名错误。");
            this.addFieldError("user.password", "密码错误。");
        }
    }
    // 实现 SessionAware 接口
    public void setSession(Map<String, Object> session) {
        this.session = session;
    }
    public void setUser(User user) {
        this.user = user;
    }
    public User getUser() {
        return user;
    }
}
```

接着，我们还是需要两个页面来查看输入与输出的结果。

输入页面 index.jsp 的代码清单如下：

```jsp
<%@ page language="java" import="java.util.*" pageEncoding="UTF-8"%>
<%@ taglib prefix="s" uri="/struts-tags"%>
<html>
    <head>
        <title>登录实例</title>
    </head>
    <body>
        <!-- 用于显示actionerror消息的标签 -->
        <s:actionerror />
        <!-- 用于显示actionmessage消息的标签 -->
        <s:actionmessage />
        <br />

        请输入用户名和密码：
        <br>
        <!-- 当后台有 fielderror 与前台 struts2 标签的 name 一致时，会将相应的
fielderror信息显示出来 -->
        <s:form action="login" method="post" namespace="/">
```

```
            <s:textfield label="用户名" name="user.username" />
            <s:textfield label="密 码" name="user.password" />
            <s:submit value="登录" />
        </s:form>
    </body>
</html>
```

显示成功页面 welcome.jsp 的代码清单如下：

```
<%@ page language="java" import="java.util.*" pageEncoding="UTF-8"%>
<%@ taglib prefix="s" uri="/struts-tags"%>
<html>
    <head>
        <title>登录实例</title>
    </head>
    <body>
        <p>
            您的用户名为：
            <s:property value="#session.user.username" />
        </p>
        <p>
            您的密码为：
            <s:property value="#session.user.password" />
        </p>
    </body>
</html>
```

最后一步，通过配置文件 struts.xml 将上述所有内容连接起来。struts.xml 文件的代码清单如下：

```
<?xml version="1.0" encoding="UTF-8" ?>
<!DOCTYPE struts PUBLIC
    "-//Apache Software Foundation//DTD Struts Configuration 2.0//EN"
    "http://struts.apache.org/dtds/struts-2.0.dtd">
<struts>
    <package name="login" namespace="/" extends="struts-default">
        <action name="login" class="lesson10.Login">
            <result name="success">/welcome.jsp</result>
            <result name="input">/index.jsp</result>
        </action>
    </package>
</struts>
```

发布之后，用户通过浏览器访问 http://localhost:8080/struts2_10_Validation/index.jsp，笔者设置的场景是：当未输入预定的用户名或密码时，就会出现相关的提示，这里请读者将用户名和密码都设置为"test"，如图 10.1 所示，然后单击"登录"按钮，执行提交信息的操作之后，显示的结果页面如图 10.2 所示。

图 10.1　用户访问页面 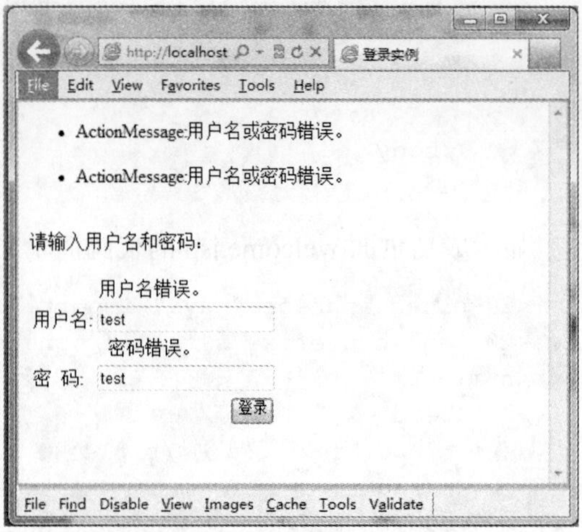　　　　图 10.2　输入信息有误时的页面

初看上去，validate 方法是 void 类型的方法，它与校验根本搭不上边。现在我们来分析一下其原理与流程。

在第 5 章，我们简单介绍了 Struts2 的内置拦截器，其中有一个 Validation Interceptor。它的目的就是在执行 action 操作之前，调用 Validateable 接口中的 validate 方法。还有一个 Workflow Interceptor (com.opensymphony.xwork2.interceptor. DefaultWorkflowInterceptor)，用于调用 ValidationAware 接口的 hasErrors 方法判断是否有错误，如果有则返回定义好的 input 页面，反之则执行正常的 action 流程。

当这两个校验接口组合在一起使用时：Validateable 用于执行校验，ValidationAware 用于收集校验的信息。两者是相辅相成的，缺一不可。举个例子，比如 validate()方法校验到了错误如果不使用 ValidationAware 的 addActionError 方法、addActionMessage 方法或 addFieldError 方法收集信息的话，校验是不起作用的，比如：

```
// 校验仍然会通过
public void validate() {
        if (!"admin".equals(user.getUsername())    || !"admin".equals
(user.getPassword())) {
            this.addActionMessage("ActionMessage:用户名或密码错误。");
        }
    }
```

同样，如果没有在 validate 方法中使用 ValidationAware 接口中的方法，而直接在 action 的执行代码中使用，即使收到错误信息也不会起作用，仍然会跳转到欢迎页面：

```
// 执行登录的方法
    public String execute() {
        // 将登录的用户对象存放在 session 中
        this.addActionMessage("ActionMessage:用户名或密码错误。");
        this.addActionError("ActionMessage:用户名或密码错误。");
        this.addFieldError("user.username", "用户名错误。");
        this.addFieldError("user.password", "密码错误。");
        session.put("user", user);
```

```
        return SUCCESS;
    }
```

现在，我们通过一个流程图，将整个 Struts2 的校验流程串起来，如图 10.3 所示。

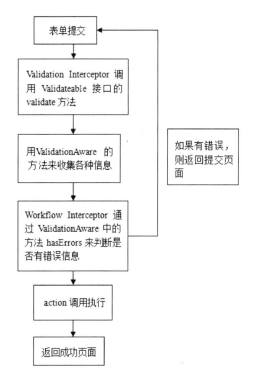

图 10.3 Struts2 校验流程

如图 10.3 所示，我们可以看到校验是在 action 执行之前。Struts2 的校验框架就是在这个阶段执行校验的。不过校验也分客户端和服务器端两种。

- 客户端校验：使用 JavaScript 在浏览器端执行，不与后台程序进行交互。
- 服务器端校验：将数据提交到后台应用服务器，由服务器来校验。Ajax 的校验其实也属于这一种。

现在我们开始讨论各种校验情况。

> **提示**
> 如果某个 Action 类覆盖了 Validateable 接口的 validate 方法，则它的所有 action 方法都会调用 validate。一般来说，一个 Action 类的 action 方法并不一定都需要校验，所以 Struts2 还支持只对某个 action 进行校验，只要把 validate 方法改为 validateXxx() 方法即可。

首先学习针对 login 方法的检验。
修改 Login 类的代码如下：

```
public class Login extends ActionSupport implements SessionAware {
    ...
    // 登录
    public void login() {
```

```
        ...
    }

    // 注销
    public void logout() {
        ...
    }

    // 只对login方法校验
    public void validateLogin() {
        if (!"admin".equals(user.getUsername())
                || !"admin".equals(user.getPassword())) {
            ...
        }
    }
    ...
}
```

接下的 XML 配置方式也有类似的规则，需要小心对待。

10.2　服务器端的校验配置

通过上一节的例子，我们看到在 Struts2 中，只要实现 Validateable 接口的 validate 方法并调用 ValidationAware 接口中的收集错误信息的方法就可以实现校验与程序分离。这种解决方案易理解，但是当要校验的数据特别多时，validate 方法会变得特别冗长，action 的代码也会迅速膨胀。如何既能做到如此校验，又让程序变得更优雅呢？答案就是再引入一层 XML 配置，将需要校验的属性都以配置的方式完全与程序隔离。

为了演示各种字段属性的配置，我们需要修改 User.java 类，让它拥有更多的属性：

```
package lesson10;
import java.util.Date;
public class User {
    // 用户id
    private Long userid;
    // 用户名
    private String username;
    // 用户密码
    private String password;
    // 再输一次密码
    private String rePassword;
    // 年龄
    private Integer age;
    // 生日
    private Date birth;
    // 身高
    private Double height;
    // 电子邮件
    private String email;
```

```
    //省略相应的set/get方法
}
```

我们为User类定义了许多额外的属性,目的是想做一个用户注册的功能。假设客户有以下需求。

(1) 用户id:必须是10000000到99999999的整数(必填)。
(2) 用户名:必须是大于4位小于20位的字符串(必填)。
(3) 用户密码:必须是大于8位小于20位的字符串(必填)。
(4) 再输一次密码:必须与用户密码相同。
(5) 年龄:必须在14~60岁之间。
(6) 生日:必须符合yyyy-MM-dd的格式且必须在 1980-01-01~2010-12-31 之间。
(7) 身高:必须是大于0,小于300的数值类型。
(8) 电子邮件:必须符合电子邮件的格式**@**.**(必填)。

上面的许多校验规则只是为了本实例而虚构出来,在实际应用之前,请先弄清楚客户的具体需求。

首先,新建一个register.jsp页面,将上述涉及的各种注册项的信息全部放进去:

```jsp
<%@ page language="java" import="java.util.*" pageEncoding="UTF-8"%>
<%@ taglib prefix="s" uri="/struts-tags"%>
<!-- 使用 sx:datetimepicker 标签来显示日期,必须引入 dojo 插件,将
struts2-dojo-plugin.jar 加入 -->
<%@ taglib prefix="sx" uri="/struts-dojo-tags" %>
<html>
    <head>
        <title>登录实例</title>
        <!-- 必须设置 sx:head dojo 标签才能生效-->
        <sx:head/>
    </head>

    <body>
        单独通过标签将必填项的错误信息展示出来:<br />
        <s:fielderror>
            <s:param>user.userid</s:param>
        </s:fielderror>
        <s:fielderror>
            <s:param>user.username</s:param>
        </s:fielderror>
        <s:fielderror>
            <s:param>user.password</s:param>
        </s:fielderror>
        <br />
        请输入用户名和密码:
        <br>
        <!-- 一旦校验没有通过,出错的字段fielderror的错误信息会在前台页面显示出来 -->
        <s:form action="register" method="post" namespace="/">
            <s:textfield label="用户 ID" name="user.userid" />
            <s:textfield label="用户名" name="user.username" />
```

```
                <!-- showPassword=true 表示校验不通过后，输入的密码不会丢失 -->
                <s:password    label="密      码"    name="user.password" showPassword="true"/>
                <s:password    label="再 输 一 次"    name="user.rePassword" showPassword="true"/>
                <s:textfield label="年 龄" name="user.age" />
                <!-- 使用了dojo的datetimepicker 标签-->
                <sx:datetimepicker    label="生      日"    name="user.birth" displayFormat="yyyy-MM-dd"/>
                <s:textfield label="身 高" name="user.height" />
                <s:textfield label="电子邮件" name="user.email" />
                <s:submit value="注册" />
        </s:form>
    </body>
</html>
```

Struts2 支持通过使用<s:fielderror />标签将错误的属性信息显示在任意位置。我们现在特意将必填项的信息放在最上面。其他的错误信息由<s:testfield />标签自动生成。对于"生日"属性，我们额外使用了 Dojo 插件提供的日期选择控件，因此项目的类路径下还必须放入 Dojo 插件的 jar 包。

一般用户注册成功后，还得有一个成功页面，这个页面就非常简单了，代码显示成功信息的是 success.jsp 页面，它的代码清单如下：

```
<%@ page language="java" import="java.util.*" pageEncoding="UTF-8"%>
<%@ taglib prefix="s" uri="/struts-tags"%>
<html>
    <head>
        <title>注册成功</title>
    </head>
    <body>
        <p>
            尊敬的用户名，您已经注册成功，你的基本信息如下：
        </p>
        用户 ID:
        <s:property value="#session.user.userid" />
        <br />
        用户名:
        <s:property value="#session.user.username" />
        <br />
        密码:
        <s:property value="#session.user.password" />
        <br />
        年龄:
        <s:property value="#session.user.age" />
        <br />
        生日:
        <!-- 默认日期显示的是 SHORT 格式,这里用 date 标签来显示成 yyyy-MM-dd 格式 -->
        <s:date name="#session.user.birth" format="yyyy-MM-dd" />
        <br />
        身高:
```

```
            <s:property value="#session.user.height" />
            <br />
        电子邮件：
            <s:property value="#session.user.email" />
    </body>
</html>
```

由于将校验与代码进行了分离，所以注册的 action 代码变得非常简洁，Register.java 代码如下：

```
package lesson10;
import java.util.Map;
import org.apache.struts2.interceptor.SessionAware;
import com.opensymphony.xwork2.ActionSupport;
//使用了 XML 配置文件进行校验，参见 Register-register-validation.xml
public class Register extends ActionSupport implements SessionAware {
    private static final long serialVersionUID = -1035041460500572216L;
    private User user;
    private Map<String, Object> session;
    // 执行登录的方法
    public String execute() {
        // 将登录的用户对象存放在 session 中
        session.put("user", user);
        return SUCCESS;
    }

    // 实现 SessionAware 接口
    public void setSession(Map<String, Object> session) {
        this.session = session;
    }

    public void setUser(User user) {
        this.user = user;
    }

    public User getUser() {
        return user;
    }
}
```

从代码中，看不出任何使用了校验的地方，因为这里并未使用验证方法。我们现在需要查看的是一个名为 Register-register-validation.xml 的配置文件，它与 Register.java 放在同一目录下，Register-register-validation.xml 的代码清单如下：

```
<?xml version="1.0" encoding="UTF-8"?>
<!DOCTYPE validators PUBLIC
        "-//OpenSymphony Group//XWork Validator 1.0//EN"
        "http://www.opensymphony.com/xwork/xwork-validator-1.0.2.dtd">
<validators>
    <!-- 校验用户 id -->
    <field name="user.userid">
```

```xml
            <!-- 非字符串类型用 required 来表示必填 -->
            <field-validator type="required">
                <message>用户id是必填项。</message>
            </field-validator>
            <field-validator type="long">
                <param name="min">10000000</param>
                <param name="max">99999999</param>
                <message>
                    用户id必须在 ${min} 至 ${max} 之间,当前值为 ${user.userid}。
                </message>
            </field-validator>
        </field>

        <!-- 校验用户名 -->
        <field name="user.username">
            <!-- 字符串类型用 required 来表示必填 -->
            <field-validator type="requiredstring">
                <message>用户名是必填项。</message>
            </field-validator>
            <field-validator type="stringlength">
                <param name="minLength">4</param>
                <param name="maxLength">20</param>
                <param name="trim">true</param>
                <message>用户名的长度必须在 ${minLength} 至 ${maxLength} 之间。</message>
            </field-validator>
        </field>

        <!-- 校验用户密码 -->
        <field name="user.password">
            <field-validator type="requiredstring">
                <message>用户密码是必填项。</message>
            </field-validator>
            <field-validator type="stringlength">
                <param name="minLength">8</param>
                <param name="maxLength">20</param>
                <param name="trim">true</param>
                <message>密码的长度必须在 ${minLength} 至 ${maxLength} 之间。</message>
            </field-validator>
        </field>

        <!-- 校验用户密码 -->
        <field name="user.rePassword">
            <field-validator type="fieldexpression">
                <!-- 使用OGNL表达式判断再次密码是否输入一致。 -->
                <param name="expression"><![CDATA[ user.password == user.rePassword ]]></param>
                <message>两次密码不一致。</message>
            </field-validator>
        </field>
```

```xml
        <!-- 校验用户年龄 -->
        <field name="user.age">
            <field-validator type="int">
                <param name="min">14</param>
                <param name="max">60</param>
                <message>
                    年龄必须在 ${min} 至 ${max} 之间,当前值为 ${user.age}。
                </message>
            </field-validator>
        </field>

        <!-- 校验用户生日 -->
        <field name="user.birth">
            <field-validator type="date">
                <param name="min">1980-01-01</param>
                <param name="max">2010-12-31</param>
                <message>生日必须为合法格式 yyyy-MM-dd 且必须在 1980-01-01 至 2010-12-31 之间。</message>
            </field-validator>
        </field>

        <!-- 校验用户身高 -->
        <field name="user.height">
            <field-validator type="double">
                <!--
                    minInclusive,maxInclusive 指的是包括边界值
                    minExclusive,maxExclusive 指的是不包括边界值
                    即开区间与闭区间
                -->
                <param name="minInclusive">0.0</param>
                <param name="maxInclusive">300.0</param>
                <message>
                    身高必须在 ${minInclusive}cm 至 ${maxInclusive}cm 之间,当前值为
                    ${user.height}cm。
                </message>
            </field-validator>
        </field>

        <!-- 校验 email -->
        <field name="user.email">
            <!-- email 的规则 struts2 是内置的 -->
            <!-- 但这个例子是想用正则表达式来校验 email -->
            <field-validator type="regex">
                <param name="expression">
                    (\w+([-+.]\w+)*@\w+([-.]\w+)*\.\w+([-.]\w+)*)
                </param>
                <message>email 格式不正确</message>
            </field-validator>
        </field>
</validators>
```

检验配置文件的名称规则相信大家已经猜出来了，不错，与第 6 章 Struts2 类型转换类似，也是 "action 的类名-validation.xml" 的格式。但不同的是，可以指定需要校验某个具体的 action。

- Register-validation.xml：表示其中配置的所有校验信息对于此 action 中的所有方法都适用。因此，如果你的 Register.java 还有其他非表单方法，在使用时就会莫名其妙地要求你校验，新手很容易出错。所以在使用此配置文件时，一定要注意。
- Register-register-validation.xml：首先小写的 "register" 表示的是配置在 struts.xml 中的 action name，并非 method，这一点要特别注意。这个配置文件指的是只有当调用 action name 为 "register" 时，校验才会起作用。这是推荐做法，不会影响其他 action。

校验配置文件之间可以有继承关系，比如可以在 Register-validation.xml 中定义一些公共的校验，然后 Register-register1validation.xml、Register-register2-validation.xml 等配置文件中定义一些特有的规则，则可以实现复用。

上述所有配置文件与直接硬编码的效果是一样的，并没有做更多特殊的工作。校验框架只是将校验规则与原有逻辑进行了分离，使得程序更加清晰。最后在 struts.xml 中来配置这一切，struts.xml 的代码清单如下：

```xml
<?xml version="1.0" encoding="UTF-8" ?>
<!DOCTYPE struts PUBLIC
    "-//Apache Software Foundation//DTD Struts Configuration 2.0//EN"
    "http://struts.apache.org/dtds/struts-2.0.dtd">
<struts>
    <!-- 定义全局资源文件名叫 validation，放在 classpath 根目录下 -->
    <!-- 在下一章时，就会详细讨论 -->
    <constant name="struts.custom.i18n.resources" value="validation" />
    <package name="login" namespace="/" extends="struts-default">
        <action name="login" class="lesson10.Login">
            <result name="success">/welcome.jsp</result>
            <result name="input">/index.jsp</result>
        </action>
    </package>
    <package name="register" namespace="/" extends="struts-default">
        <action name="register" class="lesson10.Register">
            <result name="success">/success.jsp</result>
            <result name="input">/register.jsp</result>
        </action>
    </package>
</struts>
```

这里我们注意到有这么一句 "<constant name="struts.custom.i18n.resources" value="validation" />"，这句话也可以在 struts.properties 文件中配置。它的作用是告诉 Struts2 框架，全局的国际化资源文件名为 "validation"，扩展名为 "properties"，并且必须放在 classpath 的根目录下。虽然下一章才会讲国际化，但为了体现校验与国际化是可以配合使用的，我们这里只是简单地配置 validation.properties：

```
user.userid.requried=用户 ID 不能为空！
user.username.long=用户 ID 的长度必须在 ${min} 至 ${max} 之间,当前值为 ${user.userid}
```

直接使用中文是不支持的，我们可以使用 Java 自带的 native2ascii 工具来转换，转换后的结果如下：

```
user.userid.requried=\u7528\u6237ID\u4e0d\u80fd\u4e3a\u7a7a!
user.username.long=\u7528\u6237ID\u7684\u957f\u5ea6\u5fc5\u987b\u5728
${min} \u81f3 ${max} \u4e4b\u95f4\uff0c\u5f53\u524d\u503c\u4e3a ${user.userid}
```

从这点可以看出，Struts2 的校验框架与国际化结合得非常紧密，各种语言的错误提示信息都可以通过资源文件的方式来解决，不需要嵌在代码中。

到了这一步，算是大功告成了。将项目发布后，通过浏览器访问注册地址 http://localhost:8080/struts2_10_Validation/register.jsp，页面效果如图 10.4 所示。当不输入任何信息直接提交时，会有相应的提示信息出现。其效果如图 10.5 所示。

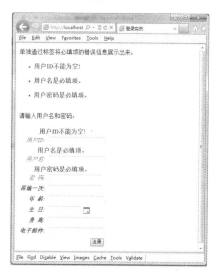

图 10.4　用户注册示例页面　　　　图 10.5　用户注册示例验证为空时的效果

当输入的信息不完整或输入有误时，会出现如图 10.6 所示的效果。如果注册成功后，会返回 success.jsp 页面，效果如图 10.7 所示。

图 10.6　用户注册示例验证有误码时的效果　　　　图 10.7　用户注册示例验证通过时的效果

通过一个实例，我们现在已经清楚地知道如何使用 Struts2 的校验框架了。接下来，我们来系统地梳理 Struts2 的校验框架。

对于 Struts2 校验来说，一般有两种方式来定义校验器。

- 使用<validator>。
- 使用<field-validator>。

当<validator>中的子节点中配置了<param name="fieldName">用于指定对某个属性进行校验时，达到的效果与<field-validator>是一样的，比如现在 user.userid 属性想用<validator>来配置，那么写法如下：

```
<validator type="required">
        <param name="fieldName">user.userid</param>
        <message key="user.userid.requried" />
</validator>

<validator type="long">
    <param name="fieldName">user.userid</param>
    <param name="min">10000000</param>
    <param name="max">99999999</param>
    <message key="user.username.long" />
</validator>
```

访问后的效果是没有变化的。唯一的区别是<field-validator>中支持配置多个校验器，而<validator>则需要逐个设定。

如果当<validator>不配置子节点<param name="fieldName">时，它就变成了一个非属性校验器。此时<validator>的错误信息存放于"actionerror"中，而<field-validator>的错误信息存放于"fielderror"中，并且 Struts2 的 UI 组件会将"fielderror"错误信息显示出来。那么我们现在就来配置修改成如下写法：

```
<validator type="expression">
        <!-- 使用 OGNL -->
        <param name="expression"><![CDATA[user.userid! = null && user.userid > 10000000 && user.userid < 99999999 ]]> </param>
        <message>用户 ID 不能为空且必须要 10000000 至 99999999 之间</message>
    </validator>
```

当发布后，发现并没有错误信息显示在<s:textfield label="用户 ID" name="user.userid" />文本框上面，原因就是这不是一个 fielderror，而变成了 actionerror。我们需要在 register.jsp 中加入 <s:actionerror/> 才能将错误信息正常显示出来，这一点需要特别注意。

Struts2 内置的一些常用类型的校验规则如表 10.1 所示。

表 10.1　Struts2 内置校验规则说明

内置类型	说　　明
required	不允许为空。用于非字符串类型
requiredstring	不允许为空。只用于字符串类型
int	必须是合法的 int 类型
long	必须是合法的 long 类型

续表

内置类型	说明
short	必须是合法的 short 类型
double	必须是合法的 double 类型
date	必须是合法的日期类型
expression	必须满足表达的需求。只能用于<validator>
fieldexpression	同上。但只能用于<field-validator>
email	必须是合法的 email 格式
url	必须是合法的 URL 格式
visitor	允许使用其他配置过的校验器。比如已经定义了<validator> A，在定义<validator> B 的时候可以通过设置 visitor 使得 B 应用 A 的校验
conversion	用于配置类型转换错误的校验器
stringlength	判断字符串的长度是否合法
regex	使用正则表达式来校验

对于某些校验器还有特殊的用法，比如对于 int、long、short、double、date、stringlength 等类型。除校验类型外，还可以指定范围大小。比如我们在 Register-register-validation.xml 中设置 user.id 的范围时，是这么设置的：

```
<field-validator type="long">
        <param name="min">10000000</param>
        <param name="max">99999999</param>
        <message key="user.username.long" />
</field-validator>
```

这些具体的设置，只需要用时参考 Struts2 文档就有详细的说明。

10.3 客户端的校验配置

客户端的校验与服务器端的校验几乎一模一样。唯一不同的是，Struts2 的客户端校验需要设置 <s:form ...> 表单中的属性 validate 为"true"。这样在生成页面的同时还会生成客户端的校验代码。不过，遗憾的是客户端的校验对 Struts2 的 theme 主题并不支持。在此笔者也只介绍一个简单的 Struts2 客户端校验。

现在我们需要做一个客户留言的功能，客户必须输入"用户名"、"年龄"和"留言"三个属性。其中：

- 用户名不允许为空。
- 年龄必须为 18~45 周岁之间。
- 答案不允许为空。

跟前面的示例基本类似，首先创建一个留言页面 message.jsp：

```
<%@ page language="java" import="java.util.*" pageEncoding="UTF-8"%>
<%@ taglib prefix="s" uri="/struts-tags"%>
<html>
```

```html
<head>
    <title>客户端校验</title>
    <s:head />
</head>
<body>
    请输入您的留言：
    <br>
    <!--
        struts2 这里好像有一个 bug。
        一般写 action="answer" 就可以了，Struts2 框架会将默认的 action 扩展名加上。
        但对于客户端校验，如果不写 action="answer.action" 直接访问就会报错。
    -->
    <s:form method="post" validate="true" action="answer.action" namespace="/">
        <s:textfield label="用户名" name="name" />
        <s:textfield label="年龄" name="age" />
        <s:textfield label="留言" name="answer" />
        <s:submit value="注册" />
    </s:form>
</body>
</html>
```

上述页面中必须注意 "<s:form ... validate="true">" 这句，设置 validate="true" 才表示使用客户端进行校验。然后再创建一个 answer.jsp 页面来显示结果：

```jsp
<%@ page language="java" import="java.util.*" pageEncoding="UTF-8"%>
<%@ taglib prefix="s" uri="/struts-tags"%>
<html>
    <head>
        <title>注册成功</title>
    </head>
    <body>
        <p>
            尊敬的用户，你的反馈信息如下：
        </p>
        用户名：
        <s:property value="name" />
        <br />
        年龄：
        <s:property value="age" />
        <br />
        留言：
        <s:property value="answer" />
        <br />
    </body>
</html>
```

再创建一个新的 action，名为 ClientValidate.java，用于实现这个功能：

```java
package lesson10;
import java.util.Map;
import org.apache.struts2.interceptor.SessionAware;
import com.opensymphony.xwork2.ActionSupport;
```

```java
//使用了XML配置文件进行校验,参见ClientValidate-validation.xml
public class ClientValidate extends ActionSupport {
    private static final long serialVersionUID = -1035041460500572216L;
    private String name;
    private int age;
    private String answer;
    // 执行客户端校验的方法
    public String execute() {
        return SUCCESS;
    }

    public String getName() {
        return name;
    }
    public void setName(String name) {
        this.name = name;
    }

    public int getAge() {
        return age;
    }

    public void setAge(int age) {
        this.age = age;
    }

    public String getAnswer() {
        return answer;
    }

    public void setAnswer(String answer) {
        this.answer = answer;
    }
}
```

别忘记了我们的校验配置文件 ClientValidate-validation.xml,将其与 ClientValidate.java 放在同一文件夹下,配置方式与服务器端一模一样:

```xml
<?xml version="1.0" encoding="UTF-8"?>
<!DOCTYPE validators PUBLIC
        "-//OpenSymphony Group//XWork Validator 1.0//EN"
        "http://www.opensymphony.com/xwork/xwork-validator-1.0.2.dtd">
<validators>
    <field name="name">
        <field-validator type="requiredstring">
            <message>名称不允许为空。</message>
        </field-validator>
    </field>
    <field name="age">
        <field-validator type="int">
            <param name="min">18</param>
```

```xml
                <param name="max">45</param>
                <message>
                    年龄必须为18至45周岁之间。
                </message>
            </field-validator>
        </field>
        <field name="answer">
            <field-validator type="requiredstring">
                <message>答案不允许为空。</message>
            </field-validator>
        </field>
</validators>
```

最后配置 struts.xml，将这一切串起来：

```xml
<?xml version="1.0" encoding="UTF-8" ?>
<!DOCTYPE struts PUBLIC
    "-//Apache Software Foundation//DTD Struts Configuration 2.0//EN"
    "http://struts.apache.org/dtds/struts-2.0.dtd">
<struts>
    <!-- 定义全局资源文件validation，放在classpath根目录下 -->
    <!-- 在下一章时，就会详细讨论 -->
    <constant name="struts.custom.i18n.resources" value="validation" />
    <package name="login" namespace="/" extends="struts-default">
        <action name="login" class="lesson10.Login">
            <result name="success">/welcome.jsp</result>
            <result name="input">/index.jsp</result>
        </action>
    </package>
    <package name="register" namespace="/" extends="struts-default">
        <action name="register" class="lesson10.Register">
            <result name="success">/success.jsp</result>
            <result name="input">/register.jsp</result>
        </action>
    </package>
    <package name="client" namespace="/" extends="struts-default">
        <action name="answer" class="lesson10.ClientValidate">
            <result name="success">/answer.jsp</result>
            <result name="input">/message.jsp</result>
        </action>
    </package>
</struts>
```

到了这一步，算是大功告成了。将项目发布后，通过浏览器访问注册地址 http://localhost:8080/struts2_10_Validation/message.jsp，效果如图10.8所示。当校验不通过时，会出现如图10.9所示的页面。

表面上看与服务器端校验并没有什么区别。而在页面中右击，在弹出的快捷菜单中选择"查看源文件"命令后，找到关于 <form> 标签这一段，会有如下发现：

```
...
<form id="answer" name="answer" onsubmit="return validateForm_answer();"
```

```
action="answer.action"    method="post"    onreset="clearErrorMessages(this);
clearErrorLabels(this);"
    >
    ...
```

其中的 onsubmit="return validateForm_answer();" 就表明了表单在提交时,确实由 JavaScript 的 validateForm_answer()进行了校验。如果是使用服务器端校验,则不会生成此代码,感兴趣的读者,可以回过头去看看服务器端校验生成的 html 代码。

图 10.8 客户端验证页

图 10.9 客户端验证效果

10.4 Ajax 的校验配置

在 Web 2.0 盛行的时代,各大 Java Web 框架都想和 Ajax 多少扯上点关系,从而吸引更多的开发人员加入。Struts2 可以与多种主流 Ajax 框架集成在一起,如 Dojo、Prototype、DWR、jQuery 等。其中 Struts2.1 对 Dojo 支持的比较早,只要将 Dojo 的插件包放在 classpath 中,就可以"开箱即用"。

Struts2 的 Dojo 插件提供了一系列标签,其中就包括我们这节要讲的 Ajax 校验标签。与配置客户端的校验类似,Ajax 的校验只是加入了些新的规则。按照 10.3 节的例子,我们现在来进行改造。

首先,是首页部分。相对于原来的 message.jsp,我们新建立一个 ajaxMessage.jsp,代码如下:

```
<%@ page language="java" import="java.util.*" pageEncoding="UTF-8"%>
<%@ taglib prefix="s" uri="/struts-tags"%>
<!-- 使用dojo插件标签 -->
<%@ taglib prefix="sx" uri="/struts-dojo-tags"%>
<html>
    <head>
        <title>客户端校验</title>
```

```
            <!-- 注意使用 <sx:head /> -->
            <sx:head />
    </head>
    <body>
        请输入您的留言：
        <br>
        <!--
            如果加上 validate="true"，则客户端校验会优先于 Ajax 校验。
         -->
        <s:form method="post" validate="true" action="answer.action"
            namespace="/">
            <s:textfield label="用户名" name="name" />
            <s:textfield label="年龄" name="age" />
            <s:textfield label="留言" name="answer" />
            <!-- 必须使用 <sx:submit />标签，并且设置 validate="true" 才能触发
Ajax 校验 -->
            <sx:submit value="注册" validate="true" />
        </s:form>
    </body>
</html>
```

上述代码似乎并无太多变化，只是引用了 Dojo 的标签而已，但需要注意以下几点。

- <sx:head /> 必须设置，否则无法生成 Dojo 的 Ajax 方法。
- 如果不想先由客户端校验，而是直接由 Ajax 提交到服务器来校验，必须将<s:form />标签中的 validate 设置为 false(默认不设置就是 false)。
- 为了执行 Ajax 校验，<sx:submit />标签的 validate 属性必须设置为 true。
- 此外，如果表单校验成功后，提交到后台时还会按照校验规则在服务器端再来一遍。如果你不想这么做的话，可以将 <sx:submit />的 ajaxAfterValidation 属性设置为 true，如<sx:submit value="注册" validate="true" ajaxAfterValidation="true"/>)。

除此以外的任何代码都不用做任何修改，配置文件也不用修改。这样，就完成了从客户端校验到 Ajax 校验的切换。发布代码后，通过浏览器访问地址 http://localhost:8080/struts2_10_Validation/ajaxMessage.jsp，效果如图 10.10 所示。

如果信息不完整，还是会出现与客户端校验类似的页面，效果如图 10.11 所示。

我们查看些页面的源代码，也发现了类似于客户端校验的 JavaScript 代码：

```
...
<form id="answer" name="answer" onsubmit="return validateForm_answer();"
action="answer.action" method="post" onreset="clearErrorMessages(this);
clearErrorLabels(this);"
>
...
```

不过，你可能有疑问，如何判断这是 Ajax 校验呢？Ajax 校验其实还是属于服务器端的校验，只要与服务器有交互，就可以证明。由于我们的 action 都继承于 com.opensymphony.xwork2.ActionSupport，而这个类又实现了 Validateable 接口的 validate 方法，我们只要在这个方法打上断点，就可知道是否为 Ajax 调用，设置如图 10.12 所示。

第 10 章　Struts2 校验

图 10.10　Ajax 校验示例首页

图 10.11　Ajax 校验示例效果

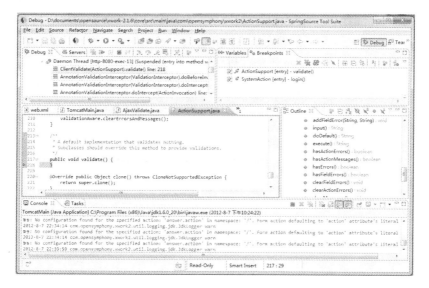

图 10.12　Ajax 校验设置

对于 Ajax 的校验我们就介绍到这儿，感兴趣的读者还可以继续研究 Struts2 支持的其他 Ajax 框架。

10.5　本 章 小 结

本章主要讨论了 Struts2 的校验，包括三种常见的校验方式：服务器校验、客户端校验及 Ajax 校验。这三种校验方式的底层实现细节已经由 Struts2 进行了封装，开发人员可以很容易地在这三种校验框架之间进行切换。

虽然 Struts2 提供了可配置的校验方式并内置了许多常用的校验器，可以适用于绝大多数的应用程序。但这种可配置方式仍然是面对开发人员的，一般需求有变化，甚至非常简单的需求，比如，某个对象的属性的长度限制由原来的 20 个字符改变为 40 个字符，仍然需要开发人员来完成。

对于这种情况，我们希望可以给用户提供良好的用户页面，允许用户可以自定义一些规则，而无须掌握类似于 XML 这样的技术。因此，这些校验规则信息完全可以存放在数据库的表中，一旦在前台页面设置成功后，即刻生效。因此，大家在学习 Struts2 的各种技术的同时，还要进一步思考 Struts2 的这些技术是否能够完全满足现有项目的需求？如果后续需求发生变化，又能否快速适应变化？这一系列的问题都是我们需要在实际开发中认真考虑的。

10.6 上机练习

用户最近又给出了新的需求，他们希望能有一个比较安全的信息提交系统，需求如下。

1. 用户输入自己的身份证号，身份证格式必须合法，通过后，系统后台发送短信或邮件给用户，里面包含下一步的操作码。

2. 用户输入得到的操作码，以及用户名和密码，其中用户名至少 5 位，密码至少 8 位且需要数字和字母混合；输出期间不能超过 30 秒，否则视为超时退出。

3. 用户输入提交信息。提交信息不能少于 50 个字符，并且中文字符不能少于 20 个。当内容包含"档案编号、机密、绝密、秘密"关键字时，全部替换成"*"。

请结合所学到的知识，使用 Struts2 的校验以及相关技术完成上述系统。

第11章

Struts2 的国际化

> **学前提示**

国际化是为了解决软件在各个使用不同语言,而且风俗不同的国家和地区编码字符集都能使用的问题,而对计算机程序做出的某些规定,简言之就是根据用户的语言环境不同,给用户显示与之相应的页面,以示友好。

Struts2 通过引入外部资源文件的方式来解决国际化的问题。这与上一章校验与程序分离的思想完全一致。一旦设计好页面后,Struts2 会自动根据浏览器发送的头部信息解析出当前用户的 local 信息,然后加载相应的资源文件,最后正确地显示给用户。开发人员并不需要关心这些细节,唯一要做的就是将翻译人员提供的翻译信息制作成 Struts2 可以识别的资源文件。

> **知识要点**

- 常见国际化实例
- 页面内容国际化
- 错误信息国际化
- 格式化输出日期和数值
- 资源文件的加载方式和流程

11.1 常见国际化实例

这一节笔者带领大家先看一个国际化实例。

笔者本地机器装的是 Windows 7 中文操作系统，浏览器为英文版的 IE9。默认本地语言是中文，所以在地址栏中输入 "www.google.com" 时，它显示的页面效果如图 11.1 所示。

图 11.1　Google 的中文页面

接下来，选择 IE 浏览器的 Tools→Internet Options 命令打开相应的设置窗口，单击 General 选项卡中的 Languages 按钮，在弹出的对话框中添加 "英语(美国)[en-US]" 选项，并将其上移至顶端，如图 11.2 所示。

图 11.2　修改语言选项

第 11 章　Struts2 的国际化

> **提示**
> 对于中文版的 IE 浏览器设置会有所不同，可以选择 IE 浏览器的"工具"→"Internet 选项"命令，打开 IE 浏览器的"Internet 选项"窗口，在"常规"选项卡中单击"语言"按钮，在弹出的对话框中添加"英语"选项，并将其上移至顶端。

再次刷新浏览器(或再次在地址栏中输入 www.google.com)时，显示的页面效果如图 11.3 所示。

图 11.3　Google 的英文页面

以上就显示了国际化的好处，当然这里需要说明的是并不是存在两套不同的页面，否则每个语种一个页面，不仅页面众多难以管理，而且当需要修改页面内容时将是一个灾难。运用国际化，实际上就是一套页面。那究竟是如何实现的呢？

程序国际化的设计有多种方法。

- 最简单的就是按照不同国家的语言实现多套不同的页面。然后根据浏览器的请求得到用户的 local 信息后，跳转到对应的版本中。如果只有几个页面，还好办。一旦页面多了，这样要做很多重复的工作，而且一旦页面有调整，修改起来改动量也不少。
- 只做一套页面，只是用 if … else 或 switch … case 等语句来判断用户究竟使用哪个国家的语言。这么做虽然少了很多套页面，但页面那密密麻麻的判断语句看起来也会让人头皮发麻，估计没有人会这么做。
- 还是只做一套页面，只是所有需要国际化的字面信息用一个标识符号来代替。在运行时，根据用户计算机的本地化 local 设置，取出相应的翻译来进行替换。这样，页面变得干净整洁，而且后台可以很好地组织各国不同的字面信息，不用全部堆在页面中。这也是 Struts2 采取的方案。

Struts2 对于界面中需要输出国际化信息的地方，不是直接写死输出信息，而是输出一个 key 值，该 key 值在不同语言环境下对应不同的字符串。当程序需要显示时，程序将根据不同的语言环境，加载该 key 对应该语言环境下的字符串——这样就可以完成程序的国际化。许多框架都提供了完整的国际化的解决方案，而且各种方案之间大同小异。掌握了

Struts2 的国际化后，以后再使用其他框架的解决方案，也可以采用类似的方法，因为本质上并没有任何变化。

11.2 页面内容国际化

通过上一节使用 Google 国际化的实例，我们发现 Google 会随着浏览器发送的头部信息不同，呈现出不同的文字信息。这一节我们就是实现中英文切换的国际化实例。

对于原有的 action 代码，没有任何变化。只需要使用原有的 Login.java 和 User.java 代码即可。Login.java 的代码如下：

```
package lesson11.subpackage;
import com.opensymphony.xwork2.ActionSupport;
public class Login extends ActionSupport {

    private static final long serialVersionUID = -10350414605005722l6L;
    // 定义 user 对象
    private User user;
    // 执行登录的方法
    public String execute() {
        return SUCCESS;
    }

    // 要想在页面上显示 国际化资源文件 中的信息，必须通过接口
com.opensymphony.xwork2.TextProvider 的 getText 方法将其取出
    // 由于我们的 Login 继承了 ActionSupport 类，而 ActionSupport 又实现了
TextProvider 接口
    // 所以，我们需要触发一个 action 请求，才以能将资源信息显示出来，这与以前直接访问
jsp 页面不同
    public String index() {
        return SUCCESS;
    }
    // 返回的结果页面从此 get 方法中取出数据
    public User getUser() {
        return user;
    }
    // 提交到 Action 时从此 set 方法中取出数据
    public void setUser(User user) {
        this.user = user;
    }
}
```

这里，我们增加了一个 index 方法，用于转发到 index.jsp 页面，这样才能将资源信息取出来。接下来是 Userjava 的源代码：

```
package lesson11.subpackage;
public class User {

    private String username;
```

```
    private String password;

    public String getUsername() {
        return username;
    }

    public void setUsername(String username) {
        this.username = username;
    }
    public String getPassword() {
        return password;
    }
    public void setPassword(String password) {
        this.password = password;
    }
}
```

现在到了本章的重点部分了，即配置国际化资源文件。Struts2 对此资源文件采取的方式与校验类似，可以配置一个公共的 package.properties，然后再针对每个 action 配置特有的 Action.properties。具体的细节后面会详细介绍，现在只需要一个快速上手的实例。这个例子中，需要创建 7 个资源文件，其目录结构布局如图 11.4 所示。

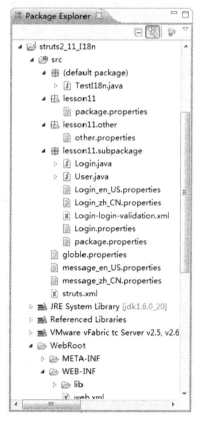

图 11.4　项目结构

首先在 lesson11.subpackage 下创建 Login_en_US.properties。如果浏览器设置为 en_US，这个配置文件会自动将相应的信息取出：

```
#index.jsp username
login.user.name=Username
#index.jsp password
login.user.password=Password
```

在上面的属性文件中我们将登录时的"用户名"和"密码"字面信息设置为英文。然后再创建 Login_zh_CN.properties 文件，如果浏览器设置为 zh_CN 时，这个配置文件会自动将相应的信息取出：

```
#use native2ascii to translate
#example    native2ascii  -encoding   GBK   c:\src\validation.properties c:\classes\validation.properties
#设置 login.user.name=用户名
login.user.name=\u7528\u6237\u540d
#设置 login.user.name=密码
login.user.password=\u5bc6\u7801
```

非英文的其他语言都需要使用 native2acsii 进行转码，这一点需要特别注意。

同文件夹下还有一个 Login.properties 文件。它与 login_en_vs.properthes 和 Login_zh_cv.properthes 有什么区别呢？这其实也是国际化文件，但与上面的有点区别。比如，现在浏览器设置为 zh_CN，假如说我们并未创建一个名为 Login_zh_CN.properties 的文件时，Struts2 就会去寻找默认的 Login.properties。如果找到了，则取出信息，否则继续从当前 package 查找。所以说，Login.properties 相当于"替补"，如果你的系统还不支持某些 local 的话，Login.properties 中的信息就会派上用场。这里 Login.properties 的内容如下：

```
# display welcome login
lesson11.subpackage.welcome=welcome login
```

这里我们只用它来显示欢迎登录信息。

最后创建一个 package.properties 文件。这个配置文件相当于此 package 下的全局资源文件。只要是此 package 下的 action 都可以使用其中的配置信息。如果 action 的资源信息匹配不上时，就会从此文件中搜索，package.properties 中可以将某个模块的公共信息放在一起。当然 package.properties 也支持国际化，也可以配置成 package_en_US.properties、package_zh_CN.properties 这样的形式。只是这个实例比较简单，没有必要弄得非常复杂。package.properties 的内容如下：

```
# display welcome login
lesson11.subpackage.welcome=welcome login
```

介绍完了 lesson11.subpackage 中的资源文件后，咱们再来看 lesson11 下面的文件情况。这里我们只配置了一个 package.properties。它的作用是，当 lesson11.subpackage 中的 action 在 lesson11.subpackage 中找不到任何可以匹配的信息时，则会自动回退到父 package 下，查找 package*.properties 中是否有对应的信息。但是有一个例外就是，如果父 package 为 classpath 的根目录，则此 package*.properties 就失效了。原因很简单，在 classpath 的根目录

下,你可以指定全局的国际化资源文件,上一节的校验我们就用到了。lesson11 下的 package.properties 的信息如下:

```
#display i18n login
lesson11.title=i18n login
```

接下来我们来看全局的资源文件 globle.properties,它放在 classpath 的根目录下。注意 globle.properties 的名称是需要在 Struts2 的配置文件中指定的,并不是固定的。它需要配置在 struts.xml 中,globle.properties 与上述资源文件一样,也可以配置成 globle_en_US.properties、globle_zh_CN.properties 等。它的内容如下:

```
#set button value
globle.submit=submit
```

最后一个资源文件放在 lesson11.other package 下,主要用于演示 <s:i18n /> 标签可以在不同的资源文件之间进行切换的效果。other.properties 的内容如下:

```
# display success info
lesson11.other.success=login success.
lesson11.other.username=your username.
lesson11.other.password=your password.
```

接下来就是页面部分了。页面 index.jsp 的代码如下:

```
<%@ page language="java" import="java.util.*" pageEncoding="UTF-8"%>
<%@ taglib prefix="s" uri="/struts-tags"%>
<html>
    <head>
        <!-- 使用 lesson11 中的 package.properties -->
        <!-- 可以使用 s:text 标签将资源文件信息取出. s:text 标签,实际上对 getText
方法进行了封装 -->
        <title><s:text name="lesson11.title" />
        </title>
    </head>
    <body>
        <!-- 使用 lesson11.subpackage 中的 package.properties -->
        <!--
            也可以使用 getText 方法将资源文件信息取出
            原因是我们继承的 ActionSupport 实现了接口
com.opensymphony.xwork2.TextProvider
            此接口的 getText 方法就是专门用于取出资源信息的
        -->
        <s:property value="getText('lesson11.subpackage.welcome')" />
,
        <!-- 使用 lesson11.subpackage 中的 Login.properties -->
        <s:property value="%{getText('login.default')}" />:
        <br>
        <s:form action="login" method="post" namespace="/">
            <!-- 根据浏览器的设置使用 lesson11.subpackage 中的
Login*.properties -->
            <s:textfield key="login.user.name" name="user.username" />
            <s:password key="login.user.password" name="user.password" />
```

```
            <!-- 使用 classpath 目录下的 globle.properties -->
            <s:submit name="loginUser" key="globle.submit" />
        </s:form>
    </body>
</html>
```

登录成功后的页面 welcome.jsp 代码如下：

```
<%@ page language="java" import="java.util.*" pageEncoding="UTF-8"%>
<%@ taglib prefix="s" uri="/struts-tags"%>
<html>
    <head>
        <!--
            s:i18n 标签可以选择其他资源文件中的信息
            下列提示信息均来自于 lesson11.other 下的 other.properties 文件
        -->
        <title><s:i18n name="lesson11.other.other">
            <s:text name="lesson11.other.success" />
        </s:i18n></title>
    </head>
    <body>
        <p>
            <s:i18n name="lesson11.other.other">
                <s:text name="lesson11.other.username" />
            </s:i18n>:
            <s:property value="user.username" />
        </p>
        <p>
            <s:i18n name="lesson11.other.other">
                <s:text name="lesson11.other.password" />
            </s:i18n>:
            <s:property value="user.password" />
        </p>
    </body>
</html>
```

我们将原来写死在页面的信息，现在改用 <s:i18n /> 标签取出。<s:i18n />标签可以很方便地在各种不同的国际化资源文件中进行切换。

最后在 struts.xml 中配置这个程序：

```
<?xml version="1.0" encoding="UTF-8" ?>
<!DOCTYPE struts PUBLIC
    "-//Apache Software Foundation//DTD Struts Configuration 2.0//EN"
    "http://struts.apache.org/dtds/struts-2.0.dtd">
<struts>
    <!-- 定义全局资源文件 globle，放在 classpath 根目录下 -->
    <constant name="struts.custom.i18n.resources" value="globle" />
    <package name="login" namespace="/" extends="struts-default">
        <!--跳转到 index.jsp 页面 -->
        <action name="index" class="lesson11.subpackage.Login" method="index">
            <result>/index.jsp</result>
        </action>
```

```xml
        <!-- 执行登录 -->
        <action name="login" class="lesson11.subpackage.Login">
            <result name="success">/welcome.jsp</result>
            <result name="input">/index.jsp</result>
        </action>
    </package>
</struts>
```

发布后,通过浏览器访问 http://localhost:8080/struts2_11_I18n/index.action(注意这里访问的是 action,并不是 JSP 页面,否则国际化不会生效)。

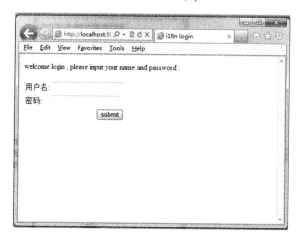

图 11.5　中文页面显示效果

可以清楚地看到,相对应地方的字面信息都显示出来了。默认 Windows 7 中文操作系统的 IE 浏览器的 local 设置为"zh_CN",现在我们改成"en_US"再访问,会看到如图 11.6 所示的效果。

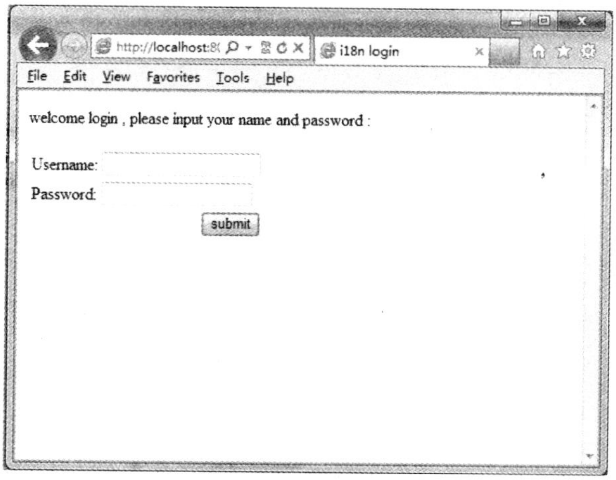

图 11.6　英文页面显示效果

也就是说,我们的国际化设置是生效了。实际上,如果觉得来回修改 IE 麻烦,还可以在请求的 URL 中加上参数 request_locale=local。Struts2 会根据这个参数设置好的 local 信息,然后再由 I18n Interceptor 拦截器,将其放入 ActionContext 中。这样,一旦使用 getText

方法时，就可以根据此 local 得到最终正确的国际化资源文件。所以，想测试的话，还可以直接通过下列 URL 访问：

- http://localhost:8080/Struts2_11_I18n/index.action?request_locale=zh_CN
- http://localhost:8080/Struts2_11_I18n/index.action?request_locale=en_US

登录成功后，欢迎页面的显示如图 11.7 所示。

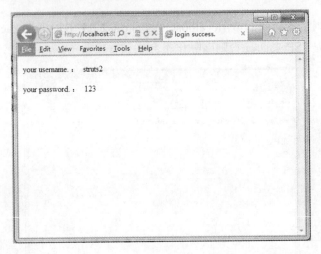

图 11.7 英文页面运行结果显示

11.3 错误信息国际化

提示和错误信息的国际化，在上一章就已经介绍过了。现在我们将上述登录程序修改一下，要求用户名和密码不允许为空。这样我们就需要用到上一章的知识来配置校验。我们需要对 Login 类的 login action 配置一个校验 XML 文件 Login-login-validation.xml。如果只配置成 Login-validation.xml 的话，Login 类的 index action 也要求校验，这不是我们所希望的。Login-login-validation.xml 的内容如下：

```xml
<?xml version="1.0" encoding="UTF-8"?>
<!DOCTYPE validators PUBLIC
    "-//OpenSymphony Group//XWork Validator 1.0//EN"
    "http://www.opensymphony.com/xwork/xwork-validator-1.0.2.dtd">
<validators>
    <field name="user.username">
        <field-validator type="requiredstring">
            <message key="login.error.username" />
        </field-validator>
    </field>
    <field name="user.password">
        <field-validator type="requiredstring">
            <message key="login.error.password" />
        </field-validator>
    </field>
</validators>
```

接下来，按照上一节所述，我们可以在多个地方来配置 login.error.username、login.error.username 的国际化信息。这里我们选择 Login_en_US.properties 和 Login_zh_CN.properties。其中 Login_en_US.properties 修改如下：

```
#index.jsp username
login.user.name=Username
#index.jsp password
login.user.password=Password
#error message
login.error.username=username is null
login.error.username=password is null
```

Login_zh_CN.properties 修改如下：

```
#use native2ascii to translate
#example    native2ascii   -encoding   GBK   c:\src\validation.properties
c:\classes\validation.properties
#设置 login.user.name=用户名
login.user.name=\u7528\u6237\u540d
#设置 login.user.password=密码
login.user.password=\u5bc6\u7801
#设置 login.error.username=用户名不允许为空
login.error.username=\u7528\u6237\u540d\u4e0d\u5141\u8bb8\u4e3a\u7a7a
#设置 login.error.password=密码不允许为空
login.error.password=\u5bc6\u7801\u4e0d\u5141\u8bb8\u4e3a\u7a7a
```

设置完成后，首先将浏览器设置成 zh_CN，访问 URL：http://localhost:8080/struts2_11_I18n/index.action，如图 11.8 所示。

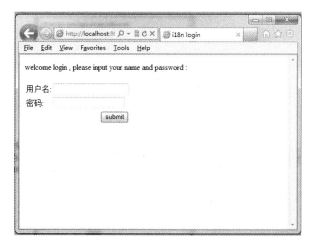

图 11.8　中文页面检验显示效果

此时如果校验有错误，则显示如图 11.9 所示。

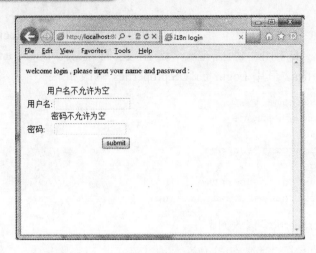

图 11.9　中文页面检验出错时的显示效果

将浏览器的 local 改为 en_US 再次访问校验时，会出现如图 11.10 所示的页面。

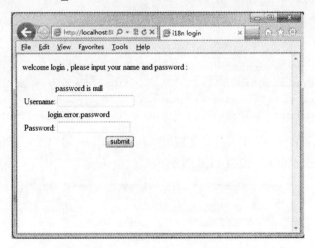

图 11.10　英文页面检验出错时显示效果

这样，错误信息的提示也达到了国际化的效果。

11.4　格式化输出日期和数值

格式化输出日期和数值是很常见的需求。最简单的做法是根据用户不同的 local 在后台转换好后，再显示在页面上。这样做的缺点就是如果有很多 local 要转换，则硬编码的方式会使得代码臃肿。

Struts2 的资源文件除显示字面信息外，还提供额外的格式化功能。一般来说，格式化的需求是全局的，并不仅仅针对某个 package 或 action，所以将此类信息配置在全局的资源文件中则再好不过了。修改 globle.properties 文件，将下列内容加入：

```
#set button value
globle.submit=submit
```

```
format.zh.number = {0,number,#0,0000.0##}
format.en.number = {0,number,#0,000.0##}
format.zh.date = {0,date,yyyy-MM-dd}
format.en.date = {0,date,MM/dd/yyyy}
```

在上面的配置属性中,定义了两套用于显示日期和数值的格式化模板,下面的代码将其应用于 i18nFormat.jsp 页面中:

```
<%@ page language="java" import="java.util.*" pageEncoding="UTF-8"%>
<%@ taglib prefix="s" uri="/struts-tags"%>
<html>
    <head><title>格式化日期和数值</title></head>
    <body>
            显示方式一:
            <!-- 使用定义在 globle.properties 中的 format.zh.number -->
            数据显示: <s:text name="format.zh.number">
                <s:param name="value" value="123456789.1234" />
            </s:text>
            <br />
            <!-- 使用定义在 globle.properties 中的 format.zh.date -->
            日期显示: <s:text name="format.zh.date">
                <s:param name="value" value="new java.util.Date()" />
            </s:text>
            <p />
            显示方式二:
            <!-- 使用定义在 globle.properties 中的 format.en.number -->
            数据显示: <s:text name="format.en.number">
                <s:param name="value" value="123456789.1234" />
            </s:text>
            <br />
            <!-- 使用定义在 globle.properties 中的 format.en.date -->
            日期显示: <s:text name="format.en.date">
                <s:param name="value" value="new java.util.Date()" />
            </s:text>
    </body>
</html>
```

我们在上面页面分别使用了前面定义的格式化模板。最后在 strut.xml 中配置一个 action,用于访问上面定义的 JSP 页面。

```
<?xml version="1.0" encoding="UTF-8" ?>
<!DOCTYPE struts PUBLIC
        "-//Apache Software Foundation//DTD Struts Configuration 2.0//EN"
        "http://struts.apache.org/dtds/struts-2.0.dtd">
<struts>
    <!-- 定义全局资源文件 globle,放在 classpath 根目录下 -->
    <constant name="struts.custom.i18n.resources" value="globle" />

    <package name="login" namespace="/" extends="struts-default">
        <!--跳转到 index.jsp 页面 -->
        <action name="index" class="lesson11.subpackage.Login" method="index">
            <result>/index.jsp</result>
```

```xml
        </action>
        <!-- 执行登录 -->
        <action name="login" class="lesson11.subpackage.Login">
            <result name="success">/welcome.jsp</result>
            <result name="input">/index.jsp</result>
        </action>
        <!-- 执行格式化，使用默认的 ActionSupport 进行转发即可 -->
        <action name="format" class="com.opensymphony.xwork2.ActionSupport">
            <result>/i18nFormat.jsp</result>
        </action>
    </package>
</struts>
```

程序发布后，访问 http://localhost:8080/struts2_11_I18n/format.action，如图 11.11 所示。

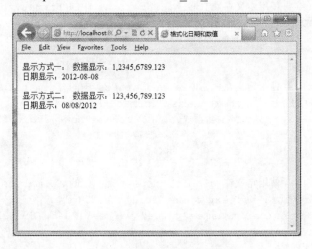

图 11.11　格式化输出日期和数值的显示效果

这样，不用编写任何格式化转换的代码，也能达到预期效果。在实现开发中，我们一直使用此方式来格式化输出日期和数值，这么一个小巧的功能确实为我们节省了许多乏味的代码。

11.5　资源文件的加载方式和流程

国际化并非 Struts2 框架特有的，Java 本身就对国际化支持的非常好。像 struts、struts2、spring mvc 等框架的国际化实现都是对 Java 进行的封装。

假如要用 Java 来实现国际化，是非常简单的，请看下列代码：

```java
import java.util.Locale;
public class Language {
    public static void main(String[] args) {
        Locale local = Locale.getDefault();
        if (local.getLanguage().equals("en"))
            System.out.println("good morning!!");
        else if (local.getLanguage().equals("zh")) {
```

```
            System.out.println("早上好!!");
        } else {
            System.out.println("你选择的语言无法识别!!");
        }
    }
}
```

运行以上程序，控制台显示的效果如图 11.12 所示。

图 11.12　中文环境下控制台显示效果

因为本机默认的地区为"中国"，语言默认的就是"zh"，所以此处打印出的问候语为"早上好！！"。如果将默认的地区改为"美国"，则是否会显示英文方式的问候语呢？

在"开始"菜单上单击，选择"资源管理"命令打开资源管理设置窗口，选择"控制面板"→"区域和语言选项"命令，在弹出的"区域和语言"设置窗口将"格式"选项卡中的格式设置为"英语(美国)"，如图 11.13 所示。

图 11.13　更改语言选项

当单击"确定"按钮后，再次运行此程序，控制台将显示出英文的问候语"good morning !!"，效果如图 11.14 所示。

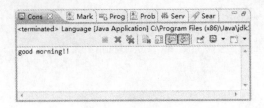

图 11.14 英语环境下控制台显示效果

现在对 Java 应用程序的国际化是否有了一定的了解？但应用程序的国际化并非这么简单，如 Windows 操作系统，它的内核语言是英语，它对很多区域提供了支持，即把页面用语都提炼出来存储于某一文件中，这样就产生了 Windows 版本的国际化。所以才衍生出"中文版 Windows 操作系统"、"俄文版 Windows 操作系统"、"日文版 Windows 操作系统"等。也正是这样，Windows 操作系统的更新或修补 bug 才能做到全球一致。

当然这个文件也是有所约束的，一般建议设置为 properties 类型的文件，它被称为"国际化资源文件"，它的命名由"基名+local"组成。如，支持英文的资源文件如下所示。

命名：message_en_US.properties

内容：hello=good morning, my dear friend

同样，支持中文的资源文件命名为 message_zh_CN.properties，这里的"message"即为基名，它可以是任何符合规范的字符串。

但这里要注意的是：中文资源文件中的内容别忘记用 native2ascii 转码：

```
#我亲爱的朋友，早上好
hello=\u6211\u4eb2\u7231\u7684\u670b\u53cb\uff0c\u65e9\u4e0a\u597d
```

如果读者朋友在转换时未能得到如上内容，请查看你的属性文件在保存时，编码格式是否选择为"ANSI"。

修改测试方法的代码，如下所示：

```java
public static void main(String[] args) {
    //Locale local = new Locale("zh","CN");
    Locale local = new Locale("en","US");
    ResourceBundle bundle = ResourceBundle.getBundle("message", local);
    System.out.println(bundle.getString("hello"));
}
```

当设置为中文时将显示中文环境下的提示信息，反之则显示英文环境下的提示信息，如图 11.15 所示。

图 11.15 不同语言环境下控制台显示效果

> **注意**
>
> 此时要保证"区域和语言"对话框中设置的国家为中文(中国)，当其为英语(美国)时，显示出来的中文提示将是乱码。

相信读者已经很清楚国际化是如何实现的了。接下来，我们将整个资源文件的搜索流程梳理一下，如图 11.16 所示。

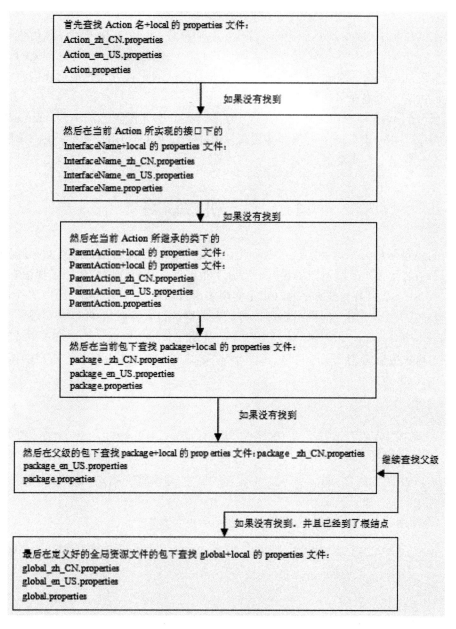

图 11.16　资源文件加载流程

Struts2 采用类似于 Java 继承的方式来实现资源文件的复用。但是否有必要完全按照上述流程来设计程序是值得考虑的。层次越多越复杂。与团队的成员约定好一种统一的方式来配置和命名资源文件是非常重要的。这里讲述的只是 Struts2 提供了多种方式供你使用，但最恰当的还是需要根据实现情况来定夺。

11.6　本章小结

本章主要讨论了 Struts2 的国际化。首先从我们身边的一个实例开始，然后重新实现了登录功能。接下来，介绍了校验错误时，如何进行国际化的设置。在讨论常见的日期和数值格式化输出的问题时，Struts2 为我们提供了非常简洁的配置方式。最后我们将整个国际化的实现原理与流程串在了一起。

几乎所有的 Web 框架在国际化的实现上大同小异，只是配置方法不同。Struts2 支持资源文件的继承，在一定程度上可以减少资源文件的数量。对于团队开发来说，采用一致的约定方式来配置是非常必要的。

11.7　上机练习

本章的登录信息虽然已经实现了国际化，但是客户希望能自己通过网站来选择喜欢的语言，而不用每次去更改浏览器的设定，实际上很多网站都有让用户自己选择语言的功能。

1. 使用 Struts2 拦截器或 Servlet Filter 实现多语言切换的功能。默认用户访问时，选用的是浏览器的语言，当用户切换时则可以将语言偏好的设置存入 session 来实现。

2. 考虑使用 session 的时候，一旦用户会话过期或关闭浏览器，再次进入系统时，原先设置好的语言偏好就会消失了，可以设计一个简单的文本文件来存储每个用户的偏好设置，文本参考格式如下：

```
admin, zh_cn
manager, en_us
user, zh_cn
…
```

每当用户设置了语言偏好，则重新生成新的文本(建议将文本先初始化到内存，这样生成新的文件比较方便)。

3. 如果使用 cookies 来实现语言偏好，会不会更容易？

第 12 章

Struts2 的扩展功能

学前提示

通过前面章节的学习,我们对 Struts2 的核心内容已经有了比较深入的了解。本章我们需要学以致用,通过一些小小的功能练习来更好地掌握 Struts2 框架知识。这一章,我们会接触到很多实际应用,比如解决表单重复提交的 Token、文件上传、文件下载、乱码问题、SiteMesh 布局以及 FreeMarker 模板应用。

知识要点

- Token 应用
- Struts2 上传下载实现
- Struts2 中文乱码处理总结
- 页面跳转技巧
- 使用 SiteMesh 布局
- 在 Struts2 中使用 FreeMarker

12.1　Token 应用

Token 主要用于解决页面重复提交等问题。比如对于一个投票系统，我们不希望用户提交多次。但有些用户可能会不小心双击提交按钮，或者执行回退操作后，又再次提交表单。因此，就需要采用一些措施来控制表单重复提交的问题。

Struts2 的 Token 是基于 HttpSession 来实现的，当你进入表单页面时，会用<token/>标签生成一个 GUID 的字符串分别存放在 HttpSession 和表单的一个<hidden />组件中，在执行提交动作之后，会根据这两个字符串是否相等来决定是否为重复提交。如果提交成功，HttpSession 中的值将会被删除。这样，当执行回退操作，并再次执行提交操作时，这两个值就肯定不相等了。这样，再次提交的请求就可以认为是不合法的。现在我们来看实例的实现。

12.1.1　TokenInterceptor 的使用

TokenInterceptor 就是 Struts2 用于解决上述问题的拦截器之一。稍后还会介绍另一个拦截器 TokenSessionStoreInterceptor。读者通过示例就很容易理解两者的区别。

首先，我们需要创建一个用于投票的 VoteAction.java，代码如下：

```
package lesson12;
import java.util.LinkedHashMap;
import java.util.Map;
import com.opensymphony.xwork2.ActionSupport;
public class VoteAction extends ActionSupport {
    private static final long serialVersionUID = -10350414605005722216L;
    // 统计投票数量
    // 先初始化一些值，这样投票页面就不会很难看
    public static int[] VOTES = new int[] { 40, 45, 43, 65, 76, 90 };
    // 定义要参与投票的语言
    public static Map<Integer, String> LANGS = new LinkedHashMap<Integer, String>();
    static {
        LANGS.put(0, "c/c++");
        LANGS.put(1, "java");
        LANGS.put(2, "c#");
        LANGS.put(3, "ruby");
        LANGS.put(4, "python");
        LANGS.put(5, "其它");
    }
    // 所选语言
    private Integer lang;

    // 执行投票的方法
    public String vote() {
        VOTES[lang]++;
        return SUCCESS;
    }
```

```
    // 查看投票
    public String view() {
        return SUCCESS;
    }

    public Integer getLang() {
        return lang;
    }
    public void setLang(Integer lang) {
        this.lang = lang;
    }
}
```

我们初始化了一些用于投票的数据,其中将投票的结果和投票的语言分别装在 Map 和数组中,便于在 JSP 页面中使用迭代器标签 <s:iterator />。

action 创建完成后,读者需要准备三个页面。第一个页面 index.jsp 为投票的表单页面,代码清单如下:

```
<%@ page language="java" import="java.util.*" pageEncoding="UTF-8"%>
<%@ taglib prefix="s" uri="/struts-tags"%>
<html>
    <head>
        <title>投票实例</title>
    </head>
    <body>
        请输入您喜爱的编程语言:
        <br>
        <s:form action="vote" namespace="/">
            <s:token />
            <!-- 使用 s:radio 标签,其中数据信息来自于 VoteAction 的 Map LANGS -->
            <s:radio name="lang" list="@lesson12.VoteAction@LANGS" />
            <s:submit value="登录" align="left"/>
        </s:form>
    </body>
</html>
```

这个页面没什么特别之处,只是用于让用户选择喜爱的编程语言。第二个页面 success.jsp 表示投票后,查看投票结果的页面:

```
<%@ page language="java" import="java.util.*" pageEncoding="UTF-8"%>
<%@ taglib prefix="s" uri="/struts-tags"%>
<html>
    <head>
        <title>投票情况</title>
    </head>
    <body>
        投票结果为:
        <p />
        <table cellpadding="5" cellspacing="0">
            <!-- 对 LANGS MAP 进行迭代 -->
            <s:iterator value="@lesson12.VoteAction@LANGS" var="lang">
                <tr>
```

```
                    <td>
                        <!-- 显示语言名称 -->
                        <s:property value="#lang.value" />
                    </td>
                    <td>
                        <!-- 显示投票数的条形图。投票数也是用 OGNL 将静态数组中的数
据取出。其中 *2 是希望条形图更美观些 -->
                        <img src="vote/vote.gif" width="<s:property value=
"@lesson12.VoteAction@VOTES[#lang.key] * 2" />px" height="10px">
                        <s:property value="@lesson12.VoteAction@VOTES
[#lang.key]" />票
                    </td>
                </tr>
            </s:iterator>
        </table>
    </body>
</html>
```

最后一个页面 tokenError.jsp 用于当用户重复提交时，跳转到重复提交的提示页面中。

```
<%@ page language="java" import="java.util.*" pageEncoding="UTF-8"%>
<%@ taglib prefix="s" uri="/struts-tags"%>
<html>
    <head>
        <title>重复提交</title>
    </head>
    <body>
        您已经投过一次票了，感谢您的参与。 <a href="view.action">单击此处查看投票
结果。</a>
    </body>
</html>
```

现在我们通过 struts.xml 将上面的代码串起来：

```
<?xml version="1.0" encoding="UTF-8" ?>
<!DOCTYPE struts PUBLIC
    "-//Apache Software Foundation//DTD Struts Configuration 2.0//EN"
    "http://struts.apache.org/dtds/struts-2.0.dtd">
<struts>
    <package name="tokenPackage" namespace="/" extends="struts-default">
        <interceptors>
            <!-- 默认的 defaultStack 没有 token 拦截器，这里补上 -->
            <interceptor-stack name="tokenStack">
                <interceptor-ref name="token" />
                <interceptor-ref name="defaultStack" />
            </interceptor-stack>
        </interceptors>
        <action name="vote" class="lesson12.VoteAction" method="vote">
            <!-- 设置 tokenStack -->
            <interceptor-ref name="tokenStack" />
            <result name="success">/vote/success.jsp</result>
            <result name="invalid.token">/vote/tokenError.jsp</result>
        </action>
```

```xml
        <action name="view" class="lesson12.VoteAction" method="view">
            <result name="success">/vote/success.jsp</result>
        </action>
    </package>
</struts>
```

上述代码中唯一要注意的就是 token 拦截器不在默认的拦截器栈中，需要我们手工配置。web.xml 中的代码请读者朋友参照以下的示例。然后部署此应用程序，启动 Tomcat 服务器测试相关效果。

在地址栏中输入"http://localhost:8080/struts2_12_Demo/view.action"来查看投票情况。如图 12.1 所示，其中 java 项初始值是 45 票。

图 12.1　TokenInterceptor 示例运行结果

然后读者在地址栏中输入"http://localhost:8080/struts2_12_Demo/vote/index.jsp"，将显示如图 12.2 所示的投票页面。

图 12.2　TokenInterceptor 示例投票页面

这里选中 java 语言项，然后单击"登录"按钮进行投票，投票操作执行完毕后，可以看到，java 变为 46 票，如图 12.3 所示。

如果直接刷新浏览器或单击回退按钮后，再次执行提交操作，Struts2 会跳转到如图 12.4 所示的页面，告诉你已经投票成功了。

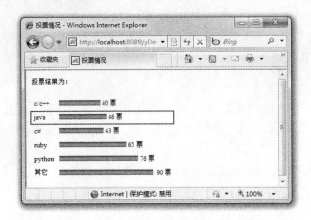

图 12.3　TokenInterceptor 示例运行结果

图 12.4　TokenInterceptor 示例运行提示

这里需要注意的是，如果在对应的名为 vote 的 action 中不配置上述重复提交后的跳转页面，亦即把<result name="invalid.token">/vote/tokenError.jsp</result>从对应的配置文件中删除，那么 Struts2 会报错，如图 12.5 所示。

图 12.5　TokenInterceptor 示例运行出错时的界面

12.1.2 TokenSessionStoreInterceptor 的使用

在使用 TokenInterceptor 时，如果用户已经提交过表单了，再次提交时会跳转到提示页面，告诉用户不能进行重复投票。而 TokenSessionStoreInterceptor 表现出的行为却不是这样，当有多个请求使用相同的 HttpSession 访问 Action 时，TokenSessionStoreInterceptor 会挂起后面的请求，直到前一个请求完成时，才让所有的请求同时返回成功页面。这样做似乎更符合双击提交后，所表现的逻辑；但如果确实是因为用户操作的问题而造成的再次提交，由于不会跳转到提示页面，所以用户还是会以为投票成功了。在使用 TokenSessionStoreInterceptor 时，要根据自己的实际需求来使用。

现在我们来修改 VoteAction.java，增加新方法 voteSession，用于测试 TokenSessionStoreInterceptor 拦截器：

```java
package lesson12;
import java.util.LinkedHashMap;
import java.util.Map;
import com.opensymphony.xwork2.ActionSupport;

public class VoteAction extends ActionSupport {
    private static final long serialVersionUID = -10350414605000572216L;
    // 统计投票数量
    // 先初始化一些值，这样投票页面就不会很难看
    public static int[] VOTES = new int[] { 40, 45, 43, 65, 76, 90 };

    // 定义要参与投票的语言
    public static Map<Integer, String> LANGS = new LinkedHashMap<Integer, String>();
    static {
        LANGS.put(0, "c/c++");
        LANGS.put(1, "java");
        LANGS.put(2, "c#");
        LANGS.put(3, "ruby");
        LANGS.put(4, "python");
        LANGS.put(5, "其他");
    }

    // 所选语言
    private Integer lang;

    // 执行投票的方法
    public String vote() {
        VOTES[lang]++;
        return SUCCESS;
    }

    // 执行投票的方法
    public String voteSession() {
        VOTES[lang]++;
```

```
            return SUCCESS;
        }

        // 查看投票
        public String view() {
            return SUCCESS;
        }

        public Integer getLang() {
            return lang;
        }

        public void setLang(Integer lang) {
            this.lang = lang;
        }

}
```

然后增加一个新的表单页面 indexSession.jsp：

```
<%@ page language="java" import="java.util.*" pageEncoding="UTF-8"%>
<%@ taglib prefix="s" uri="/struts-tags"%>
<html>
    <head>
        <title>投票实例</title>
    </head>
    <body>
        请输入您喜爱的编程语言：
        <br>
        <s:form action="voteSession" namespace="/">
            <s:token />
            <!-- 使用 s:radio 标签，其中数据信息来自于 VoteAction 的 Map LANGS -->
            <s:radio name="lang" list="@lesson12.VoteAction@LANGS" />
            <s:submit value="登录" align="left"/>
        </s:form>
    </body>
</html>
```

最后还需要在 struts.xml 中来配置这个 action：

```
<?xml version="1.0" encoding="UTF-8" ?>
<!DOCTYPE struts PUBLIC
    "-//Apache Software Foundation//DTD Struts Configuration 2.0//EN"
    "http://struts.apache.org/dtds/struts-2.0.dtd">
<struts>
    <package name="tokenPackage" namespace="/" extends="struts-default">
        <interceptors>
            <!-- 默认的 defaultStack 没有 token 拦截器，这里补上 -->
            <interceptor-stack name="tokenStack">
                <interceptor-ref name="token" />
                <interceptor-ref name="defaultStack" />
            </interceptor-stack>
```

第 12 章　Struts2 的扩展功能

```xml
            <!-- 默认的defaultStack没有tokenSessoin拦截器,这里补上 -->
            <interceptor-stack name="tokenSessionStack">
                <interceptor-ref name="tokenSession" />
                <interceptor-ref name="defaultStack" />
            </interceptor-stack>

        </interceptors>

        <action name="vote" class="lesson12.VoteAction" method="vote">
            <!-- 设置tokenStack -->
            <interceptor-ref name="tokenStack" />
            <result name="success">/vote/success.jsp</result>
            <result name="invalid.token">/vote/tokenError.jsp</result>
        </action>

        <action name="voteSession" class="lesson12.VoteAction" method="voteSession">
            <!-- 设置tokenStack -->
            <interceptor-ref name="tokenSessionStack" />
            <result name="success">/vote/success.jsp</result>
            <result name="invalid.token">/vote/tokenError.jsp</result>
        </action>

        <action name="view" class="lesson12.VoteAction" method="view">
            <result name="success">/vote/success.jsp</result>
        </action>
    </package>
</struts>
```

到这里,本该告一段落了,但是这里有一个潜在的问题。当回退到 index.jsp 页面后,如果重新刷新 index.jsp 页面并再次提交时,Struts2 的拦截器会允许你这么做。因为会生成新的 token 字符串,提交的时候自然是合法的。也许某些场合下,这是对的,但还有一些时候,我们并不希望同一个 HttpSession 重复提交多次,而上述两个拦截器又无法满足这个需求,这个时候我们需要额外通过其他技术来实现。比如使用 HttpSession/Cookie 将提交过的表单 ID 号保存起来,又或者使用数据库将用户提交过的表单存在表中再进行判断。

12.2　Struts2 的上传、下载实现

上传下载也是开发中常用的功能,在 Struts 中我们虽然有过详细的讲解,但 Struts2 中有它的独特之处,所以在此仍会进行较为详细的介绍。

12.2.1　Struts2 文件上传

上传文件是很多 Web 程序都具有的功能,在 Struts1.x 中已经提供了用于上传文件的组件,而在 Struts2 中提供了一个更为容易操作的上传文件组件,它们所不同的是：Struts1.x

的上传组件需要一个 ActionForm 来传递文件,而 Struts2 的上传组件是一个拦截器(在默认的 defaultStack 中已经配置好了)。本章将分别介绍在 Struts2 环境中完成上传单个文件、上传任意多个文件的任务。

要用 Struts2 实现上传单个文件的功能非常容易实现,只要使用普通的 Action 即可,但为了获得一些上传文件的信息,如上传文件名、上传文件类型以及上传文件的 Stream 对象,就需要按着一定规则来为 Action 类增加一些 getter 和 setter 方法。

在 Struts2 中,用于获得和设置 java.io.File 对象(Struts2 将文件上传到临时路径,并使用 java.io.File 打开这个临时文件)的方法是 getUpload 和 setUpload。获得和设置文件名的方法是 getUploadFileName 和 setUploadFileName,获得和设置上传文件内容类型的方法是 getUploadContentType 和 setUploadContentType。

首先我们来创建 UploadAction.java:

```java
package lesson12;
……省略相应的导包语句;
import com.opensymphony.xwork2.ActionSupport;

public class UploadAction extends ActionSupport {
    private static final int BUFFER_SIZE = 16 * 1024;
    // 文件标题
    private String title;
    // 上传文件域对象
    private File upload;
    // 上传文件名
    private String uploadFileName;
    // 上传文件类型
    private String uploadContentType;
    // 保存文件的目录路径(通过依赖注入,你需要在 WebRoot 下创建一个名为 upload 的文件夹,用于存放上传后的文件)
    private String savePath;

    // 省略相关 set、get 方法

    public String execute() throws Exception {
        // 根据服务器的文件保存地址和原文件名创建目录文件全路径
        String dstPath = ServletActionContext.getServletContext().getRealPath(
                this.getSavePath())+ "/" + this.getUploadFileName();
        File dstFile = new File(dstPath);
        copy(this.upload, dstFile);
        return SUCCESS;
    }

    // 复制文件操作的方法
    private void copy(File src, File dst) {
        InputStream in = null;
        OutputStream out = null;
        try {
            in = new BufferedInputStream(new FileInputStream(src), BUFFER_SIZE);
            out = new BufferedOutputStream(new FileOutputStream(dst),
```

```java
BUFFER_SIZE);
                byte[] buffer = new byte[BUFFER_SIZE];
                int len = 0;
                while ((len = in.read(buffer)) > 0) {
                    out.write(buffer, 0, len);
                }
            } catch (Exception e) {
                e.printStackTrace();
            } finally {
                // 切记用完一定要把流关闭
                if (null != in) {
                    try {
                        in.close();
                    } catch (IOException e) {
                        e.printStackTrace();
                    }
                }
                if (null != out) {
                    try {
                        out.close();
                    } catch (IOException e) {
                        e.printStackTrace();
                    }
                }
            }
        }
    ...
    }
```

上述 Action 并未看到任何有关上传的代码，而是直接使用 File 对象来保存文件。其实是 Struts2 的 File Upload Interceptor 拦截器将用户提交的请求进行了封装，然后将一个文件暂时存放于服务器的临时文件下，这样暴露于用户的就是 File 对象了，在本章节接下来还会继续讨论这方面的内容。现在我们还是需要两个页面，一个是用于上传表单页 index.jsp：

```jsp
<%@ page contentType="text/html; charset=UTF-8"%>
<%@ taglib prefix="s" uri="/struts-tags"%>
<html>
    <head>
        <title>上传单个文件</title>
        <style>
td {
    font-size: 12px;
}
        </style>
    </head>
    <body>
        <h3>
            上传单个文件
        </h3>
        <s:form action="upload" enctype="multipart/form-data" namespace="/">
            <s:textfield name="title" label="文件标题" size="30" />
```

```
            <s:file name="upload" label="选择文件" size="30" />
            <s:submit value="上传" />
        </s:form>
    </body>
</html>
```

接下来是上传成功的反馈信息页面 success.jsp：

```
<%@ page contentType="text/html; charset=UTF-8"%>
<%@ taglib uri="/struts-tags" prefix="s"%>
<html>
    <head>
        <title>result</title>
        <style>
td {
    font-size: 12px;
}
</style>
    </head>
    <body>
        <h2>
            文件上传成功
        </h2>
        文件标题:
        <s:property value="title" /> <br />
        文件名字:
        <s:property value="uploadFileName" /> <br />
        文件类型:
        <s:property value="uploadContentType" /> <br />
        保存路径:
        <s:property value="savePath" />
    </body>
</html>
```

最后需要通过配置文件 struts.xml 将它们装配起来：

```
<?xml version="1.0" encoding="UTF-8" ?>
<!DOCTYPE struts PUBLIC
    "-//Apache Software Foundation//DTD Struts Configuration 2.0//EN"
    "http://struts.apache.org/dtds/struts-2.0.dtd">
<struts>
    <!--
        默认的 defaultStack 已经有了 fileUpload
        如果我们想控制上传文件的类型，除直接硬编码外，还可以如下配置：
        <interceptor-ref name="fileUpload">
          <param name="allowedTypes">
            image/png,image/gif,image/jpeg
          </param>
        </interceptor-ref>
        这样就只允许 png、gif、jpeg 格式的文件上传了
    -->
    <package name="filePackage" namespace="/" extends="struts-default">
```

```xml
            <action name="upload" class="lesson12.UploadAction">
<!-- 动态设置Action中的savePath属性的值,对应于我们在WebRoot下创建的upload文件夹 -->
                <param name="savePath">/upload</param>
                <result name="input">/file/index.jsp</result>
                <result name="success">/file/success.jsp</result>
            </action>
        </package>
</struts>
```

发布后,在浏览器地址栏中输入"http://localhost:8080/struts2_12_Demo/file/index.jsp",输入文件标题并选择要上传的文件,如图 12.6 所示。

图 12.6 "上传单个文件"页面

单击"上传"按钮,文件上传成功之后将显示如图 12.7 所示的信息。

图 12.7 "文件上传成功"页面

这时,打开部署应用程序所在目录,查看 upload 文件夹中的内容,就能找到你所上传的文件。

上面的代码一次只能上传一个文件,在实际应用中,可能会遇到多附件上传的情况。在 Struts2 中,上传任意多个文件非常容易实现。首先,要想上传任意多个文件,需要在客户端使用 DOM 技术生成任意多个<input type="file" />标签。name 属性值都相同。

新建一个用于多文件上传的页面,将文件名设置为 indexMul.jsp,页面代码如下:

```jsp
<%@ page contentType="text/html; charset=UTF-8"%>
<%@ taglib uri="/struts-tags" prefix="s"%>
<html>
    <head>
        <title>Struts2 上传多个文件</title>
        <script language="javascript">
         function addComponent(){
             var tmpFiles = document.getElementById("files");

             // 添加"文件标题："
             var newNode = document.createElement("span");
             newNode.innerHTML = "文件标题：";
             tmpFiles.appendChild(newNode);

             // 创建文本域
             var uploadFileName = document.createElement("input");
             uploadFileName.type = "text";
             uploadFileName.name = "title";
             tmpFiles.appendChild(uploadFileName);

             // 增加换行
             var br = document.createElement("br");
             tmpFiles.appendChild(br);

             // 添加"选择文件："
             var newNode2 = document.createElement("span");
             newNode2.innerHTML = "选择文件：";
             tmpFiles.appendChild(newNode2);

             // 创建文件域
             var uploadFile = document.createElement("input");
             uploadFile.type = "file";
             uploadFile.name = "upload";
             tmpFiles.appendChild(uploadFile);

             // 添加删除按钮
             var button = document.createElement("input");
             button.type = "button";
             button.value = "删除";
             //给移除按钮添加点击事件
             button.onclick = function(){
                 // 切记在删除的时候一定要按顺序进行
                 tmpFiles.removeChild(newNode);
                 tmpFiles.removeChild(uploadFileName);
                 tmpFiles.removeChild(br);
                 tmpFiles.removeChild(newNode2);
                 tmpFiles.removeChild(uploadFile);
                 tmpFiles.removeChild(button);
                 tmpFiles.removeChild(br2);
                 tmpFiles.removeChild(br3);
             }
```

```
                    tmpFiles.appendChild(button);

                    var br2 = document.createElement("br");
                    tmpFiles.appendChild(br2);

                    var br3 = document.createElement("br");
                    tmpFiles.appendChild(br3);
                }
            </script>
    </head>
    <body>
            <h3>Struts2 上传多个文件</h3>
            <input type="button" onclick="addComponent();" value="添加文件" />
            <br />
            <s:form action="uploadMul" method="post" enctype="multipart/form-data" namespace="/">
                <span id="files">
                    文件标题：<input type="text" name="title" /><br/>
                    选择文件：<input type="file" name="upload" />
                    <br/><br/>
                </span>
                <input type="submit" value="上传" />
            </s:form>
    </body>
</html>
```

另一个页面 success.jsp 不用修改，可以复用。接着新建一个 UploadMulAction.java：

```
package lesson12;
……省略相应的导包语句；
public class UploadMulAction extends ActionSupport {

    private static final int BUFFER_SIZE = 16 * 1024;
    // 用 File 数组来封装多个上传文件域对象
    private File[] upload;
    // 用 String 数组来封装多个上传文件名
    private String[] uploadFileName;
    // 用 String 数组来封装多个上传文件类型
    private String[] uploadContentType;
    // 保存文件的目录路径(通过依赖注入)
    private String savePath;
    // 用 String 数组来封装多个上传文件名
    private String[] title;

    public String execute() throws Exception {
        File[] srcFiles = this.getUpload();
        // 处理每个要上传的文件
        for (int i = 0; i < srcFiles.length; i++) {
            // 根据服务器的文件保存地址和原文件名创建目录文件全路径
            String dstPath = ServletActionContext.getServletContext()
                    .getRealPath(this.getSavePath())
                    + "\\" + this.getUploadFileName()[i];
```

```java
            File dstFile = new File(dstPath);
            this.copy(srcFiles[i], dstFile);
        }
        return SUCCESS;
    }

    // 自己封装的一个把源文件对象复制成目标文件对象
    private void copy(File src, File dst) {
        InputStream in = null;
        OutputStream out = null;
        try {
            in = new BufferedInputStream(new FileInputStream(src), BUFFER_SIZE);
            out = new BufferedOutputStream(new FileOutputStream(dst),
                BUFFER_SIZE);
            byte[] buffer = new byte[BUFFER_SIZE];
            int len = 0;
            while ((len = in.read(buffer)) > 0) {
                out.write(buffer, 0, len);
            }
        } catch (Exception e) {
            e.printStackTrace();
        } finally {
            if (null != in) {
                try {
                    in.close();
                } catch (IOException e) {
                    e.printStackTrace();
                }
            }
            if (null != out) {
                try {
                    out.close();
                } catch (IOException e) {
                    e.printStackTrace();
                }
            }
        }
    }
    // 省略相关 set、get 方法
}
```

最后在 struts.xml 中配置此 Action，我们这里只允许上传图片文件且设置上传文件的大小最大为 102400 字节：

```xml
<?xml version="1.0" encoding="UTF-8" ?>
<!DOCTYPE struts PUBLIC
    "-//Apache Software Foundation//DTD Struts Configuration 2.0//EN"
    "http://struts.apache.org/dtds/struts-2.0.dtd">
<struts>
    <action name="uploadMul" class="lesson12.UploadMulAction">
        <interceptor-ref name="fileUpload">
```

```xml
                    <!-- 配置允许上传的文件类型，多个用","分隔 -->
                    <param name="allowedTypes">
                        image/bmp,image/png,image/gif,image/jpeg,image/jpg,image/x-png,image/pjpeg
                    </param>
                    <!-- 配置允许上传的文件大小，单位字节 -->
                    <param name="maximumSize">102400</param>
                </interceptor-ref>
                <interceptor-ref name="defaultStack" />
                <!-- 动态设置Action中的savePath属性的值 -->
                <param name="savePath">/upload</param>
                <result name="input">/file/indexMul.jsp</result>
                <result name="success">/file/success.jsp</result>
            </action>
        </package>
</struts>
```

发布后，在浏览器地址栏中输入"http://localhost:8080/struts2_12_Demo/file/indexMul.jsp"，输入文件标题并选择要上传的文件，如图12.8所示。

图12.8 多文件上传页面

单击"上传"按钮，文件上传成功之后将显示如图12.9所示的信息。

图12.9 多文件上传成功页面

这时，再打开部署应用程序所在目录，查看 upload 文件夹中的内容，就能找到你所上传的文件。

通过这两个实例，相信读者已经感受到了 Struts2 拦截器的强大功能。不过，出于某种目的，如希望手工直接通过 API 的话，只要简单地将 Action 修改成如下代码即可：

```java
public String execute() throws Exception {
    // 根据服务器的文件保存地址和原文件名创建目录文件全路径
    String dstPath = ServletActionContext.getServletContext().getRealPath(
            this.getSavePath())+ "/" + this.getUploadFileName();
    //只要将 Form 表单设置为 enctype="multipart/form-data" struts2 就会将request 封装成 MultiPartRequestWrapper
    //所以我们这里可以直接进行类型转换
    MultiPartRequestWrapper multiWrapper =
        (MultiPartRequestWrapper) ServletActionContext.getRequest();
    //得到上传文件，注意 getFiles 返回的是数组
    File file = multiWrapper.getFiles("upload")[0];
    // 其他逻辑
    return SUCCESS;
}
```

将原有代码修改为上述代码后，也可以达到同样的效果。

12.2.2　Struts2 文件下载

Struts2 中对文件下载做了直接的支持，相比起自己辛辛苦苦地设置种种 HTTP 头来说，现在实现文件下载无疑要简便得多。说起文件下载，最直接的方式恐怕是直接写一个超链接，让地址等于被下载的文件，例如：<a href="test.rar">下载 test.rar</a>，之后用户在浏览器里面点击这个链接，就可以进行下载了。但是它有一些缺陷，如果地址是一个图片，那么浏览器会直接打开它，而不是显示保存文件的对话框。如果文件名是中文的，它会显示一堆 URL 编码过的文件名，如 %3457…。而当你要下载文件 http://localhost:8080/struts2_12_Demo/file/download/系统说明.doc 时，Tomcat 会提示你一个文件找不到的 404 错误：HTTP Status 404 - /struts2filedownload/download/ÏµÍ³ËµÃ÷.doc，虽然目前还不能直接配置 Struts2 来正确地下载中文名字的附件，不过好在笔者对 JSP 中的文件下载比较了解，因此我们另有办法解决这个问题。另外一个最大的用途，就是动态地生成并下载文件了，例如动态地下载生成的 EXCEL、PDF、验证码图片等。本节内容就依次讨论简单文件下载，下载中文附件以及如何下载已经存在的文件。

1. 简单文件下载

先说文件下载，编写一个普通的 Action 就可以了，只需要提供一个返回 InputStream 流的方法，该输入流代表了被下载文件的入口，这个方法用来给被下载的数据提供输入流，意思是从这个流读出来，再写到浏览器那边供下载。这个方法需要由开发人员自己来编写，只需要返回值为 InputStream 即可。在例子中方法的签名是 public InputStream getInputStream() throws Exception，当然它也可以是别的名字，例如 getDownloadFile()。

FileDownLoadAction.java 代码清单如下：

```java
package lesson12;
import java.io.ByteArrayInputStream;
import java.io.InputStream;
import com.opensymphony.xwork2.Action;

public class FileDownLoadAction implements Action {
    public InputStream getInputStream() throws Exception {
        return new ByteArrayInputStream("Struts2下载示例".getBytes());
    }

    public String execute() throws Exception {
        return SUCCESS;
    }
}
```

注意这里唯一特殊的方法就是 getInputStream()，在这个方法中我们使用了一个字节流数组来读取我们定义的字符串"Struts2 下载示例"，然后提供给浏览器下载。如果是实现文件下载，我们可以用这样的代码来实现：return new java.io.FileInputStream("c:\\test.txt")。

文件下载的第二步，是在 struts.xml 中对 action 进行配置，其代码清单如下所示：

```xml
<action name="download" class="lesson12.FileDownLoadAction">
            <result name="success" type="stream">
                <param name="contentType">text/plain</param>
                <param name="inputName">inputStream</param>
                <param name="contentDisposition">
                    attachment;filename="struts2.txt"
                </param>
                <param name="bufferSize">4096</param>
            </result>
        </action>
```

这个 action 特殊的地方在于 result 的类型是一个流(stream)，配置 stream 类型的结果时，因为无需指定实际显示的物理资源，所以无需指定 location 属性，只需要指定 inputName 属性，该属性指向被下载文件的来源，对应着 Action 类中的某个属性，类型为 InputStream。下面列出了和下载有关的一些参数列表。

- contentType：内容类型，和互联网 MIME 标准中的规定类型一致，例如 text/plain 代表纯文本，text/xml 表示 XML，image/gif 代表 GIF 图片，image/jpeg 代表 JPG 图片。
- inputName：下载文件的来源流，对应着 action 类中某个类型为 Inputstream 的属性名，例如取值为 inputStream 的属性需要编写 getInputStream()方法。
- contentDisposition：文件下载的处理方式，包括内联(inline)和附件(attachment)两种，而附件方式会弹出文件保存对话框，否则浏览器会尝试直接显示文件。取值为 attachment;filename="struts2.txt"，表示文件下载的时候保存的名字应为 struts2.txt。如果直接写 filename="struts2.txt"，那么默认情况是代表 inline，浏览器会自动尝试打开它，等价于这样的写法：inline; filename="struts2.txt"。
- bufferSize：下载缓冲区的大小，在这里面，contentType 和 contentDisposition 属性分别对应着 HTTP 响应中的 Content-Type 和 Content-disposition 头。

本程序不需要额外的 JSP 页面辅助，可直接发布运行项目后在浏览器地址栏中输入测试地址"http://localhost:8080/struts2_12_Demo/download.action"，将会看到浏览器弹出一个文件保存对话框，如图 12.10 所示。

图 12.10　文件下载提示

如果此时使用某些工具来探测浏览器返回的 HTTP 头，将会看到下列内容：

```
HTTP/1.1 200 OK
Server: Apache-Coyote/1.1
Content-disposition: attachment;filename="struts2.txt"
Content-Type: text/plain
Transfer-Encoding: chunked
Date: Sat,14 Jul 2012 00:58:38 GMT
```

所以用来下载的 action 配置中，只有两个是和浏览器有关的：contentType 和 contentDisposition。关于 contentType 的取值，如果是未知的文件类型，或者说出现了浏览器不能打开的文件，例如.bean 文件，或者说这个 action 是用来做动态文件下载的，事先并不知道未来的文件类型是什么，那么我们可以把它的值设置为 application/octet-stream;charset=ISO8859-1，注意一定要加入 charset，否则某些时候会导致下载的文件出错；或许有朋友觉得也可以设置成为 application/x-download，根据笔者的实践，这个头也能正常工作，然而个别时候会出现浏览器无法识别的问题。而 contentDisposition，如果其取值是 filename="struts2.txt"，或者是 inline; filename="struts2.txt"，运行后你可以看到浏览器直接显示了文件的内容："Struts2 下载示例"，而不再弹出对话框提示用户保存文件到硬盘上。所以读者如果想确保文件是被下载而不是被打开，务必使用格式 attachment;filename="struts2.txt"，不要丢了 attachment;这个类型信息。

2. 中文文件下载

至此，关于文件下载的技术内容，已经告一段落。然而做中文系统，不可避免地要解决中文附件的下载问题。关于这个内容，也无权威的资料可查，我们只能用实践中得到的解决方案来处理。也许有读者以为将 filename 属性设置为 filename="struts2 中文.txt"就能解决问题了，好，下面就来试试，把 contentDisposition 修改如下：

```
<action name="download" class="lesson12.FileDownLoadAction">
    <result name="success" type="stream">
        <param name="contentType">text/plain</param>
        <param name="inputName">inputStream</param>
```

```xml
        <!--
        <param name="contentDisposition">
            attachment;filename="struts2.txt"
        </param>
        -->
        <param name="contentDisposition">
            attachment;filename="struts2中文.txt"
        </param>
        <param name="bufferSize">4096</param>
    </result>
</action>
```

再次输入地址进行测试，看看显示的结果，如图 12.11 所示。

图 12.11 文件名含中文字样却无法正常显示的文件下载

唉，真是完全不给面子！IE 压根就不能显示出来文件名，草草敷衍了 download_action 了事。Firefox 稍好点，还出来了一个对话框，但是很显然，那个显示的 struts2--txt 绝对不是我们日思夜想的 "struts2 中文.txt"。怎么办？解决方法是有，那就是用 ISO8859-1 编码来显示这个中文字符，可以这样认为，所有的文件下载代码都是基于同样的纯 Servlet 的方式来进行的。如果是 Java 代码，就可以这样做：

```java
String downFileName = new String(downFileName.getBytes(), "ISO8859-1");
```

然后把生成的结果字符串放到 XML 文件中就行了，然而它的输出类似于 struts2??.txt，是无法直接写到 XML 配置文件中的。所以，我们想到的办法，就是在 Action 类中写一个方法来做转码，使它成为某个属性，所以要以 get 开头。然后，再给 Action 注入参数，将文件名以正常的方式设置为 Action 类的某个属性，最后再用 param 参数取值：${属性名}，它可以直接从 Action 类中动态获取某个属性值。现在我们创建一个新的 Action FileDownloadAction2.java，代码如下：

```java
package lesson12;
……省略导包命令；

public class FileDownLoadAction2 implements Action {

    // 通过 param 指定的文件名
    private String fileName;

    public InputStream getInputStream() throws Exception {
```

```java
        return new ByteArrayInputStream("Struts 2 下载示例".getBytes());
    }

    public String execute() throws Exception {
        return SUCCESS;
    }
    public void setFileName(String fileName) {
        this.fileName = fileName;
    }
    /** 提供转换编码后的供下载用的文件名 */
    public String getDownloadFileName() {
        String downFileName = fileName;
        try {
            downFileName = new String(downFileName.getBytes(), "ISO8859-1");
        } catch (UnsupportedEncodingException e) {
            e.printStackTrace();
        }
        return downFileName;
    }
}
```

该类有两个属性，第一个是 fileName，它是需要被指定的下载文件名；第二个则是动态的仅仅由 getDownloadFileName() 这个方法定义的属性 downloadFileName，downloadFileName 的值随着 fileName 动态变动，仅仅是把 downloadFileName 转换成了 ISO8859-1 方式的西欧字符集。

接下来就是如何配置这个 action 了，这是关键所在，先在 struts.xml 中配置一个新的 action，名为 download2，其源代码如下：

```xml
<action name="download2" class="lesson12.FileDownLoadAction2">
        <!-- 初始文件名 -->
        <param name="fileName">Struts 中文.txt</param>
        <result name="success" type="stream">
            <param name="contentType">text/plain</param>
            <param name="inputName">inputStream</param>
            <!-- 使用经过转码的文件名作为下载文件名，downloadFileName 属性
                对应 Action 类中的方法 getDownloadFileName() -->
            <param name="contentDisposition">
                attachment;filename="${downloadFileName}"
            </param>
            <param name="bufferSize">4096</param>
        </result>
</action>
```

其中特殊的代码就是${downloadFileName}，它的效果相当于运行的时候将 action 对象的属性的取值动态地填充在 ${} 的中间部分，我们可以认为它等价于 action.getDownloadFileName()，与 EL 表达式类似。

好了，现在让我们重新发布然后运行这个项目，输入地址"http://localhost:8080/struts2_12_Demo/download2.action"进行访问，可以看到运行结果完全正确，这次弹出的"另存为"对话框，已经能正常显示中文文件名了，如图 12.12 所示。

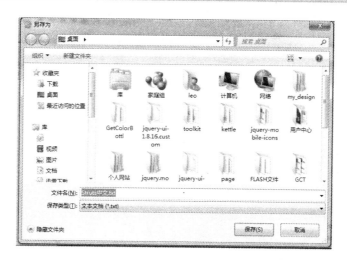

图 12.12　中文文件下载示例运行时

3. 已存在文件的下载

最后我们再来讨论一下如何下载已经存在于当前 Web 应用目录下的文件。一般在程序中要下载的文件都存放在某个固定的目录下，例如 WebRoot/upload，在这个子目录下，我们预备了一个名为"测试下载.doc"的文件，接下来一起看看具体的实现。创建一个 FileDownLoadAction3.java 类，代码如下：

```java
package lesson12;
……省略导包命令
public class FileDownLoadAction3 implements Action {
    /** 文件保存时的名称 */
    private String fileName;
    /** 将要下载的文件路径(相对路径) */
    private String inputPath = "/upload/";

    public InputStream getInputStream() throws Exception {
        return ServletActionContext.getServletContext().getResourceAsStream(inputPath);
    }

    public String execute() throws Exception {
        /** 提供转换编码后的供下载用的文件名 */
        inputPath += new String(fileName.getBytes("ISO8859-1"), "GBK");
        return SUCCESS;
    }
    public void setFileName(String fileName) {
        this.fileName = fileName;
    }
    public String getDownloadFileName() {
        return fileName;
    }
    public String getInputPath() {
        return inputPath;
    }
```

```java
    public void setInputPath(String inputPath) {
        this.inputPath = inputPath;
    }
    public String getFileName() {
        return fileName;
    }
}
```

代码中首先加入了一个名为 inputPath 的属性，用来制定被下载文件的路径。接着就是 ServletActionContext.getServletContext() 这段代码，它获取了当前 Servlet 容器的 ServletContext，也就是大家常说的 JSP 中的 application 对象，然后用它来打开文件的输入流。

接着要做的就是配置 action，在 struts.xml 中加入这个新的 action 定义，代码如下：

```xml
<action name="download3" class="lesson12.FileDownLoadAction3">
    <!-- 初始文件名 -->
    <result name="success" type="stream">
        <param name="contentType">
        application/octet-stream;charset=ISO8859-1</param>
        <param name="inputName">inputStream</param>
        <!--
        使用经过转码的文件名作为下载文件名，downloadFileName 属性
        对应 action 类中的方法 getDownloadFileName()
        -->
        <param name="contentDisposition">
        attachment;filename="${downloadFileName}"
        </param>
        <param name="bufferSize">4096</param>
    </result>
</action>
```

上述配置中首先设定被下载文件的路径 inputPath，接着把 contentType 设置为二进制方式。重新发布项目并运行，在这里需要注意，一般中文的参数提交以后接收到的是乱码，于是我们通过这一句代码来转换我们正确的中文名 "inputPath += new String(fileName.getBytes("ISO8859-1"), "GBK");"。

最后我们通过链接访问地址进行访问：http://localhost:8080/struts2_12_Demo/download3.action?fileName=测试下载.doc，可以看到文件下载对话框如图 12.13 所示，保存"测试下载.doc"后再用 Word 打开它，内容正确。

图 12.13　正确指定类型的下载示例运行提示

12.3　Struts2 中文乱码处理总结

对于 Struts2 的中文乱码问题，可视作 servlet 的中文乱码问题。因为 Struts2 本身就是基于 servlet 等技术的封装。

现在我们假设你未对 servlet 容器(比如 Tomcat)做任何修改，基于这个前提条件，我们来讨论 Struts2 的中文乱码问题。

我们在 Struts2 中感觉不到表单 POST 提交中文乱码问题，是由于 Struts2 默认的编码设置为 UTF-8(到目前为止，我们所有的实例页面都是 UTF-8 编码的)。在第 3 章介绍 struts.properties 配置文件时，里面有一个"struts.i18n.encoding"配置项，它的默认值为 UTF-8，作用就是将请求的数据设置为指定的编码，相当于调用 HttpServletRequest 的 setCharacterEncoding 方法。现在我们来看看 Struts2 的源码。

打开 org.apache.struts2.dispatcher.ng.filter.StrutsPrepareAndExecuteFilter 类，大概在 77 行左右，我们可以看到 Struts2 的过滤器执行编码和 local 属性：

```java
public class StrutsPrepareAndExecuteFilter implements StrutsStatics, Filter {
...
    public void doFilter(ServletRequest req, ServletResponse res, FilterChain chain) throws IOException, ServletException {
        HttpServletRequest request = (HttpServletRequest) req;
        HttpServletResponse response = (HttpServletResponse) res;
        try {
            //设置提交数据的编码及 local 属性
            prepare.setEncodingAndLocale(request, response);
            prepare.createActionContext(request, response);
            prepare.assignDispatcherToThread();
            ...
        } finally {
            prepare.cleanupRequest(request);
        }
    }
...
}
```

继续跟踪 prepare.setEncodingAndLocale(request, response); 这一句，我们跳转到了 org.apache.struts2.dispatcher.ng.PrepareOperations 类的 117 行：

```java
public class PrepareOperations {
...
    public void setEncodingAndLocale(HttpServletRequest request, HttpServletResponse response) {
        //设置编码是调用了 Dispatcher 的方法，我们还得继续看
        dispatcher.prepare(request, response);
    }
...
}
```

最后，看到 org.apache.struts2.dispatcher.Dispatcher 的 645 行时，一切真相大白：

```java
public class Dispatcher {
...
public void prepare(HttpServletRequest request, HttpServletResponse response) {
      String encoding = null;
      if (defaultEncoding != null) {
          encoding = defaultEncoding;
      }
      Locale locale = null;
      if (defaultLocale != null) {
          locale  =  LocalizedTextUtil.localeFromString(defaultLocale, request.getLocale());
      }
      if (encoding != null) {
          try {
              // 这里设置编码
             request.setCharacterEncoding(encoding);
          } catch (Exception e) {
              LOG.error("Error setting character encoding to '" + encoding + "' - ignoring.", e);
          }
      }
      if (locale != null) {
          // 这里设置local
          response.setLocale(locale);
      }
      if (paramsWorkaroundEnabled) {
          request.getParameter("foo");
      }
    }
...
}
```

所以通过上述分析大家应该很清楚 POST 请求的情况了。

对于 GET 过来的请求由于使用的是 ISO8859-1 的编码发式，所以直接使用 request.setCharacterEncoding(encoding); 是无效的。需要我们在后台进行转换，比如：String downFileName = new String(downFileName.getBytes(), "ISO8859-1"); 我们在上一节的文件下载中已经讨论了如何转换代码，此处不再赘述。

12.4　页面跳转技巧

用于一个网站或企业 Web 项目，页面跳转的需求比比皆是。如果使用了 Html Frame 框架，有时我们就很容易搞混当前页面跳转的上下文。比如有以下三个 action。

- http://localhost:8080/ struts2_12_Demo/a/a.action
- http://localhost:8080/ struts2_12_Demo/a/b/b.action
- http://localhost:8080/ struts2_12_Demo/a/b/c/c.action

假设现在浏览器当前 URL 的上下文路径为 http://localhost:8080/ struts2_12_Demo/a/b/c/，那么如果要跳转到第一个和第二个 action，路径可能就得写成 "../../a.ction" 和 "../b.action"。很明显这样写的缺点是非常不直观，如果哪天让你维护时，看到一大堆的 "../" 定会让你痛苦万分。

这里我们可以使用 Struts2 的<s:url />标签来实现：

```
<!-- 如果指定了 namespace 也可以将此属性加上 -->
<s:url var="url_a" action="a.action" namespace="/a" />
<s:url var="url_b" action="b.action" namespace="/a/b" />
<s:url var="url_c" action="c.action" namespace="/a/b/c" />
<!--使用定义的 url-->
<s:a href="%{url_a}">跳转到 a.action</s:a>
<s:a href="%{url_b}">跳转到 b.action</s:a>
<s:a href="%{url_c}">跳转到 c.action</s:a>
```

运行时，该方法在生成的页面源码中生成如下代码：

```
<a href="/项目发布路径/a.action">跳转到 a.action</a>
<a href="/项目发布路径/a/b/a.action">跳转到 a.action</a>
<a href="/项目发布路径/a/b/c/a.action">跳转到 a.action</a>
```

通过上述方法我们可以很轻松地在不同的 URL 之间进行切换。

12.5 使用 SiteMesh 布局

SiteMesh 框架是 OpenSymphony 团队开发的一个非常优秀的页面装饰器框架，它旨在帮助我们在由大量页面构成的项目中形成一致的页面布局和外观，比如导航条、布局等。本小节将从 SiteMesh 简介、SiteMesh 运行原理、SiteMesh 使用实例等方面进行介绍。

12.5.1 SiteMesh 简介

SiteMesh 通过 Web 服务器可与任何静态 HTML 或动态的请求进行交互，然后对某些页面进行解析并将从中取出属性和数据，最后生成目标页面。这些灵感来自于 GOF 设计模式中的装饰器模式。

SiteMesh 甚至能像 include 那样将 HTML 文件作为一个面板容器，将其他 HTML 嵌入其中。这又源自于 GOF 中的组合模式。

SiteMesh 是由 Java、Servlet、JSP 和 XML 技术共同创造出来的，因此它对于构建 JavaEE 应用程序非常理想。但对于那些非 Java 技术的服务器端的构架技术(比如 CGI/perl/python/c/c++等)也是可以集成的。

总之，SiteMesh 非常易于用户自定义扩展和设计。

sitemesh 的官方网站 http://www.sitemesh.org。

sitemesh 的下载地址是 http://wiki.sitemesh.org/display/sitemesh/Download。

我们这里使用 Struts2 分发包中的 SiteMesh，它是最新发布版本 2.4.2。新版本 3 还在研发中。

12.5.2 SiteMesh 运行原理

SiteMesh 是由一个基于 Web 页面布局、装饰以及与现存 Web 应用整合的框架。它对用户请求进行过滤，并对服务器向客户端响应也进行过滤，然后给原始页面加入一定的装饰页面(header,footer 等)，最后把结果返回给客户端。

通过 SiteMesh 的页面装饰，可以提供更好的代码复用，所有的页面装饰效果耦合在目标页面中，无需再使用 include 指令来包含装饰效果，目标页与装饰页完全分离，如果所有页面使用相同的装饰器，可以使整个 Web 应用具有统一的风格，图 12.14 很形象地描述了两个页面通过 SiteMesh 后的效果。

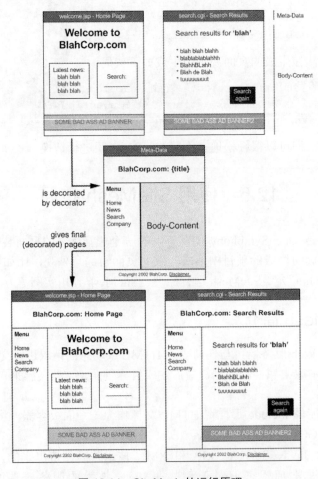

图 12.14　SiteMesh 的运行原理

在图 12.14 中，我们看到在访问 welcome.jsp 或 serarch.jsp 页面时，会通过 SiteMesh 的过滤器，然后使用 Meta-Data 模板来装饰上述两个页面。这与以前使用 include 指令所达到的效果是一致的。不过，如果 include 的页面名称发生变化，此时所有相关的页面都需要进行修改。而 SiteMesh 的装饰操作对开发人员来说是完全透明的，只需要简单修改一个配置文件，就可以轻松完成上述需求。

12.5.3 SiteMesh 实例

现在我们就照上一小节图例中的例子，用 SiteMesh 实现布局。首先把 SiteMesh 的 jar 包"sitemesh.jar"与 Struts2 的 SiteMesh 插件包"struts2-sitemesh-plugin.jar"加入当前的 classpath 中。

我们先创建装饰的模板页面 decorator.jsp：

```jsp
<%@ page language="java" import="java.util.*" pageEncoding="UTF-8"%>
<%@ taglib prefix="s" uri="/struts-tags"%>
<%@ taglib uri="http://www.opensymphony.com/sitemesh/decorator"
    prefix="decorator"%>
<html>
    <head>
        <!-- 装饰页面的 title 部分 -->
        <title>欢迎 - <decorator:title default="装饰 title" /></title>
        <!-- 装饰页面的 head 部分，一般为 CSS、JavaScript 的引用等 -->
        <decorator:head />
    </head>
    <body>
        <table width="100%" height="400px" border="1">
            <tr align="center">
                <td colspan="2">
                    <h1>Struts2 之 12.5 使用 Sitemesh 布局</h1>
                </td>
            </tr>
            <tr valign="top" align="left">
                <td width="20%">
                    <ul>
                        <li><a href="page1.jsp">SiteMesh 简介</a></li>
                        <li><a href="page2.jsp">Sitemesh 运行原理</a></li>
                    </ul>
                </td>
                <td>
                    <!-- 装饰页面的 body 部分，运行时会将被装饰页面 body 中的内容取出后放在此处 -->
                    <decorator:body />
                </td>
            </tr>
            <tr align="center">
                <td colspan="2">
                    <h4>联系我们</h4>
                </td>
            </tr>
        </table>
    </body>
</html>
```

上面我们用到了三个 SiteMesh 标签。

- `<decorator:title/>`：这个标签会找到被装饰页面的 title 部分，然后将其内容填入。
- `<decorator:head/>`：找到被装饰页面的 head 部分，然后将其内容填入。

- <decorator:body/>：找到被装饰页的 body 部分，然后将其内容填入。

使用 SiteMesh 其实就是使用其标签来完成装饰功能。配置好标签后，我们可以创建两个用于被装饰的 JSP 页面。第一个是 page1.jsp：

```jsp
<%@ page language="java" import="java.util.*" pageEncoding="UTF-8"%>
<%@ taglib prefix="s" uri="/struts-tags"%>
<%@ taglib uri="http://www.opensymphony.com/sitemesh/decorator"
    prefix="decorator"%>
<html>
    <head>
        <title>Sitemesh 简介</title>
    </head>
    <body>
        <h2>Sitemesh 简介</h2>
        <ul>
            <li>SiteMesh是由一个基于Web页面布局、装饰以及与现存Web应用整合的框架。它旨在帮助我们在由大量页面构成的项目中形成一致的页面布局和外观，比如导航条、布局等。</li>
            <li>SiteMesh通过web服务器可与任何静态HTML或动态的请求进行交互，然后对某些页面进行解析并将从中取出属性和数据，最后生成目标页面。这些灵感来自于GOF设计模式中的装饰器模式。
            </li>
            <li>SiteMesh 甚至能像 include 那样将 HTML 文件作为一个面板容器，将其他HTML 嵌入其中。这又源自于 GOF 中的组合模式。
            </li>
            <li>SiteMesh是由Java、Servlet、JSP和XML技术共同创造出来的，因此它对于构建 JavaEE 应用程序非常理想。但对于那些非 Java 技术的服务器端的构架技术(比如CGI/perl/python/c/c++等)也是可以集成的。
            </li>
        </ul>
    </body>
</html>
```

另一个是 page2.jsp，代码与 page1.jsp 类似，也是单纯的文本信息，代码清单如下：

```jsp
<%@ page language="java" import="java.util.*" pageEncoding="UTF-8"%>
<%@ taglib prefix="s" uri="/struts-tags"%>
<%@ taglib uri=http://www.opensymphony.com/sitemesh/decorator prefix="decorator"%>
<html>
    <head>
        <title>Sitemesh 运行原理</title>
    </head>
    <body>
        <h2>Sitemesh 运行原理</h2>
        <p>
SiteMesh 框架是 OpenSymphony 团队开发的一个非常优秀的页面装饰器框架，它可以对用户请求进行过滤，并对服务器向客户端响应也进行过滤，然后给原始页面加入一定的装饰页面(header,footer等)，最后把结果返回给客户端。
        </p>
        <p>
通过 SiteMesh 的页面装饰，可以提供更好的代码复用，所有的页面装饰效果耦合在目标页面中，无需再使用 include 指令来包含装饰效果，目标页与装饰页完全分离，如果所有页面使用相同的装饰器，可以使整个 Web 应用具有统一的风格...
```

```
            </p>
        </body>
</html>
```

创建完成后，接下来是关于 SiteMesh 的配置部分了。

由于使用了 SiteMesh 技术并且 SiteMesh 本身需要配置过滤器，所以我们首先要修改 web.xml，将 SiteMesh 部分配置进去：

```
<?xml version="1.0" encoding="UTF-8"?>
<web-app id="struts2_12_Demo" version="2.4" xmlns="http://java.sun.com/xml/ns/j2ee"
    xmlns:xsi="http://www.w3.org/2001/XMLSchema-instance"
    xsi:schemaLocation="http://java.sun.com/xml/ns/j2ee http://java.sun.com/xml/ns/j2ee/web-app_2_4.xsd">
        <display-name>struts2_12_Demo</display-name>
        <filter>
            <!-- 先配置 StrutsPrepareFilter -->
            <filter-name>StrutsPrepareFilter</filter-name>
            <filter-class>org.apache.struts2.dispatcher.ng.filter.StrutsPrepareFilter</filter-class>
        </filter>
        <filter>
            <!-- 然后是 sitemesh -->
            <filter-name>sitemesh</filter-name>
            <filter-class>com.opensymphony.module.sitemesh.filter.PageFilter</filter-class>
        </filter>
        <filter>
            <!-- 最后才是 StrutsExecuteFilter -->
            <filter-name>StrutsExecuteFilter</filter-name>
            <filter-class>org.apache.struts2.dispatcher.ng.filter.StrutsExecuteFilter</filter-class>
        </filter>
        <filter-mapping>
            <filter-name>StrutsPrepareFilter</filter-name>
            <url-pattern>/*</url-pattern>
        </filter-mapping>
        <filter-mapping>
            <filter-name>sitemesh</filter-name>
            <url-pattern>/*</url-pattern>
        </filter-mapping>
        <filter-mapping>
            <filter-name>StrutsExecuteFilter</filter-name>
            <url-pattern>/*</url-pattern>
        </filter-mapping>
        ...
</web-app>
```

接下来，在 WEB-INF 文件夹下创建一个 decorators.xml 文件，它是 SiteMesh 的配置文件，现在将其内容修改如下：

```
<?xml version="1.0" encoding="utf-8"?>
<decorators defaultdir="/sitemesh">
```

```xml
            <!-- 此处用来定义不需要由 SiteMesh 装饰的页面 -->
            <excludes>
                <pattern>/sitemesh/decorator.jsp</pattern>
            </excludes>
            <!-- 用来定义装饰器要装饰的页面,这里表示路径为/sitemesh/下的所有页面都会被装饰 -->
            <decorator name="decorator" page="decorator.jsp">
                <pattern>/sitemesh/*</pattern>
            </decorator>
        </decorators>
```

配置完成后，就可以发布代码进行测试了。在浏览器地址栏中输入"http://localhost:8089/struts2_12_Demo/sitemesh/page1.jsp"，可以看到 page1.jsp 已经被 decorator.jsp 页面修改成如图 12.15 所示的布局方式。

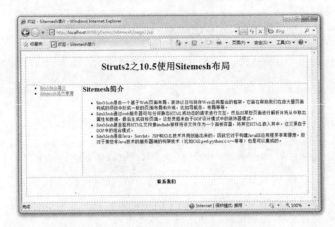

图 12.15　SiteMesh 示例效果(1)

单击左边超链接"Sitemesh 运行原理"，可以看到 page2.jsp 也是被装饰后才输出到浏览器上，效果如图 12.16 所示。

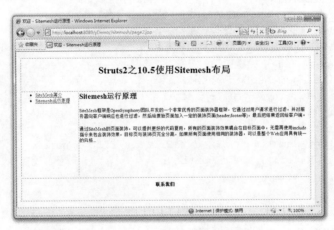

图 12.16　SiteMesh 示例效果(2)

在 decorators.xml 配置文件中，进行简单的配置，就可以采用统一的外观呈现给客户并且减轻了开发人员的负担。

关于是使用 Framesets 还是 SiteMesh，这里并没有绝对的定论。在笔者经历的所有项目中，都是使用 Framesets 来实现上述效果的。原因在于公司一直使用统一的技术进行开发，即使出现了相对更好的 SiteMesh 也不可能马上切换过去。所以，如果现有的布局在有选择的情况下，不妨考虑使用 SiteMesh。

12.6 在 Struts2 中使用 FreeMarker

FreeMarker 是一个模板引擎。该工具可用于生成任何文本对象(包括 HTML，甚至源代码等)。它只是一个 Java 的 jar 包，很容易使用。但是它的设计初衷却不是面向最终用户的。

12.6.1 FreeMarker 简介

FreeMarker 适合用于生成 HTML 页面，尤其是遵循 MVC 模式的 Servlet 应用程序。虽然 FreeMarker 具有一些编程的能力，但它与 PHP 这样的全能脚本语言不同。它主要用于显示 Java 后台程序准备的数据，由 FreeMarker 生成页面，并通过模板显示准备的数据。FreeMarker 的运用说明如图 12.17 所示。

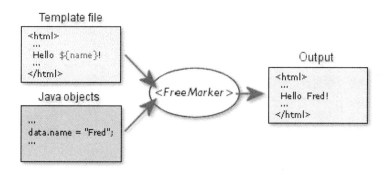

图 12.17 FreeMarker 的运用说明

FreeMarker 并不是一个 Java Web 框架。它只适合作为 Web 应用程序框架中的一个组件。它除了可以用在 HTTP 或 servlets 场合外，还能生成普通的文本，同样适用于非 Web 应用程序。FreeMarker 提供了许多开箱即用的功能，并支持在其模板中使用 jsp 标签。接下来，我们开始 FreeMarker 学习。

12.6.2 FreeMarker 快速上手

FreeMarker 的初衷是用于 Java Web 开发，但它并不局限于此。这一节，我们来看看对于普通的 Java 应用程序，FreeMarker 是如何使用的。

FreeMarker 常被称为模板，后缀名为 ftl。下面通过一个简单的示例来为读者朋友演示 FreeMarker 的相关用法。在 C 盘的 FreeMarker 文件夹下创建一个名为 hello.ftl 模板文件。hello.ftl 的内容非常简单：

```
${hello}
```

只有简单的一行"${hello}"，语法与 EL 表达式相似。现在我们来创建一个名为 FreeMarkerTest 的 Java 类。注意，freemarker.jar 需要放在 classpath 路径下，FreeMarkerTest.java 的代码如下：

```java
package lesson12;

……省略导包命令;
import java.util.Map;

import freemarker.template.Configuration;
import freemarker.template.Template;

public class FreeMarkerTest {
    public static void main(String[] args) throws Exception {
        // 定义模板文件所在的目录
        String dir = "c:\\freemarker\\";
        // 创建一个 Configuration 实例，用于管理应用程序级的 FreeMarker 设置，同样先前解析好的模板文件也会缓存在此实例中
        Configuration cfg = new Configuration();
        // 设置模板文件的加载路径(到文件夹)
        cfg.setDirectoryForTemplateLoading(new File(dir));
        // 获取文件夹中一个模板对象
        Template template = cfg.getTemplate("hello.ftl");
        // 定义数据模型
        Map<String, String> root = new HashMap<String, String>();
        // hello 为 test.ftl 所定义的变量，而 Hello World! 为变量的值
        root.put("hello", "Hello World!");
        // 定义输出，指定输出的目录为 dir 目录下的 hello.txt 文件
        PrintWriter out = new PrintWriter(new BufferedWriter(new FileWriter(dir+ "\\hello.txt")));
        // 模板处理方法调用，其中 root 为数据模型，out 为指定的输出路径
        template.process(root, out);
        out.close();
        System.out.println("生成成功。");
    }
}
```

运行后，进入 C 盘的 freeMarker 文件夹下，可以看到已经生成了一个名为"hello.txt"的文件，如图 12.18 所示。

图 12.18　freeMarker 模块文件

双击打开"hello.txt"文件，可以看到此文件中的内容已经被替换成"Hello World!"，如图 12.19 所示。

图 12.19　FreeMarker 示例运行效果

通过这个实例，读者朋友可以得知：FreeMarker 的设计并非只适合于 Java Web 程序，对于其他需要使用模板的场合，FreeMarker 也是非常适合的，接下来我们开始讨论在 Struts2 中使用 FreeMarker。

12.6.3　在 Struts2 中使用 FreeMarker

Struts2 天生对 FreeMarker 就支持得非常好。Struts2 默认的标签模板就是用 FreeMarker 写的。在第 3 章讲 result 节点的配置时，说到在 Struts2 中配置 FreeMarker 只需要将其类型指定为"freemarker"，即<result name="success" type="freemarker">/success.ftl</result>，就完成了 Struts2 与 FreeMarker 的集成。

接下来我们先创建一个 FreeMarkerAction.java，里面提供一些在 FreeMarker 中显示的数据信息：

```
package lesson12;

import java.util.ArrayList;
import java.util.List;
import com.opensymphony.xwork2.ActionSupport;

public class FreeMarkerAction extends ActionSupport {

    private static final long serialVersionUID = -6869327500527470762L;
    // 用 FreeMarket 在前端口显示下列对象
    // 定义一个 List，持有一组 user 对象
    private List<User> users = new ArrayList<User>();
    // 定义多个 User 对象
    private User user1 = new User("java", "java");
    private User user2 = new User("struts2", "struts2");
    private User user3 = new User("freemarket", "freemarket");

    public FreeMarkerAction() {
        users.add(user1);
        users.add(user2);
        users.add(user3);
```

```java
    }

    public List<User> getUsers() {
        return users;
    }

    public void setUsers(List<User> users) {
        this.users = users;
    }

    public User getUser1() {
        return user1;
    }

    public void setUser1(User user1) {
        this.user1 = user1;
    }

    public User getUser2() {
        return user2;
    }

    public void setUser2(User user2) {
        this.user2 = user2;
    }

    public User getUser3() {
        return user3;
    }

    public void setUser3(User user3) {
        this.user3 = user3;
    }

    public String execute() throws Exception {
        return SUCCESS;
    }
}
```

接下来创建 FreeMarker 模板文件 success.ftl，代码如下：

```
<html>
    <head>
        <#-- 设置 Struts2 标签的路径 -->
        <#assign s=JspTaglibs["/WEB-INF/struts-tags.tld"]>
        <title>freemarket 程序实例</title>
    </head>
    <body>
        <#-- 调用内置函数取出 users 中的个数 -->
        循环 users List 中的对象，共有 ${users?size} 个 user 对象。 <p />
        <#list users as user>
            <#-- 调用内置函数取出当前 user 对象的下标 -->
```

```
            第 ${users?seq_index_of(user) + 1}个用户的用户信息为->用户名：
${user.username}, 密码: ${user.password} <br />
        </#list>
        <p />
        直接访问三个 user 对象。 <p />
        第1个用户的用户信息为->用户名: ${user1.username}, 密码: ${user1.password} <br />
        第2个用户的用户信息为->用户名: ${user2.username}, 密码: ${user2.password} <br />
        第3个用户的用户信息为->用户名: ${user3.username}, 密码: ${user3.password} <br />
        <p />
        使用 struts2 标签输出对象,共有 <@s.property value="users.size" /> 个 user
对象。 <p />
        <@s.iterator value="users" status="vs">
         第<@s.property value="#vs.count" />个用户的用户信息为 -> 用户名：
<@s.property value="username" />, 密码: <@s.property value="password" /> <br />
        </@s.iterator>
    </body>
</html>
```

上述代码中我们使用了 Struts2 的标签,而默认情况下 FreeMarker 并不直接支持 Struts2 标签,需要在 web.xml 中加上下面这段代码:

```
<web-app>
    ...
    <servlet>
        <servlet-name>JSPSupportServlet</servlet-name>
        <servlet-class>
            org.apache.struts2.views.JspSupportServlet
        </servlet-class>
        <load-on-startup>1</load-on-startup>
    </servlet>
    ...
</web-app>
```

除上述步骤外，最后因为我们设定了 Struts2 的标签路径为 <#assign s=JspTaglibs["/WEB-INF/struts-tags.tld"]>,还得把 struts2-core.jar 包中的 struts-tags.tld 解压出来,放在 WEB-INF 文件夹下(当然如果你想放在其他文件夹下,则"/WEB-INF/struts-tags.tld"要改成你设置的目标路径)。

这里有一点需要注意,由于项目默认编写为 UTF-8,所以 success.ftl 的编码也要设置为 UTF-8。如果使用的是 Eclipse,看到 success.ftl 为非 UTF-8 编码,读者要在操作的 ftl 文件上右击,选择"查看 Properties"→"设置 Text file encoding"命令,将值改为 UTF-8。如果不做上述修改,运行则很有可能是乱码。

完成以上内容后,还需要对配置文件 struts.xml 进行设置,代码清单如下:

```
<?xml version="1.0" encoding="UTF-8" ?>
<!DOCTYPE struts PUBLIC
        "-//Apache Software Foundation//DTD Struts Configuration 2.0//EN"
        "http://struts.apache.org/dtds/struts-2.0.dtd">
<struts>
    <package name="freemarkerPackage" namespace="/" extends="struts-default">
```

```
            <action name="freemarket" class="lesson12.FreeMarkerAction">
                <result name="success" type="freemarker">/freemarker/success.ftl
</result>
            </action>
        </package>
    </struts>
```

至此，可以发布项目来查看效果了。在浏览器中输入地址"http://localhost:8080/struts2_12_Demo/freemarket/freemarket.action"进行访问，可以看到实际的运行效果，如图 12.20 所示。

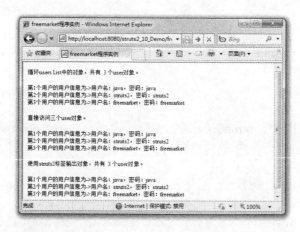

图 12.20　Struts2 中运用 FreeMarker 时的运行效果

FreeMarker 本身提供的强大内置语法和函数已经可以满足绝大多数的前端展现了。如果是新项目，而且团队有很熟悉 FreeMarker 的开发人员，则使用 FreeMarker 会让页面风格统一简洁(至少看不到一堆 JSP 脚本)。另外 FreeMarker 的学习难度系数并不高，在实际使用过程中，现学现查 FreeMarker 参考手册就可以了。

12.7　本章小结

本章主要讨论了 Struts2 的开发技术与技巧。先介绍 Struts2 中 token 的使用，即在 Struts2 中是如何阻止表单重复提交的；接下来讨论了 Struts2 中关于文件上传与下载的应用，以及 Struts2 的页面跳转和中文问题；另外，还谈到了如何在 Struts2 中使用 SiteMesh 来布局，最后就是如何在 Struts2 中使用 FreeMarker 作为表示层的结果页面。

通过这些实例，可以感受到 Struts2 可以快速地开发常用的功能，并且可以轻松地整合成熟的开源技术，最终提高开发人员的开发效率。

12.8　上机练习

有个新用户需要一个处理公司财务的系统。他希望能上传手工编好的工资情况表(Excel格式)，系统进行相关处理后，生成新的 Excel 报表，报表样本如下：

工资情况表

编号	部门	姓名	职务	基本工资	考勤工资	绩效考核	公司福利	实发工资
1	技术部	××	程序员	3 000	1 000	1 000	200	5 200
2	技术部	××	高级程序员	6 000	1 500	1 500	200	9 200
3	技术部	××	架构师	10 000	2 000	1 000	200	13 200
4	设计部	××	设计师	3 000	800	1 000	200	5 000
5	设计部	××	高级设计师	7 000	1 200	1 300	200	9 700
6	运维部	××	网管	3 000	800	1 000	200	5 000
7	运维部	××	高级网管	5 000	1 000	1 000	200	7 200

1. 统计每个部门的工资发放情况,最后再统计整个公司的发放情况,用 Excel 输出如下表格:

工资情况表

编号	部门	基本工资	考勤工资	绩效考核	公司福利	实发工资
1	技术部	19 000	4 500	4 500	600	28 600
2	设计部	10 000	2 000	2 300	400	14 700
3	运维部	8 000	1 800	2 000	400	12 200
4	—	37 000	8 300	8 800	1 400	55 500

2. 统计基本工资大约 5000 员工的发放情况,用 Excel 输出如下表格:

工资情况表

编号	部门	姓名	职务	基本工资	考勤工资	绩效考核	公司福利	实发工资
1	技术部	××	高级程序员	6 000	1 500	1 500	200	9 200
2	技术部	××	架构师	10 000	2 000	1 000	200	13 200
3	设计部	××	高级设计师	7 000	1 200	1 300	200	9 700
4	运维部	××	高级网管	5 000	1 000	1 000	200	7 200
5	—	—	—	28 000	5 700	4 800	800	39 300

要求:

(1) 用 FreeMarker 作为展示层;

(2) 在用户上传过程中,用 Token 避免二次提交;

(3) 可以参考使用 POI 或 JXL 后台生成目标 Excel,然后再由 Struts2 下载给客户端。

第 13 章

S2SH 整合

学前提示

从今天开始,我们将学习如何将 Struts2 与主流框架进行整合。首先从 Struts2 整合 Spring 开始,让 Spring 作为 Struts2 的工厂类;然后再来学习 Hibernate 通过插件后,如何与 Struts2 完美结合;最后就是将这三者整合在一起,完成本章任务。

本章节的内容是假设读者已经具备 Spring、Hibernate 的相关知识而设定的。如果读者朋友尚无这些基础,请先参阅"软件开发课堂"系列之《Struts 基础与案例开发详解》一书。

知识要点

- S2SH 整合的目的
- Struts2 与 Spring 整合
- Struts2 与 Hibernate 整合
- Struts2 + Spring + Hibernate 整合

13.1　S2SH 整合的目的

为什么需要 S2SH 整合？单独使用 Struts2 不能直接做项目吗？对于这种问题的提出，我想指明的是：即使 Struts2 不与 Spring、Hibernate 整合也可以做项目，甚至不用借助于任何框架，项目依然可以做下去。

Struts2 是一个 MVC 框架。MVC 将展示、数据模型、视图控制三个方面分离开来，从而减少代码的重复，它以控制为中心并使得应用更具扩展性。MVC 同时可帮助具有不同技能的用户更关注于自己的技能，通过定义良好的接口进行相互合作。MVC 的架构如图 13.1 所示。

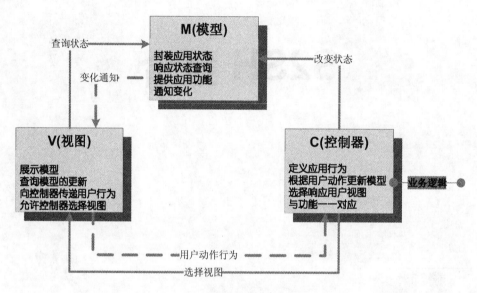

图 13.1　MVC 架构

Struts2 的设计倾向于控制层与表现层，前面的章节我们已经接触很多了，从它提供的 API 就可以看出来它与持久层没有任何关系。如果用户设计的 Service 接口良好，当他不想使用 Hibernate，转用 iBatis 甚至原生的 JDBC 时，对 Struts2 依然不会有任何影响。所以，Struts2 根本不需要关心它所调用 Service 实现的业务逻辑到底是怎么实现的。

当然，如果用户的项目足够小，以至于直接把与数据库打交道的代码写在 Action 中去处理，完全不考虑 Service、DAO 的层次。对于这种特殊情况，本书不打算深入讨论。

好，既然有了 Struts2 和 Hibernate，一个负责控制与展现，另一个负责持久层的各类操作，那为什么还需要 Spring？

Spring 在这里起的是黏合剂的作用——负责将 Struts2 和 Hibernate 无缝地集成在一起。当我们在使用 S2SH 时，几乎看不到有关直接使用 Spring API 的地方，这一切都是通过配置 Spring 的 xml 文件，然后通过使用控制反转(IOC)模式将应用程序的配置和依赖性规范与实际的应用程序代码分开。同样，Spring AOP 模块直接将面向切面的编程功能集成到 Spring 框架中。所以，可以很容易地使 Spring 框架管理的任何对象支持 AOP。Spring AOP 模块为基于 Spring 的应用程序中的对象提供了事务管理服务。通过使用 Spring AOP，不用依赖 EJB 组件，就可以将声明性事务管理集成到应用程序中。系统中的所有方法都通过 AOP 面向切面编成的思想进行了日志的记录，保证了日志完整性。

最后 Spring 已经实现了大量第三方开源类库的接口，是事实上的 Java EE 开发标准。Spring 框架的功能可以用在任何 J2EE 服务器中，大多数功能也适用于不受管理的环境。

Spring 的核心要点是：支持不绑定到特定 J2EE 服务的可重用业务和数据访问对象。毫无疑问，这样的对象可以在不同 J2EE 环境(Web 或 EJB)、独立应用程序、测试环境之间重用。

从某种意义上说：你可以不使用 Spring，当然如果你选用它的话，生活会变得更美好。

13.2　Struts2 与 Spring 整合

Struts2 与 Spring 的集成由来已久。早在 Webwork 的时代，就已经有比较完美的集成方案，可以让 Webwork 的开发人员快速地基于这两个框架进行开发。

对于 Struts2 来说，Spring 与它的集成单独做成了一个插件叫 struts2-spring-plugin-*.jar，它重写并扩展了 Struts2 的 ObjectFactory 类。当 Struts2 的 action 对象创建时，会通过相关的配置从 Spring 的配置文件中找到符合的 bean，最后把 action 对象注入 Spring 中；如果没有相关配置，则先创建此对象，然后再用 Spring 的 autowired 进行自动封装。Struts2 的 action 的默认作用域是基于每个 request 的，当然也可以通过修改 bean 的 scope 属性来设置 session、application 或其他自定义的作用域。

在使用 Webwork 时，通常都需要首先在 Spring 的配置文件中注册每个 action，然后再回到 struts.xml 中配置。比如，我们可能会在 applicationContext.xml 中进行如下配置：

```xml
<beans ...>
<!-- 注册 TestAction 并配置其相关的属性 -->
<bean id="testAction" class="com.test.action.TestAction" scope="prototype">
    <property name="testService" ref="testService" />
</bean>
</beans>
```

接下来在 struts.xml 中的配置如下：

```xml
<package name="default" namespace="/" extends="struts-default">
    <action name="index" class="testAction">
        <result>/index.jsp</result>
    </action>
</package>
```

上述步骤在 Struts2 中是可选的。因为 Struts2 的 Spring 插件会在创建 action 时，通过解析 action 的映射文件，找到实际的 Action 类，最后将所有相关属性都注入进去，因此只需要在 struts.xml 中进行如下配置即可：

```xml
<package name="default" namespace="/" extends="struts-default">
    <!-- spring 插件默认会按照 spring 的 autowired 规则向 TestAction 对象中注入所需要的属性-->
```

```
            <action name="index" class="com.test.action.TestAction">
                <result>/index.jsp</result>
            </action>
        </package>
```

经过上述配置，至少简化了一个配置文件。但无法直观地看到某个 Action 所注入的相关属性，需要开发人员亲自打开 TestAction 的代码才能看到依赖的属性。本书采用第二种方式进行集成，在实际项目中对开发人员进行了整体的培训，约定好了各个 Spring 所注入 bean 的命名规范，在减少配置文件的同时也提高了开发效率。

现在我们通过一个简单的实例来看 Struts2 如何与 Spring 进行集成(Spring 使用的是 2.5.6 版本)。

既然要与 Spring 进行集成，那么毫无疑问需要将与 Spring 相关的 jar 包导入类路径中，所有相关 jar 包都可以在 Struts2 下载的分发包中找到。完整的依赖 jar 列表如图 13.2 所示。

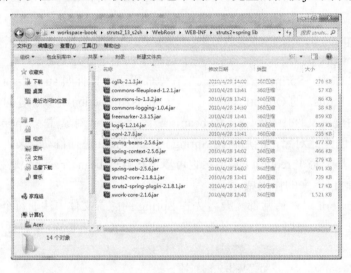

图 13.2　集成 Spring 所依赖的 jar 包

要想在 Web 应用程序中使用 Spring 框架，还需要在 web.xml 文件中配置 Spring 的 listener，让容器在启动过程中对 Spring 进行初始化，web.xml 文件的内容清单如下。

```
        <?xml version="1.0" encoding="UTF-8"?>
        <web-app id="struts2_13_s2sh" version="2.4" xmlns="http://java.sun.com/
xml/ns/j2ee"    xmlns:xsi="http://www.w3.org/2001/XMLSchema-instance"    xsi:
schemaLocation="http://java.sun.com/xml/ns/j2ee
http://java.sun.com/xml/ns/j2ee/web-app_2_4.xsd">
            <display-name>struts2 s2sh</display-name>
            <!-- struts2 的 filter 配置 -->
            <filter>
                <filter-name>struts2</filter-name>
                <filter-class>org.apache.struts2.dispatcher.ng.filter.
StrutsPrepareAndExecuteFilter</filter-class>
            </filter>

            <filter-mapping>
```

```xml
        <filter-name>struts2</filter-name>
        <url-pattern>/*</url-pattern>
    </filter-mapping>

    <!-- spring的listener配置 -->
    <listener>
        <listener-class>org.springframework.web.context.ContextLoaderListener</listener-class>
    </listener>

    <welcome-file-list>
        <welcome-file>index.html</welcome-file>
    </welcome-file-list>
</web-app>
```

接下来，创建一个普通的JavaBean，这里将其命名为PersonBean.java，PersonBean类的代码清单如下：

```java
package lesson13;
public class PersonBean{
    private String id;
    private String name;
    /**
     * @return id
     */
    public String getId(){
        return id;
    }

    /**
     * @param id 要设置的 id
     */
    public void setId(String id){
        this.id = id;
    }

    /**
     * @return name
     */
    public String getName(){
        return name;
    }

    /**
     * @param name 要设置的 name
     */
    public void setName(String name){
        this.name = name;
    }
}
```

对于 Spring 框架来说，默认加载的 xml 配置文件名为 applicationContext.xml，并且存放在 WebRoot/WEB-INF/文件夹下，内容如下：

```xml
<!DOCTYPE beans PUBLIC "-//SPRING//DTD BEAN 2.0//EN"
            "http://www.springframework.org/dtd/spring-beans-2.0.dtd">
<beans>
    <bean id="personBean" class="lesson13.PersonBean">
    <property name="id" value="10001" />
    <property name="name" value="张三" />
    </bean>
</beans>
```

上述配置非常简单，我们只是为 PersonBean 对象的属性设置了默认值。我们再创建一个 PersonAction.java 来使用这个 bean，示例代码如下：

```java
package lesson13;
import com.opensymphony.xwork2.ActionSupport;
public class PersonAction extends ActionSupport{
    private PersonBean personBean;
    public String execute() throws Exception{
        return SUCCESS;
    }

    public PersonBean getPersonBean(){
        return personBean;
    }

    /**
     * spring会将personBean通过此set注入到Action中
     */
    public void setPersonBean(PersonBean personBean){
        this.personBean = personBean;
    }
}
```

接下来创建 showPerson.jsp，用来验证集成是否成功：

```jsp
<%@ page language="java" import="java.util.*" pageEncoding="UTF-8"%>
<%@ taglib prefix="s" uri="/struts-tags" %>
<html>
  <head>
    <title>struts2 与 spring 集成</title>
    <meta http-equiv="pragma" content="no-cache">
    <meta http-equiv="cache-control" content="no-cache">
    <meta http-equiv="expires" content="0">
  </head>

  <body>
    person 的 ID 值为：<s:property value="personBean.id"/> <br />
    person 的 Name 值为：<s:property value="personBean.name"/> <br />
  </body>
</html>
```

文件已经准备完毕，但最后需要配置 struts.xml，struts.xml 代码清单如下：

```xml
<?xml version="1.0" encoding="UTF-8" ?>
<!DOCTYPE struts PUBLIC
    "-//Apache Software Foundation//DTD Struts Configuration 2.0//EN"
    "http://struts.apache.org/dtds/struts-2.0.dtd">
<struts>
    <!--
        struts.objectFactory 的配置不是必须的，因为在 Struts2 与 Spring 集成的插件中的 struts-plugin.xml 配置文件中已经配置过了。
        这里配置是起一个文档性质的说明
    -->
    <constant name="struts.objectFactory" value="org.apache.struts2.spring.StrutsSpringObjectFactory"/>
    <constant name="struts.objectFactory.spring.autoWire" value="auto"/>
    <constant name="struts.devMode" value="true"/>
    <package name="default" namespace="/" extends="struts-default">
        <action name="showPerson" class="lesson13.PersonAction">
            <result>/showPerson.jsp</result>
        </action>
    </package>
</struts>
```

程序发布后，通过访问"http://localhost:8080/struts2_13_s2sh/showPerson.action"，可以看到如图 13.3 所示的结果页面。

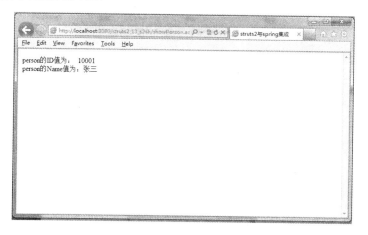

图 13.3 集成 Spring 案例运行效果

由此可见，Struts2 与 Spring 整合比 Struts 与 Spring 整合要简单易用。

13.3 Struts2 与 Hibernate 整合

Struts2 有一个 s2hibernate 插件，目前最新版本为 2.2.2。下载地址为"http://code.google.com/p/full-hibernate-plugin-for-struts2/downloads/detail?name=struts2-fullhibernatecore-plugin-2.2.2-GA.jar&can=2&q="。不过，由于最新版本的 s2hibernate 插件是用

JDK1.6 编译的,所以必须使用 JDK1.6 以上版本才能正常运行。该程序所依赖的 jar 如图 13.4 所示。

图 13.4　集成 Hibernate 所依赖的 jar 包

　　s2hibernate 插件是使用 Java 标注来实现 Hibernate 注入的。最常使用的标注主要是 @SessionTarget 和@TransactionTarget,分别对应于 Hibernate 的 Session 和 Transaction。因此,我们可以直接在 Action 中使用 Hibernate 的核心 API,但从层次结构上来说,直接在 Action 中使用 Hibernate API 查询数据的方式并不推荐。

　　下面将 Struts2 与 Hibernate 进行整合。首先,涉及 Hibernate 就不得不提数据库。Hibernate 几乎支持所有的主流数据库,所以任选一个数据库就可以。我们这里使用的是 MySQL 5.0,用的是自带的默认数据库 test。我们在里面创建一张名为 t_person 的表,建表语句如下:

```
CREATE
    TABLE t_person
    (
        id bigint(20) NOT NULL AUTO_INCREMENT,
        name varchar(50) NOT NULL,
        password varchar(50) NOT NULL,
        PRIMARY KEY USING BTREE (id)
    )
    ENGINE= InnoDB DEFAULT CHARSET= utf8
```

接着,输入几条测试数据,用于显示是否集成成功:

```
insert into t_person(name, password) values('admin', 'admin');
insert into t_person(name, password) values('test', 'test');
insert into t_person(name, password) values('user', 'user');
```

　　数据库配置完成后,我们需要配置 Hibernate 程序,本示例 Hibernate 使用的是 3.2.5ga 版。Struts2 与 Hibernate 的集成插件,默认会加载 classpath 下的 hibernate.cfg.xml 文件,如果你要对 hibernate.cfg.xml 改名或将其移动到其他目录下,则需要重新配置 s2hibernate 插件。

这里只是侧重于集成 Hibernate，所以列举示例比较简单，hibernate.cfg.xml 里面只配置了 Person 类的映射，剩下的都是数据库连接的配置：

```xml
<?xml version='1.0' encoding='UTF-8'?>
<!DOCTYPE hibernate-configuration PUBLIC
          "-//Hibernate/Hibernate Configuration DTD 3.0//EN"
"http://hibernate.sourceforge.net/hibernate-configuration-3.0.dtd">
    <hibernate-configuration>
        <session-factory>
            <!-- 用户名 -->
            <property name="connection.username">root</property>
            <!-- 密码 -->
            <property name="connection.password">root</property>
            <!-- 数据库 URL -->
            <property name="connection.url">jdbc:mysql://localhost:3306/test</property>
            <!-- 数据库方言配置 -->
            <property name="dialect">org.hibernate.dialect.MySQLDialect</property>
            <!-- 数据库驱动配置 -->
            <property name="connection.driver_class">com.mysql.jdbc.Driver</property>
            <!-- mapping 文件配置 -->
            <mapping resource="lesson13/Person.hbm.xml" />
        </session-factory>
    </hibernate-configuration>
```

再来看看 Person.hbm.xml，里面就是三个属性的映射配置，非常简单：

```xml
<?xml version="1.0" encoding="utf-8"?>
<!DOCTYPE hibernate-mapping PUBLIC "-//Hibernate/Hibernate Mapping DTD 3.0//EN"
    "http://hibernate.sourceforge.net/hibernate-mapping-3.0.dtd">
<hibernate-mapping>
    <class name="lesson13.Person" table="t_person">
        <id name="id" type="java.lang.Integer">
            <column name="id"/>
            <generator class="identity"/>
        </id>
        <property name="name" type="java.lang.String">
            <column name="name"/>
        </property>
        <property name="password" type="java.lang.String">
            <column name="password"/>
        </property>
    </class>
</hibernate-mapping>
```

至此 Hibernate 的配置结束，接下来配置应用程序。这里的 web.xml 与普通的 Struts2 程序一样，不需要做任何修改：

```xml
<?xml version="1.0" encoding="UTF-8"?>
<web-app id="struts2_13_s2sh" version="2.4" xmlns="http://java.sun.com/xml/ns/j2ee" xmlns:xsi="http://www.w3.org/2001/XMLSchema-instance" xsi:schemaLocation="http://java.sun.com/xml/ns/j2ee http://java.sun.com/xml/ns/j2ee/web-app_2_4.xsd">
    <display-name>struts2 s2sh</display-name>
    <!-- struts2的filter配置 -->
    <filter>
        <filter-name>struts2</filter-name>
        <filter-class>org.apache.struts2.dispatcher.ng.filter.StrutsPrepareAndExecuteFilter</filter-class>
    </filter>

    <filter-mapping>
        <filter-name>struts2</filter-name>
        <url-pattern>/*</url-pattern>
    </filter-mapping>

    <welcome-file-list>
        <welcome-file>index.html</welcome-file>
    </welcome-file-list>
</web-app>
```

然后创建一个名为 HibernateAction.java 的文件，用于演示 Struts2+Hibernate 集成实例：

```java
package lesson13;

import java.util.List;
import org.hibernate.Session;
import org.hibernate.Transaction;
import com.googlecode.s2hibernate.struts2.plugin.annotations.SessionTarget;
import com.googlecode.s2hibernate.struts2.plugin.annotations.TransactionTarget;
import com.opensymphony.xwork2.ActionSupport;

//s2hibernate集成示例
public class HibernateAction extends ActionSupport {
    // 使用@SessionTarget标注得到Hibernate Session
    @SessionTarget
    private Session session;
    // 使用@TransactionTarget标注得到Hibernate Transaction
    @TransactionTarget
    private Transaction transaction;
    private List<Person> persons;

    public String list() {
        try {
            // 得到t_person表中的所有记录
            persons = session.createCriteria(Person.class).list();
            return SUCCESS;
        } catch (Exception e) {
            e.printStackTrace();
        }
```

```java
            return ERROR;
    }

    /**
     * @return persons
     */
    public List<Person> getPersons() {
        return persons;
    }

    /**
     * @param persons
     *            要设置的 persons
     */
    public void setPersons(List<Person> persons) {
        this.persons = persons;
    }
}
```

除 Action 代码外,还需要创建一个 list.jsp 用于显示后台数据库的数据获取情况:

```jsp
<%@ page language="java" import="java.util.*" pageEncoding="UTF-8"%>
<%@ taglib prefix="s" uri="/struts-tags" %>
<html>
  <head>
    
    <title>struts2 与 spring 集成</title>
    <meta http-equiv="pragma" content="no-cache">
    <meta http-equiv="cache-control" content="no-cache">
    <meta http-equiv="expires" content="0">
  </head>
  
  <body>
    <table>
        <tr>
            <th>ID</th>
            <th>用户名</th>
            <th>密码</th>
        </tr>
        <s:iterator value="persons" var="obj">
            <tr>
                <td><s:property value="id" /></td>
                <td><s:property value="name" /></td>
                <td><s:property value="password" /></td>
            </tr>
        </s:iterator>
        
    </table>
  </body>
</html>
```

最后通过配置 struts.xml 文件来完成相关配置:

```xml
<?xml version="1.0" encoding="UTF-8" ?>
<!DOCTYPE struts PUBLIC "-//Apache Software Foundation//DTD Struts Configuration 2.0//EN"
    "http://struts.apache.org/dtds/struts-2.0.dtd">

<struts>
    <!-- s2hibernate 插件里面有一个叫 hibernate-default 的 package，它里面的拦截器
用于实现 struts2+hibernate 整合 -->
    <package name="default" extends="hibernate-default">
        <!-- defaultStackHibernate 里面的拦截器会识别出
@SessionTarget,@TransactionTarget 等标注，然后将 hibernate 注入进去 -->
        <default-interceptor-ref name="defaultStackHibernate" />
        <default-class-ref class="lesson13.HibernateAction" />
        <action name="list" method="list">
            <result>/persons/list.jsp</result>
        </action>
    </package>
</struts>
```

看到 struts.xml 配置文件后，相信读者明白了所谓的 s2hibernate 插件其实还是利用 Struts2 拦截器来实现 Hibernate 的整合，这与 Spring 作为 Struts2 的对象工厂方的整合是有区别的。项目发布后，启动 Tomcat 服务，在地址栏中输入 "http://localhost:8080/struts2_13_s2sh/list.action"，可以得到的列表如图 13.5 所示。

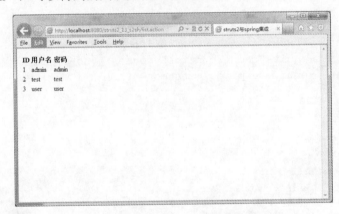

图 13.5　集成 Hibernate 案例运行效果

如果你运行编写的示例，也得到了同样的效果，则表明你对 Struts2 与 Hibernate 的整合已经掌握了。

13.4　Struts2 + Spring + Hibernate 整合

Struts2 + Spring + Hibernate 的整合，其实是先将 Spring 和 Hibernate 整合，然后再将 Spring 与 Struts2 整合。有过 Struts1 + Spring + Hibernate 整合经验的读者，会很快发现两者的区别只是 Spring 与 Web MVC 框架部分。本节是在上一小节的基础上进行介绍的，所以

如果没有特殊说明，仍然会使用上一节所用到的类或配置文件。

现在我们用 Struts2 + Spring + Hibernate 整合(Spring 使用的是 2.5.6 版本，Hibernate 使用的是 3.2.5ga 版)来配置上述列表显示实例。对于这三者的整合，相应的 jar 也显著增加了，如图 13.6 所示。

图 13.6　集成 Hibernate、Spring 所依赖的 jar 包

首先我们要修改 web.xml，还得配置 Spring 的 listener 元素，否则无法初始化 spring 上下文环境。

```xml
<?xml version="1.0" encoding="UTF-8"?>
<web-app id="struts2_13_s2sh" version="2.4" xmlns="http://java.sun.com/xml/ns/j2ee"    xmlns:xsi="http://www.w3.org/2001/XMLSchema-instance"    xsi:schemaLocation="http://java.sun.com/xml/ns/j2ee http://java.sun.com/xml/ns/j2ee/web-app_2_4.xsd">
    <display-name>struts2 s2sh</display-name>
    <!-- struts2 的 filter 配置 -->
    <filter>
        <filter-name>struts2</filter-name>
        <filter-class>org.apache.struts2.dispatcher.ng.filter.StrutsPrepareAndExecuteFilter</filter-class>
    </filter>
    <filter-mapping>
        <filter-name>struts2</filter-name>
        <url-pattern>/*</url-pattern>
    </filter-mapping>

    <!-- spring 的 listener 配置 -->
    <!-- 默认会加载 WEB-INF/applicationContext.xml -->
    <listener>
        <listener-class>org.springframework.web.context.ContextLoaderListener</listener-class>
    </listener>
```

......
```xml
</web-app>
```

接着开始配置 Spring 与 Hibernate 的整合。Spring 可以将原有的整个 hibernate.cfg.xml 配置都统一配置在 Spring 的 XML 中，这样既减少了配置文件的数量，而且统一的配置管理更方便集中修改，我们将 applicationContext.xml 修改成如下代码：

```xml
<?xml version="1.0" encoding="UTF-8"?>
<beans xmlns="http://www.springframework.org/schema/beans"
    ... http://www.springframework.org/schema/aop/spring-aop-2.5.xsd">

    <!-- 配置数据连接类 -->
    <bean id="dataSource" class="org.springframework.jdbc.datasource.DriverManagerDataSource">
        <property name="driverClassName" value="com.mysql.jdbc.Driver" />
        <property name="url" value="jdbc:mysql://localhost:3306/test" />
        <property name="username" value="root" />
        <property name="password" value="root" />
    </bean>

    <!-- 配置session工厂类 -->
    <bean id="sessionFactory" class="org.springframework.orm.hibernate3.LocalSessionFactoryBean">
        <property name="dataSource" ref="dataSource" />
        <property name="hibernateProperties">
            <props>
                <prop key="hibernate.dialect">org.hibernate.dialect.MySQLDialect</prop>
                <prop key="hibernate.show_sql">true</prop>
            </props>
        </property>
        <property name="mappingResources">
            <value>lesson13/Person.hbm.xml</value>
        </property>
    </bean>

    <!-- 事务管理 -->
    <bean id="transactionManager" class="org.springframework.orm.hibernate3.HibernateTransactionManager">
        <property name="sessionFactory" ref="sessionFactory" />
    </bean>
    <!-- 事务添加的属性 -->
    <tx:advice id="txAdvice" transaction-manager="transactionManager">
        <tx:attributes>
            <!-- 除save、remove、insert、delete 开头的service方法外,其他均为readonly -->
            <tx:method name="save*" propagation="REQUIRED" />
            <tx:method name="remove*" propagation="REQUIRED" />
            <tx:method name="insert*" propagation="REQUIRED" />
            <tx:method name="delete*" propagation="REQUIRED" />
            <!-- other methods are set to read only -->
```

```xml
            <tx:method name="*" read-only="true" />
        </tx:attributes>
    </tx:advice>
    
    <aop:config>
        <!-- 配置AOP的范围,即lesson13包及其子包下所有以Service结束的类的所有方法 -->
        <aop:pointcut id="txMethods" expression="execution(* lesson13..*Service.*(..))"/>
        <!-- 将定义的规则应用到txAdvice中 -->
        <aop:advisor advice-ref="txAdvice" pointcut-ref="txMethods"/>
    </aop:config>
    
    <!-- 配置personService -->
    <bean id="personService" class="lesson13.PersonServiceImpl">
      <property name="sessionFactory" ref="sessionFactory" />
    </bean>
    
    <bean id="personBean" class="lesson13.PersonBean">
        <property name="id" value="10001" />
        <property name="name" value="张三" />
    </bean>
</beans>
```

上述配置完成后，也就完成了 Spring 与 Hibernate 的整合，非常简洁。不过，我们配置了一个名为 personService 的 bean，它里面实现了如何使用 Hibernate 来对 Person 类进行 CRUD 操作。先看 PersonService.java 的接口设计：

```java
package lesson13;
import java.util.List;

/**
 * 实现对 Person 对象实现 CRUD 操作的 Service
 *
 */
public interface PersonService {

    /**
     * 保存 person 对象
     *
     * @param p
     */
    public void savePerson(Person p);

    /**
     * 更新 person 对象
     *
     * @param p
     */
    public void updatePerson(Person p);

    /**
```

```
 * 删除person对象
 *
 * @param p
 */
public void deletePerson(Person p);

/**
 * 得到所有的person对象
 *
 * @return
 */
public List<Person> getPersons();
}
```

接着编写 PersonServiceImpl.java 接口的实现类，它继承了 Spring 提供的 HibernateDaoSupport，可以很方便地使用 HibernateTemplate 类来操作数据库：

```
package lesson13;
import java.util.List;
import org.springframework.orm.hibernate3.support.HibernateDaoSupport;
public class PersonServiceImpl extends HibernateDaoSupport implements PersonService {
    public void deletePerson(Person p) {
        this.getHibernateTemplate().delete(p);
    }

    public List<Person> getPersons() {
        //使用HQL将所有t_person表中的记录取出
        return this.getHibernateTemplate().find("from Person p");
    }

    public void savePerson(Person p) {
        this.getHibernateTemplate().save(p);
    }

    public void updatePerson(Person p) {
        this.getHibernateTemplate().update(p);
    }
}
```

至此 Spring 与 Hibernate 整合完成，剩下的工作就是 Struts2 与 Spring 的集成，参照 10.2 节，只需要将 struts2-spring-plugin-*.jar 引入，Struts2 在启动过程就会自动与 Spring 进行集成，无须额外的设置，至于在 struts.xml 中是否显式地配置 objectFactory 为 spring，这也不是必须的。我们将 S2SHAction 配置在 struts.xml 的示例代码如下：

```
<?xml version="1.0" encoding="UTF-8" ?>
<!DOCTYPE struts PUBLIC
    "-//Apache Software Foundation//DTD Struts Configuration 2.0//EN"
    "http://struts.apache.org/dtds/struts-2.0.dtd">
<struts>
```

```xml
<!--
    struts.objectFactory 的配置不是必须的，因为在 Struts2 与 Spring 集成的插件
中的 struts-plugin.xml 配置文件中已经配置过了。
    这里配置是起一个文档性质的说明
-->
    <constant name="struts.objectFactory" value="org.apache.struts2.spring.StrutsSpringObjectFactory" />
    <constant name="struts.objectFactory.spring.autoWire" value="auto" />
    <constant name="struts.devMode" value="true" />
    <package name="default" namespace="/" extends="struts-default">
        <action name="list" class="lesson13.S2SHAction">
            <result>/persons/list.jsp</result>
        </action>
    </package>
</struts>
```

至此所有的配置都已完成。从上述整合步骤来看，只要能顺利完成 Spring 与 Hibernate 的整合，就可以很轻松地完成这三个框架之间的整合。将程序发布后，输入"http://localhost:8080/struts2_13_s2sh/list.action"，看到如图 13.7 所示的结果页面，表明 Struts2+Spring+Hibernate 整合成功。

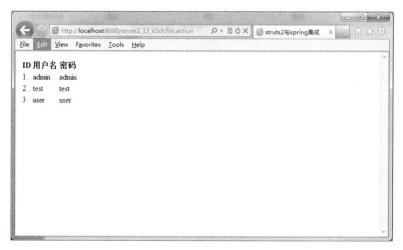

图 13.7　S2SH 集成案例运行效果

13.5　本章小结

本章主要讨论了 Struts2 与主流框架 Spring、Hibernate 以及三者之间的整合。Struts2 与它们整合是通过插件形式来实现的，拥有很强的灵活性。Struts2 是一个 Web 框架，它无法直接与持久层打交道，而考虑到目前的许多企业开发都会涉及数据库，所以与其他专业的持久层框架的整合是很常见的做法，再配置 Spring 的解耦以及丰富的其他组件，开发起来更是得心应手。

本章讨论的虽然是三者之间的整合，但读者应该仔细考虑为什么需要整合，是否真的需要整合等问题。因为整合只是一个技术的实现，而且随着时间的流逝、技术的发展，现

有的整合方案可能会过时甚至被抛弃。所以，当你选择进行整合的时候，希望能够更全面地考虑当前要实现系统的规模与应用场景，不要一味地加入最新的技术，反而使系统变得笨重。

13.6 上机练习

请你按照下述需求实现一个简单的彩票系统。

(1) 普通用户可以通过一个表单页面输入自己的姓名、身份证号、彩票号、投注数、投注金额，然后提交到服务器。

(2) 后台管理员可以以列表方式访问所有用户提交的彩票情况，并且可以点击查看详情。列表应该分页显示，每页 20 条。

(3) 每天晚上 8 点，不允许用户再提交表单。管理员可以单击"摇奖"按钮，随机选出中一等奖的号码。

(4) 提供一个公开的公告页面，让普通用户可以看到中奖的情况。

实现过程中，请使用 Struts2+Spring+Hibernate 的整合技术。数据库选择和设计可以自由发挥。

第14章

jQuery 的应用一

学前提示

　　jQuery 是功能强大却又简洁明快的轻量级 JavaScript 库,是一个由 John Resig 于 2006 年 1 月底创建的开源项目。其宗旨是——WRITE LESS, DO MORE(写更少的代码,做更多的事情)。jQuery 凭借简洁的语法和多浏览器兼容性,极大地简化了 JavaScript 开发人员处理 DOM、Eevent,实现动画效果和 Ajax 交互等操作。它轻巧,并且执行速度快,赢得了广大 JS 开发者的青睐。本章节就将详细讲述 jQuery 的相关用法。如果读者朋友不熟悉 JavaScript、CSS,请参阅《JSP 基础与案例开发详解》一书。由于 jQuery 的内容比较多,本章主要学习 jQuery 的基本操作,jQuery 事件在下一章详细讨论。

知识要点

- jQuery 的安装
- 强大的选择器
- jQuery 文档处理
- jQuery 操作 CSS

14.1　jQuery 的安装

进入 jQuery 的官方网站(http://jquery.com/)，下载最新的 jQuery 库。jQuery 库分为压缩版和无压缩版，我们下载适合的最新无压缩版。

使用 jQuery 不需要安装，只要把下载的库文件放到网站的一个公共位置。要想在页面上使用 jQuery，只需要在页面上引用该库的位置。获取 jQuery 之后，我们将从强大的选择器、jQuery 文档处理、jQuery 操作 CSS、jQuery 事件处理等方面来介绍它的相关用法。

14.2　强大的选择器

选择器是 jQuery 的根本，在 jQuery 中对文档的处理和对 CSS 的操作等都是通过选择器来完成的。jQuery 选择器不仅包含大多数浏览器所支持的 CSS2 的语法，还包含 CSS3 的语法。jQuery 同时提供了基本、层级、属性、表单等多种选择器。下面分别讲述各种选择器的用法。

14.2.1　基本选择器

基本选择器是 jQuery 最易掌握，也是最常用的选择器，通过元素的 id、class 或元素名称来查找 DOM 元素。基本选择器的介绍说明如表 14.1 所示。

表 14.1　基本选择器说明

选择器	描　述	返　回　值
#id	根据指定 id 匹配一个元素	单个元素
element	根据指定的元素匹配所有元素	元素集合
.class	根据指定的 css 类匹配元素	元素集合
*	匹配所有元素	元素集合
selector1,selector2,selectorN	将每个选择器匹配到的元素合并后返回	元素集合

下面通过示例来演示基本选择器的使用。

【示例 1】selector-basics.html

```
<html>
    <head>
        <title>jQuery 基本选择器示例</title>
        <meta http-equiv="Content-Type" content="text/html; charset=UTF-8">
        <script type="text/javascript" src="scripts/jquery-1.4.js"></script>
        <script type="text/javascript">
            $(document).ready(function(){
                $("#btn1").click(function(){
                    alert($("#firstDiv").html());
                });
```

```
            $("#btn2").click(function(){
                alert($("p").html());
            });
            $("#btn3").click(function(){
                alert($(".myClass").html());
            });
        });
    </script>
</head>

<body>
    <input type="button" id="btn1" value="元素 id 名" />
    <input type="button" id="btn2" value="元素名" />
    <input type="button" id="btn3" value="元素 class 名" />
    <div id="firstDiv">id 名称</div>
    <div class="myClass">class 名称</div>
    <p>p 元素</p>
</body>
</html>
```

运行效果如图 14.1 所示。

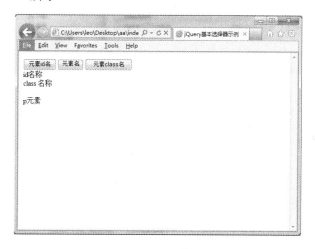

图 14.1　页面运行效果

其中，ready ()方法相当于 JavaScript 中 window.onload 的功能。
$("#firstDiv").html()用来获取 id 为 firstDiv 的元素的 html 代码。
$("p").html()用来获取 p 元素的 html。
$(".myClass").html()用来获取类名为 myClass 的元素的 html。

14.2.2　层级选择器

如果想通过 DOM 元素之间的层级关系来获取特定的元素，比如后代元素、子元素、相邻元素、兄弟元素等，那么层级选择器则是最佳选择。层级选择器的说明如表 14.2 所示。

表 14.2 层级选择器说明

选 择 器	描 述	返 回 值
ancestor descendant	在给定的祖先元素下匹配所有的后代元素	元素集合
parent > child	在给定的父元素下匹配所有的子元素	元素集合
prev + next	匹配所有紧接在 prev 元素之后的 next 元素	元素集合
prev ~ siblings	匹配 prev 元素之后的所有 siblings 元素	元素集合

下面通过示例来演示层级选择器的使用。

【示例 2】selector-level.html

```html
<html>
    <head>
        <title>jQuery 层级选择器示例</title>
        <meta http-equiv="Content-Type" content="text/html; charset=UTF-8">
        <script type="text/javascript" src="scripts/jquery-1.4.js"></script>
        <script type="text/javascript">
            $(document).ready(function(){
                $("#head1").click(function(){
                    $("div .test").addClass("c_style");
                });

                $("#head2").click(function(){
                    $("div>.test1").addClass("c_style");
                });

                $("#head3").click(function(){
                    $("div +.test2").addClass("c_style");
                });

                $("#head4").click(function(){
                    $("div ~span").addClass("c_style");
                });
            });
        </script>
        <style type="text/css">
            .c_style{background:#daf;}
        </style>
    </head>
    <body>
        <input type="button" id="head1" value="后代选择器" >
        <input type="button" id="head2" value="子选择器" >
        <input type="button" id="head3" value="临近选择器" >
        <input type="button" id="head4" value="同辈选择器" >
        <div>  这里没反应.
            <span class="test"><span class="test">选择器》后代选择器 1</span>选择器》后代选择器 11
        </span>
            <span class="test">选择器》后代选择器 2</span>
```

```
            <span class="test">选择器》后代选择器 3</span>
        </div>
        <div><p class="test1">aa</p></div>
        <div></div>
        <p class="test2">必须是 div 的下一个兄弟节点.</p>
        <div></div>
        <span>同辈选择器</span> <span>同辈选择器</span> <span>同辈
选择器</span>
    </body>
</html>
```

运行效果如图 14.2 所示。

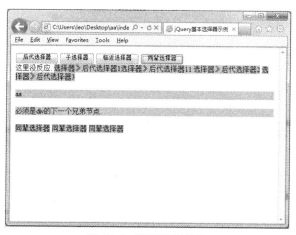

图 14.2　页面运行效果

其中，$("div .test").addClass("c_style")用来设置被 div 嵌套的 class 属性为 test 的元素添加 c_style。

$("div>.test1").addClass("c_style")用来设置 div 元素内的所有具有 test1 的 class 的子元素添加 c_style。

$("div +.test2").addClass("c_style")用来设置 div 的下一个兄弟节点 class 为 test2 的元素添加 c_style。

$("div ~span").addClass("c_style")用来设置 div 元素的同辈 span 元素添加 c_style。

14.2.3　简单选择器

简单选择器对选择其中一个或者几个特殊值的元素是很有用的，例如选择 DOM 中的第一个或者最后一个元素，索引值为元素偶数、奇数的元素，大于、小于索引值的元素，使用动画的元素，固定索引值的元素等。简单选择器的说明如表 14.3 所示。

表 14.3　简单选择器说明

选 择 器	描 述	返 回 值
:first	匹配找到的第一个元素	一个元素
:last	匹配找到的最后一个元素	一个元素

续表

选 择 器	描 述	返 回 值
:not(selector)	去除所有与给定选择器匹配的元素	元素集合
:even	匹配所有索引值为偶数的元素,索引值从 0 开始	元素集合
:odd	匹配所有索引值为奇数的元素,索引值从 0 开始	元素集合
:eq(index)	匹配一个给定索引值的元素	一个元素
:gt(index)	匹配所有大于给定索引值的元素	元素集合
:lt(index)	匹配所有小于给定索引值的元素	元素集合
:header	匹配诸如 h1、h2、h3 等的标题值	元素集合
:animated	匹配所有正在执行动画效果的元素	元素集合

下面通过示例来演示简单选择器的使用。

【示例 3】selector-easy.html

```
<html>
    <head>
        <title>jQuery简单选择器示例</title>
        <meta http-equiv="Content-Type" content="text/html; charset=UTF-8">
        <script type="text/javascript" src="scripts/jquery-1.4.js"></script>
<script type="text/javascript">
    $(document).ready(function(){
        $("#runBtn").click(function(){
            $("span:first").addClass("c_style");
            $("span:last").addClass("c_style");
            $("span:not(:first)").addClass("c_style");
            $("span:even").addClass("c_style");
            $("span:odd").addClass("c_style");
            $("span:eq(2)").addClass("c_style");
            $("span:gt(2)").addClass("c_style");
            $("span:lt(2)").addClass("c_style");
            $(":header").addClass("c_style");
            $("div:not(:animated)").hide();
        });
    });
</script>
        <style type="text/css">
            .c_style{background:#daf;}
        </style>
    </head>
    <body>
        <h3>jQuery简单选择器示例</h3>
        <input type="button" id="runBtn" value=" run "/>
        <div>
            <span>第 1 个 span 元素</span>
            <br />
            <span>第 2 个 span 元素</span>
            <br />
            <span>第 3 个 span 元素</span>
```

```
            <br />
            <span>第 4 个 span 元素</span>
        </div>
    </body>
</html>
```

运行效果如图 14.3 所示。

图 14.3　页面运行效果

其中，$("span:first").addClass("c_style")是为 div 元素下的第一个 span 元素添加 c_style。
$("span:last").addClass("c_style"))是为 div 元素下的最后一个 span 元素加 c_style。
$("span:not(:first)").addClass("c_style")是为 div 元素下的除了第一个 span 元素的其他元素加 c_style。
$("span:even").addClass("c_style")是为 div 元素下的索引值为偶数的 span 元素加 c_style。
$("span:odd").addClass("c_style")是为 div 元素下的索引值为奇数的 span 元素加 c_style。
$("span:eq(2)").addClass("c_style")是为 div 元素下的索引值为 2 的 span 元素加 c_style。
$("span:gt(2)").addClass("c_style")是为 div 元素下的索引值大于 2 的 span 元素加 c_style。
$("span:lt(2)").addClass("c_style")是为 div 元素下的索引值小于 2 的 span 元素加 c_style。
$(":header").addClass("c_style")是为页面内所有标题元素加 c_style。
$("div:not(:animated)").hide()是对不再执行动画效果的元素执行一个动画特效。

14.2.4　内容选择器

内容选择器允许我们通过元素的内容来选择元素。内容选择器的介绍如表 14.4 所示。

表 14.4　内容选择器说明

选择器	描　　述	返　回　值
:contains(text)	匹配包含指定文本的元素	元素集合
:empty	匹配所有不包含子元素或文本的空元素	元素集合

续表

选 择 器	描 述	返 回 值
:has(selector)	匹配含有选择器所匹配的元素	元素集合
:parent	匹配含有子元素或者文本的元素	元素集合

下面通过示例来演示内容选择器的使用。

【示例 4】selector-content.html

```
<html>
    <head>
        <title>jQuery 内容器选择示例</title>
        <meta http-equiv="Content-Type" content="text/html; charset=UTF-8">
        <script type="text/javascript" src="scripts/jquery-1.4.js"></script>
<script type="text/javascript">
        $(document).ready(function(){
            $("#runBtn").click(function(){
                $("span:contains('1')").addClass("c_style");
                $("span:has(p)").addClass("c_style");
                $("span:parent").addClass("c_style");
            });
        });
</script>
<style type="text/css">
    .c_style{background:#daf;}
</style>
<style type="text/css">
    .c_style{background:#daf;}
</style>
    </head>
    <body>
        <h3>jQuery 内容选择器示例</h3>
        <input type="button" id="runBtn" value=" run "/>
        <div>
            <span>1</span>
            <br />
            <span>2</span>
            <br />
            <span></span>
            <br />
            <span><p>p 元素</p></span>
        </div>
    </body>
</html>
```

运行效果如图 14.4 所示。

其中，$("span:contains('1')").addClass("c_style")是为包含 "1" 的 span 元素加 c_style。

$("span:empty")是查找所有不包含子元素或者文本的空元素。

$("span:has(p)").addClass("c_style")是为包含 p 元素的 span 元素加 c_style。

$("span:parent").addClass("c_style")是为含有子元素或者文本的 span 元素加 c_style。

第 14 章 jQuery 的应用—

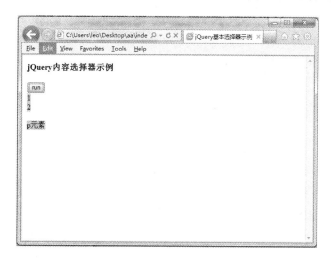

图 14.4　页面运行效果

14.2.5　可见性选择器

可见性选择器允许通过元素是否可见来选择元素。可见性选择器的介绍如表 14.5 所示。

表 14.5　可见性选择器说明

选 择 器	描　　述	返 回 值
:hidden	匹配所有不可见元素，包含 type="hidden" 的 input 元素	元素集合
:visible	匹配所有可见元素	

下面通过示例来演示可见性选择器的使用。

【示例 5】selector-content.html

```html
<html>
    <head>
        <title>jQuery 可见性选择器示例</title>
        <meta http-equiv="Content-Type" content="text/html; charset=UTF-8">
        <script type="text/javascript" src="scripts/jquery-1.4.js"></script>
        <script type="text/javascript">
            $(document).ready(function(){
                $("#btn1").click(function(){
                    $("span:hidden").show().addClass("c_style");
                });

                $("#btn2").click(function(){
                    $("span:visible").show().addClass("c_style");
                });
            });
        </script>
        <style type="text/css">
            .c_style{background:#daf;}
        </style>
    </head>
```

```
<body>
    <h3>jQuery可见性选择器示例</h3>
    <input type="button" id="btn1" value=" 不可见 "/>
    <input type="button" id="btn2" value=" 可见 "/>
    <div>
        <span>可见性 span</span>
        <br />
        <span style="display:none">不可见性 span</span>
    </div>
</body>
</html>
```

运行效果如图 14.5 所示。

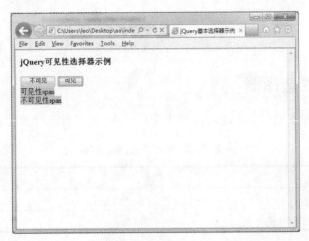

图 14.5　页面运行效果

14.2.6　属性选择器

属性选择器允许我们根据元素的特殊属性来选择元素。基本语法是$("element[attribute]")。属性选择器的介绍说明如表 14.6 所示。

表 14.6　属性选择器说明

选 择 器	描 述	返 回 值
[attribute]	匹配给定属性的元素	一个元素
[attribute=value]	匹配给定的属性是某个特定值的元素	一个元素
[attribute!=value]	匹配给定属性，但属性值不等于给定值的元素	元素集合
[attribute^=value]	匹配给定属性是以某些值开始的元素	元素集合
[attribute$=value]	匹配给定属性是以某些值结束的元素	元素集合
[attribute*=value]	匹配给定属性是包含某些值的元素	元素集合
[selector1] [selector2] [selectorN]	复合属性选择器，需要同时满足多个条件	元素集合

下面通过示例来演示属性选择器的使用。

【示例 6】selector-attribute.html

```html
<html>
    <head>
        <title>jQuery 属性选择器示例</title>
        <meta http-equiv="Content-Type" content="text/html; charset=UTF-8">
        <script type="text/javascript" src="scripts/jquery-1.4.js"></script>
        <script type="text/javascript">
            $(document).ready(function(){
                $("div[id]").addClass("c_style");
                $("div[id='firstDiv']").addClass("c_style");
                $("div[id!='firstDiv']").addClass("c_style");
                $("div[id!=^'first']").addClass("c_style");
                $("div[id!=$'iv']").addClass("c_style");
                $("div[id*=$'ir']").addClass("c_style");
                $("div[id*=$'ir'][name]").addClass("c_style");
            });
        </script>
        <style type="text/css">
            .c_style{background:#daf;}
        </style>
    </head>

    <body>
        <div id="firstDiv" class="myClass">id 名称</div>
        <div class="myClass">class 名称</div>
    </body>
</html>
```

运行效果如图 14.6 所示。

图 14.6 页面运行效果

其中，$("div[id]").addClass("c_style")是为包含"id"属性的 div 元素加 c_style 样式。
$("div[id='firstDiv']").addClass("c_style")是为属性"id"的值为 firstDiv 的 div 元素加 c_style 样式。

$("div[id!='firstDiv']").addClass("c_style")是为属性"id"的值不等于 firstDiv 的 div 元素加 c_style 样式。

$("div[id!=^'first']").addClass("c_style")是为属性"id"的值为以 first 开始的 div 元素加 c_style 样式。

$("div[id!=$'iv']").addClass("c_style")是为属性"id"的值为以 iv 结束的 div 元素加 c_style 样式。

$("div[id*=$'ir']").addClass("c_style")是为属性"id"的值为包含 ir 的 div 元素加 c_style 样式。

$("div[id*=$'ir'][class]").addClass("c_style")是为属性"id"的值为包含 ir 并且有属性 class 的 div 元素加 c_style 样式。

14.2.7 子元素选择器

子元素选择器的过滤规则相对于其他的选择器稍微复杂些，子元素选择器的介绍如表 14.7 所示。

表 14.7 子元素选择器说明

选择器	描述	返回值
:nth-child(index/even/odd/equation)	匹配父元素下的第 N 个子或奇偶元素	元素集合
:first-child	匹配第一个子元素	元素集合
:last-child	匹配最后一个子元素	元素集合
:only-child	匹配有唯一子元素的元素	元素集合

下面通过示例来演示子元素选择器的使用。

【示例 7】selector-child.html

```
<html>
    <head>
        <title>jQuery 属性选择器示例</title>
        <meta http-equiv="Content-Type" content="text/html; charset=UTF-8">
        <script type="text/javascript" src="scripts/jquery-1.4.js"></script>
        <script type="text/javascript">
            $(document).ready(function(){
                //取匹配元素的第一个子元素
                $("ul li:first-child").each(function(){
                    $("span").append(" 匹配第一个元素内容"+$(this).text()+ "<br/>");
                });
                $("span").append("<br />");
                //取匹配元素的最后一个子元素
                $("ul li:last-child").each(function(){
                    $("span").append(" 匹配最后一个元素内容"+$(this).text()+ "<br/>");
                });
                $("span").append("<br />");
                //取匹配元素的第二个子元素，索引从 1 开始
                $("ul li:nth-child(2)").each(function(){
```

```
                    $("span").append("匹配第二个元素内容"+$(this).text()+ "<br/>");
                });
                $("span").append("<br />");
                    //取匹配元素的偶数个子元素,索引从1开始,取2、4、6
                $("ul li:nth-child(even)").each(function(){
                        $("span").append("匹配偶数元素内容"+$(this).text()+ "<br/>");
                });
                $("span").append("<br />");
                //取匹配元素的奇数个子元素,索引从1开始,取1、3、5
                    $("ul li:nth-child(odd)").each(function(){
                        $("span").append(" 匹配奇数元素内容"+$(this).text()+ "<br/>");
                });
                $("span").append("<br />");
                //取匹配元素为3的整数倍个子元素,索引从1开始,取3、6
                $("ul li:nth-child(3n)").each(function(){
                        $("span").append("匹配元素内容"+$(this).text()+ "<br/>");
                });
                    $("span").append("<br />");
                    //取匹配元素为3的整数倍+1个子元素,索引从1开始,取0、4、7
                $("ul li:nth-child(3n+1)").each(function(){
                        $("span").append("匹配元素内容"+$(this).text()+ "<br/>");
                });
                $("span").append("<br />");
                    //取匹配元素为3的整数倍-1个子元素,索引从1开始,取2、5
                    $("ul li:nth-child(3n-1)").each(function(){
                        $("span").append("匹配元素内容"+$(this).text()+ "<br/>");
                });
                $("span").append("<br />");
                //匹配只有一个子元素
                $("span").append("匹配元素内容"+$("ul li:only-child").text()+ "<br/>");
                });
        </script>
    </head>
    <body>
        <span></span>
        <ul>
            <li>苹果</li>
            <li>香蕉</li>
            <li>梨</li>
            <li>桔子</li>
            <li>菠萝</li>
        </ul>
        <ul>
            <li>唯一</li>
        </ul>
    </body>
</html>
```

运行效果如图14.7所示。

图 14.7 子元素选择器运行效果

14.2.8 表单选择器

为了能够方便地操作表单元素，jQuery 提供了表单选择器。利用表单选择器，能方便地获取表单中的某个或某类型的元素。表单选择器的介绍如表 14.8 所示。

表 14.8 表单选择器的说明

选 择 器	描　　述	返 回 值
:input	匹配所有 input, textarea, select 和 button 元素	元素集合
:text	匹配所有单行文本框	元素集合
:password	匹配所有密码框	元素集合
:radio	匹配所有单选按钮	元素集合
:checkbox	匹配所有复选框	元素集合
:submit	匹配所有提交按钮	元素集合
:image	匹配所有图像域	元素集合
:reset	匹配所有重置按钮	元素集合
:button	匹配所有按钮	元素集合
:file	匹配所有文件域	元素集合
:hidden	匹配所有隐藏域	元素集合

下面通过示例来演示表单选择器的使用。

【示例 8】selector-form.html

```
<html>
    <head>
```

```html
<title>jQuery 表单对象属性选择器示例</title>
<meta http-equiv="Content-Type" content="text/html; charset=UTF-8">
<script type="text/javascript" src="scripts/jquery-1.4.js"></script>
 <script type="text/javascript">
    $(document).ready(function(){
        $("#up").click(function(){
            alert($(":input").length);
            alert($(":text").length);
            alert($(":passowrd").length);
        });
    });
</script>
</head>
<body>
    <form name="form1">
        <table>
            <tr>
                <td>用户名：</td>
                <td>
                    <input id="userName" type="text" />
                    <input type="button" value="检测用户名" />
                </td>
            </tr>
            <tr>
                <td>密码：</td>
                <td><input id="pwd" type="password" /></td>
            </tr>
            <tr>
                <td>确认密码：</td>
                <td><input id="pwd2" type="password" disabled="disabled" /></td>
            </tr>
            <tr>
                <td>电子邮件地址：</td>
                <td><input id="email" type="text" /></td>
            </tr>
            <tr>
                <td>性别：</td>
                <td>
                    <input type="radio" id="sex1" name="sex" checked/>男
                    <input type="radio" id="sex2" name="sex" />女
                </td>
            </tr>
            <tr>
                <td>您的身份：</td>
                <td>
                    <select>
                        <option selected="selected" value="0">请选择</option>
                        <option value="1">学生</option>
                        <option value="2">老师</option>
                        <option value="19">CEO/总裁</option>
                        <option value="3">项目经理/项目主管</option>
```

```html
                              <option value="4">部门经理/部门主管</option>
                              <option value="5">CTO/CIO/技术总监</option>
                              <option value="6">硬件工程师</option>
                              <option value="7">软件工程师</option>
                              <option value="8">UI 设计/制作师</option>
                              <option value="9">测试工程师</option>
                              <option value="10">架构师</option>
                              <option value="11">需求分析师</option>
                              <option value="12">数据库管理员</option>
                              <option value="13">技术支持/维护工程师</option>
                              <option value="14">产品经理</option>
                              <option value="15">咨询师</option>
                              <option value="16">售前工程师</option>
                              <option value="17">软件实施顾问</option>
                              <option value="18">系统工程师 SA</option>
                              <option value="100">其他</option>
                    </select>
                </td>
            </tr>
            <tr>
                <td>爱好：</td>
                <td>
                    <input type="checkbox" value="1" checked/>看书
                    <input type="checkbox" value="2" />旅游
                    <input type="checkbox" value="3" />交友
                    <input type="checkbox" value="4" checked/>编程
                    <input type="checkbox" value="5" />其他
                </td>
            </tr>
            <tr>
                <td>个人介绍：</td>
                <td><textarea rows="5" cols="30"></textarea></td>
            </tr>
            <tr align="center">
                <td align="center">
                    <input type="submit" value="提交">
                    <input type="reset" value="重置">
                </td>
            </tr>
        </table>
    </form>
</body>
</html>
```

运行效果如图 14.8 所示。

其中，$("form :input").length 用来获取表单中的 input 元素的个数。

$("form :text").length 用来获取表单中的 text 元素的个数。

$("form :passowrd").length 用来获取表单中的 password 元素的个数。

其他表单元素的使用同上。

图 14.8　表单选择器运行效果

14.2.9　表单对象属性选择器

此选择器主要针对表单元素进行过滤，比如表单元素的可用性。表单对象属性选择器的介绍如表 14.9 所示。

表 14.9　表单对象属性选择器说明

选 择 器	描　　述	返回值
:enabled	匹配所有可用元素	元素集合
:disabled	匹配所有不可用元素	元素集合
:checked	匹配所有选中的元素(复选框、单选框等，不包括 select 中的 option)	元素集合
:selected	匹配所有选中的 option 元素	元素集合

下面通过示例来演示表单对象属性选择器的使用。

【示例 9】selector-form-attr.html

用下面的代码替换上例中的相关代码。

```
…
<script type="text/javascript">
        $(document).ready(function(){
            alert($("input:enabled").length);
            alert($("input:disabled").length);
            alert($("input:checked").length);
            alert($("select option:selected").length);
        });
    </script>
…
```

其中，$("input:enabled").length 用来获取可用的表单元素的个数。
$("input:disabled").length 用来获取不可用的表单元素的个数。
$("input:checked").length 用来获取选中的表单元素的个数。

$("select option:selected").length 用来获取选中的 select 元素的个数。

14.3 jQuery 的文档处理

DOM 是 HTML 和 XML 文档的编程基础，它定义了处理执行文档的途径。编程者可以使用 DOM 增加文档、定位文档结构、添加修改删除文档元素。W3C 的重要目标是利用 DOM 提供一个使用于多个平台的编程接口。W3C DOM 被设计成适合多个平台，可使用任意编程语言实现的方法。下面讲解如何使用 jQuery 获取和操作元素及其属性。

使用 jQuery 能简单快捷地获取和操作 DOM 元素和属性，我们以下面的 HTML 页面为例，来介绍 jQuery 对 DOM 的各种操作。

【示例 10】jquery -dom.html

```html
<html>
<head>
        <meta http-equiv="Content-Type" content="text/html; charset=UTF-8">
        <title>jQuery 操作 DOM</title>
        <script type="text/javascript" src="scripts/jquery-1.4.js"></script>
        <style type="text/css">
            <!--有关样式部分的代码，请参见光盘源码部分-->
        </style>
    </head>
    <body>
    <table id="domTable" width="40%" border="0" align="center" cellpadding="0" cellspacing="0">
            <thead>
                <tr>
                    <th width="30%">姓名</th>
                    <th width="30%">年龄</th>
                    <th width="40%">Email</th>
                </tr>
            </thead>
            <tbody>
                <tr>
                    <td>梅三</td>
                    <td>21</td>
                    <td>mscnjavaee@gmail.com</td>
                </tr>
                <tr>
                    <td>周五</td>
                    <td>21</td>
                    <td>zhouwu@vip.qq.comm</td>
                </tr>
            </tbody>
        </table>
    </body>
</html>
```

14.3.1 选择元素

我们可以用上面介绍的 jQuery 选择器轻松地操作 HTML DOM 树的节点，获取元素文本内容。jQuery 代码如下：

```
var oneTh = $("tr th:first");
var th_text = oneTh.text();
alert(th_text);
```

上面的代码获取表头中的第一列<th>，并获取它的文本内容"姓名"。效果如图 14.9 所示。

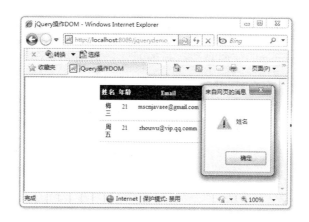

图 14.9　jQuery 选择器获取文本内容应用效果

利用 jQuery 选择器获取元素节点后，可以调用 jQuery 提供的操作属性的方法 attr(name) 获取它的各种属性值，参数 name 表示要查询的属性的名称。获取属性节点，并获取其值的代码如下：

```
var oneTh = $("tr th:first");
var widthValue = oneTh.attr("width");
```

以上代码获取表头中的第一列<th>节点，并获取其属性 width 的值"30%"。效果如图 14.10 所示。

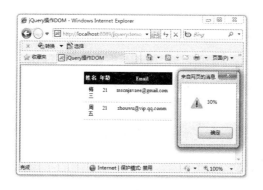

图 14.10　jQuery 选择器获取属性值应用效果

14.3.2 新增元素

jQuery 提供一系列的方法动态地为 HTML 文档添加新的元素。方法介绍如下：

(1) append(content)：向每个匹配元素的内部插入指定内容。

示例：`<div id="appendDiv">看看这里的变化</div>`

jQuery 代码及功能：

`$("#appendDiv").append("<b>我在这</b>");`

执行后相当于：

`<div id="appendDiv">看看这里的变化<b>我在这</b></div>`

(2) appendTo(content)：把所有匹配的元素插入另一个指定的元素集合中。和 append(content) 相反，append() 前面是要选择的元素，后面是要在元素内部插入的内容；appendTo() 前面是要插入的元素内容，后面是要选择的元素。

示例：`<div id="appendDiv">看看这里的变化</div>`

jQuery 代码及功能：

`$("<b>我在这</b>").appendTo("#appendDiv");`

执行后相当于：

`<div id="appendDiv">看看这里的变化<b>我在这</b></div>`

注意

这里 `$("<b>我在这</b>")` 是指创建一个 DOM 元素。

(3) preapend(content)：向每个匹配的元素内部前置内容。

示例：`<div id="preapendDiv">看看这里的变化</div>`

jQuery 代码及功能：

`$("#preapendDiv").preapend("<b>我在这</b>");`

执行后相当于：

`<div id="preapendDiv"><b>我在这</b>看看这里的变化</div>`

(4) preapendTo(content)：把所有匹配的元素前置到另一个指定的元素集合中。

示例：`<div id="preapendToDiv">看看这里的变化</div>`

jQuery 代码及功能：

`$("<b>我在这</b>").preapendTo("#preapendDiv");`

执行后相当于：

`<div id="preapendToDiv"><b>我在这</b>看看这里的</div>`

(5) afert(content)：在每个匹配的元素之后插入内容。

示例：`<div id="afterDiv">看看这里的变化</div>`

jQuery 代码及功能：

`$("#afterDiv").before("<b>我在这</b>")`

执行后相当于：

`<div id="afterDiv">看看这里的</div><b>我在这</b>`

(6) before(content)：在每个匹配的元素之前插入内容。

示例：`<div id="beforeDiv">看看这里的变化</div>`

jQuery 代码及功能：

`$("#preapendDiv").before("<b>我在这</b>");`

执行后相当于：

`<b>我在这</b><div id="preapendToDiv">看看这里的</div>`

(7) insertBefore(content)：把所有匹配的元素插入另一个指定的元素集合的前面。和 before(content)效果相同，before()前面是要选择的元素，后面是要在元素内部插入的内容；insertBefore ()前面是要插入的元素内容，后面是要选择的元素。

示例：`<div id="insertBeforeDiv">看看这里的变化</div>`

jQuery 代码及功能：

`$("<b>我在这</b>").insertBefore("#insertBeforeDiv");`

执行后相当于：

`<b>我在这</b><div id="insertBeforeDiv">看看这里的</div>`

(8) insertAfter(content)：把所有匹配的元素插入另一个指定的元素集合的后面。和 after(content)效果相同，after()前面是要选择的元素，后面是要在元素内部插入的内容；insertAfter ()前面是要插入的元素内容，后面是要选择的元素。

示例：`<div id="insertAfterDiv">看看这里的变化</div>`

jQuery 代码及功能：

`$("<b>我在这</b>").insertAfter("#insertAfterDiv")`

执行后相当于：

`<div id="insertAfterDiv">看看这里的</div><b>我在这</b>`

14.3.3 修改元素

replaceWith(content)：将所有匹配的元素替换成指定的 content。修改示例 10 中周五的 Email 为 zhouwu@126.com，jQuery 代码如下：

```
$("tbody tr:last td:eq(2)").replaceWith("<td>zhouwu@126.com</td>");
```

replaceAll(selector)：用匹配的元素替换掉 selector 选择的所有元素。修改示例 10 中周五的 Email 为 zhouwu@126.com，jQuery 代码如下：

```
$("<td>zhouwu@126.com</td>").replaceAll("tbody tr:last td:eq(2)");
```

14.3.4 删除元素

empty()：删除匹配的元素集合中的所有子节点。把示例 10 中的 Email 置空，jQuery 代码如下：

```
$("tbody tr:last td:eq(2)").empty();
```

remove(expr)：从 DOM 中删除所有匹配的元素。把示例 10 中的 Email 删除，jQuery 代码如下：

```
$("tbody tr:last td:eq(2)").remove();
```

14.3.5 复制元素

复制元素是常用的 DOM 操作，为示例 10 中的表格的最后一行添加 click 事件。效果如图 14.11 所示。

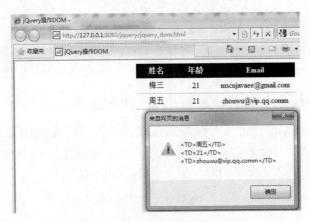

图 14.11 click 事件运行效果页

(1) clone()：克隆匹配的 DOM 元素并且选中这些克隆的副本。

复制最后一行，并追加到 tbody 元素中，jQuery 代码如下：

```
$("tbody tr:last").clone().insertAfter("tbody");
```

复制元素后，新元素不具有 click 事件，如果需要新元素也具有 click 事件，可以使用下面的方法。

(2) clone(true)：克隆元素及其所有的事件处理并且选中这些克隆的副本。

复制最后一行，并追加到 tbody 元素中，jQuery 代码如下：

```
$("tbody tr:last").clone(true).insertAfter("tbody");
```

运行效果如图 14.12 所示。

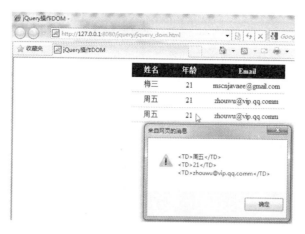

图 14.12　clone(true)用法示例运行效果

14.3.6　包裹元素

- wrap(html)：把所有匹配的元素用其他元素的结构化标记包裹起来。
- wrap(elem)：把所有匹配的元素用其他元素的结构化标记包裹起来。
- wrapAll(html)：把所有匹配的元素用单个元素包裹起来。
- wrapAll(elem)：把所有匹配的元素用单个元素包裹起来。
- wrapInner(html)：把每一个匹配的元素的子内容用一个 html 结构包裹起来。
- wrapInner(elem)：把每一个匹配的元素的子内容用一个 DOM 元素包裹起来。

如果把前面的 Email 加上<b>元素，jQuery 代码如下：

```
$("tbody tr:last td:eq(2)").wrap("<b></b>");
```

效果如图 14.13 所示。

姓名	年龄	Email
梅三	21	mscnjavaee@gmail.com
周五	21	**zhouwu@vip.qq.comm**

图 14.13　wrap(html)用法示例运行效果

14.3.7　添加元素

(1) add(expr)：把与表达式匹配的元素添加到 jQuery 对象中。

```
   <p>Hello</p><p><span id="a">Hello Again</span></p>
<a href="#" onclick="addJq();">jQuery Add</a>
```

jQuery 代码和功能如下：

```
function addJq(){
```

```
        var f=$("p").add("span");
                for(var i=0;i<$(f).size();i++){
                    alert($(f).eq(i).html);
                }
        }
```

执行$("p")得到匹配<p>的对象，有两个。add("span")是在("p")的基础上加上匹配<span>的对象，所以一共有3个，从上面的函数运行结果可以看到$("p").add("span")是3个对象的集合，分别是[<p>Hello</p>]、[<p><span>Hello Again</span></p>]和[<span>Hello Again</span>]。

(2) add(el)：在匹配对象的基础上附加指定的 DOM 元素。

(3) add(els)：在匹配对象的基础上附加指定的一组 DOM 元素。

```
<p>Hello</p>
    <p>
        <span id="a">Hello Again</span>
        <span id="b">Hello Again b</span>
    </p>
```

jQuery 代码和功能如下：

```
function addJq(){
$("p").add([document.getElementById("a"),document.getElementById("b")]).each(
function(){
                alert($(this).html());
            })
}
```

注意

els 是一个数组，这里的[]不能漏掉。

(4) children()：返回匹配对象的子节点。

```
<p>one</p>
<div id="ch"><span>two</span></div>
```

jQuery 代码及功能如下：

```
function childrenJq(){
alert($("#ch").children().html());
        }
```

$("#ch").children()得到对象[<span>two</span>]。

所以.html()的结果是 two。

(5) children(expr)：返回匹配对象的子节点中符合表达式的节点。

```
<div id="ch">
<span>two</span>
<span id="sp">three</span>
    </div>
```

jQuery 代码及功能如下:

```
function childrenJq(){
    alert($("#ch").children("#sp").html());
}
```

$("#ch").children()得到对象[<span>two</span><span id="sp">three</span>]。

$("#ch").children(.#sp.)过滤得到[<span id="sp">three</span>]。

parent()和 parent(expr)取匹配对象父节点的。参照 children 帮助理解。parents(expr)取得一个包含着所有匹配元素的祖先元素的元素集合(不包含根元素)。可以通过一个可选的表达式进行筛选。

注意

parents()将查找所有祖辈元素,而 parent()、children()只考虑子元素而不考虑所有后代元素。

(6) closest(expr):从元素本身开始,逐级向上级匹配元素,并返回最先匹配的元素。closest 会首先检查当前元素是否匹配,如果匹配则直接返回元素本身。如果不匹配则向上查找父元素,一层一层往上,直到找到匹配选择器的元素。如果什么都没找到则返回一个空的 jQuery 对象。

(7) contents():查找匹配元素内部所有的子节点。

(8) find(expr):在匹配的对象中继续查找符合表达式的对象。

```
<p>Hello</p><p id="a">Hello Again</p>
```

jQuery 代码及功能如下:

```
function findJq(){
    alert($("p").find("#a").html());
}
```

在$("p")对象中查找 id 为 a 的对象。

(9) next(expr):获取匹配的元素集合中每一个元素紧邻后面的同辈元素的元素集合。

```
<p>Hello</p><p id="a">Hello Again</p>
<p class="selected">And Again</p>
```

jQuery 代码及功能如下:

```
function findJq(){
    $("p").next().each(function(){
        alert($(this).html());
    })
    $("p").next("#a").each(function(){
        alert($(this).html());
    })
    $("p").next(".selected").each(function(){
        alert($(this).html());
    })
}
```

$("p").next()返回<p id="a">Hello Again</p>和<p class="selected">And Again</p>两个对象。

$("p").next("#a")返回<p id="a">Hello Again</p>一个对象。

$("p").next(".selected")返回<p class="selected">And Again</p> 一个对象。

(10) nextAll(expr)：查找当前元素之后所有的同辈元素。

```
<p>Hello</p><p id="a">Hello Again</p>
<p class="selected">And Again</p>
```

jQuery 代码及功能如下：

```
function nextJq(){
    $("p:first").nextAll().each(function(){
        alert($(this).html());
    })
}
```

$("p:first").nextAll()返回<p id="a">Hello Again</p>和<p class="selected">And Again</p>两个对象。

(11) prev(expr)：取得一个包含匹配的元素集合中每一个元素紧邻的前一个同辈元素的元素集合。用法参考 next(expr)。

(12) prevAll(expr)：查找当前元素之前所有的同辈元素。用法参考 nextAll(expr)。

(13) siblings(expr)：获取一个包含匹配的元素集合中每一个元素的所有唯一同辈元素的元素集合。

```
<p>one</p>
<div>
    <p id="a">two</p>
</div>
<a href="#">jQuery</a>
```

jQuery 代码及功能如下：

```
function siblingsJq(){
    $("div").siblings().each(function(){
        alert($(this).html());
    })
$("div").siblings("a").each(function(){
        alert($(this).html());
    })
}
```

$("div").siblings()的结果是返回<p>one</p>和<a href="#">jQuery</a>两个对象。

$("div").siblings("a")返回对象<a href="#" >jQuery</a>。

(14) eq(index)：获取第 N 个元素。元素的位置从 0 算起。

```
<p>one</p>
    <div>
        <p id="a">two</p>
    </div>
    <p>three</p>
```

jQuery 代码及功能如下：

```
function eqJq(){
    alert($("p").eq(2).html());
}
```

获取匹配的第二个元素。

(15) filter(expr)：筛选出与指定表达式匹配的元素集合。方法用于缩小匹配的范围，用逗号分隔多个表达式。

```
<div>one</div>
    <div id="a"><p>two</p></div>
<div><p>three</p></div>
```

jQuery 代码及功能如下：

```
function filterJq(){
    $("div").filter(":first").each(function(){
        alert($(this).html());
    })
    $("div").filter(":last,#a").each(function(){
        alert($(this).html());
    })
}
```

$("div").filter(":first")返回对象<div>one</div>

$("div").filter(":last,#a")返回<div id="a"><p>two</p></div>和<div><p>three</p></div>两个对象。

(16) filter(fn)：筛选出与指定函数返回值匹配的元素集合。

```
<p><ol><li>Hello</li></ol></p>
<p>How are you?</p>
```

jQuery 代码及功能如下：

```
function filterJq(){
$("p").filter(function(index) {
        return $("ol", this).length == 0;
    })
}
```

获取子元素中不含有 ol 的对象，获取的对象为<p>How are you?</p>。

(17) is(expr)：用一个表达式来检查当前选择的元素集合，如果其中至少有一个元素符合这个给定的表达式就返回 true。

```
    <p>Hello</p><p id="a">Hello Again</p>
<p class="selected">And Again</p>
```

jQuery 代码及功能如下：

```
function filterJq(){
    alert($("#a").is("p"));
    alert($(".selected").is("p"));
```

```
            alert($(".selected").is("div"));
        }
```

(18) not(expr)：删除与指定表达式匹配的元素。

(19) not(el)：删除与指定 DOM 元素匹配的元素。

(20) not(els)：删除与指定的一组 DOM 元素匹配的元素。

```
<p>Hello</p><p id="a">Hello Again</p>
<p class="selected">And Again</p>
jQuery 代码及功能：
    function filterJq(){
$("p").not(".selected")
}
```

删除 p 元素中 class 为 selected 的元素。

(21) hasClass(class)：检查当前的元素是否含有某个特定的类，如果有则返回 true。

```
<p class="selected">And Again</p>
```

jQuery 代码及功能如下：

```
    function filterJq(){
$("p").hasClass("selected")
}
```

判断 p 元素中是否包含类 selected。

14.3.8　属性操作

在 jQuery 中，用 attr()方法获取和设置元素的属性，用 removeAtrr()方法删除元素的属性。attr()方法能接受的参数介绍如表 14.10 所示。

表 14.10　attr 方法说明

选择器	描述	返回值
attr(key,value)	key：属性名称。value：属性的值	为所有匹配的元素设置一个计算的属性值
attr(key, fun(index, attr))	key：属性名称。 fun(index, attr)：回调函数。返回属性值的函数，第一个参数为当前元素的索引值，第二个参数为原先的属性值	返回 fun(index, attr)里面的目标结果值
attr(name)	name：属性名称	取得第一个匹配元素的属性值
attr(properties)	properties：作为属性的"名/值对"对象	将一个"名/值"形式的对象设置为所有匹配元素的属性
removeAttr(name)	name：要删除的属性名	无

下面我们看一个使用 attr()方法获取和设置元素的属性的示例。代码如下：

```
<html>
    <head>
        <title>attr()方法示例</title>
        <meta http-equiv="Content-Type" content="text/html; charset= UTF-8">
        <title>jQuery 操作 DOM</title>
        <script type="text/javascript" src="scripts/jquery-1.4.js"></script>
        <script type="text/javascript">
            function attrJq(){
                alert($("img").attr("src"));
            }
        </script>
    </head>
    <body>
        <img src="img/ok.gif" />
        <a href="#" onclick="attrJq()">jQuery</a>
    </body>
</html>
```

用 attr(name)方法获取元素 img 的属性 src 的值是 img/ok.gif，代码运行效果如图 14.14 所示。

修改元素 img 的 src 属性为 img/del.gif，jQuery 代码如下：

```
function attrJq(){
            $("img").attr("src","img/del.gif");
        }
```

单击 jQuery，运行效果如图 14.15 所示。

图 14.14　获取 src 值示例运行效果　　　　图 14.15　改变 src 值示例运行效果

修改元素 img 的 src 属性为 img/ok.gif，并为其设置属性 alt 值为 OK Image，jQuery 代码如下：

```
function attrJq(){$("img").attr({src:"img/ok.gif",alt:"OK Image"});
        }
```

单击 jQuery 链接，运行效果如图 14.16 所示。

2. removeAttr(name)方法

从每一个匹配的元素中删除一个属性。

删除元素 img 的 src 属性，jQuery 代码如下：

```
function attrJq(){
$("img").removeAttr("src");
    }
```

单击 jQuery 链接，运行效果如图 14.17 所示。

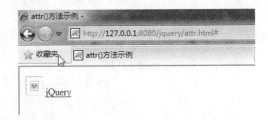

图 14.16　设置 alt 值示例运行效果　　　图 14.17　删除 src 值示例运行效果

jQuery 提供了一组获取和设置元素的 class 属性的方法，如表 14.11 所示。

表 14.11　设置元素的 class 属性的方法列表

选择器	描述	返回值
addClass(class)	class：一个或多个要添加到元素中的 CSS 类名，请用空格分开	为每个匹配的元素添加指定的类名
removeClass(class)	class：(可选)一个或多个要删除的 CSS 类名，请用空格分开	从所有匹配的元素中删除全部或者指定的类
toggleClass(class, switch)	class (String)：要切换的 CSS 类名 switch (Boolean)：用于决定是否切换 class 的布尔值	如果开关 switch 参数为 true 则加上对应的 class，否则就删除
toggleClass(class)	class：CSS 类名	如果存在(不存在)就删除(添加)一个类

下面通过示例演示 jQuery 操作元素 class 属性的使用方法。

【示例 11】setStyle.html

```
<head>
    <meta http-equiv="Content-Type" content="text/html; charset=UTF-8" />
<title>修改样式</title>
<script type="text/javascript" src="scripts/jquery-1.4.js"></script>
<script type="text/javascript">
    $(document).ready(function(){
        $("input:eq(0)").click(function(){
            $("#contentDiv").attr("class","content");
            $("#classSpan").html($("#contentDiv").attr("class"));
        });
        $("input:eq(1)").click(function(){
            $("#contentDiv").addClass("c_style");
            $("#classSpan").html($("#contentDiv").attr("class"));
        });
        $("input:eq(2)").click(function(){
```

```
                $("#contentDiv").removeClass("c_style");
                $("#classSpan").html($("#contentDiv").attr("class"));
            });
            $("input:eq(3)").click(function(){
                $("#contentDiv").removeClass();
                $("#classSpan").html($("#contentDiv").attr("class"));
            });
            $("input:eq(4)").click(function(){
                $("#contentDiv").toggleClass("c_style");
                $("#classSpan").html($("#contentDiv").attr("class"));
            });
        });
</script>
        <style type="text/css">
            <!--有关样式部分的代码，请参见光盘源码部分-->
        </style>
    </head>
    <body>
        <p id="head">
            单击这里
        </p>
        <div id="contentDiv">
            元素class属性操作方法
            <br />
            1. addClass(class)<br />
            2.removeClass(class)<br />
            3.toggleClass(class,switch)<br />
            4.toggleClass(class)<br />
            方法使用示例
        </div>
    </body>
</html>
```

代码运行效果如图 14.18 所示。

图 14.18　jQuery 操作元素 class 属性效果

单击"设置样式"，为 id 为 contentDiv 的 div 元素添加样式 content，运行效果如图 14.19(a) 所示；单击"追加样式"按钮，为 id 为 contentDiv 的 div 元素追加样式 content，运行效果如图 14.19(b)所示。

单击"删除样式"按钮，删除 c_style 样式，运行效果如图 4.20(a)所示；单击"重复切换样式"，元素 div 不存在 c_style 样式，则为 div 元素添加 c_style 样式，运行效果如图 14.20(b)所示。

再次单击"重复切换样式"按钮，div 元素的样式再次变为 content，若不断地单击"重复切换样式"按钮，div 元素的 class 值会在 content 和 content c_style 之间切换。当单击"删除全部样式"按钮时，div 元素的所有样式全部清空，运行效果如图 14.20(a)所示。

(a)

(b)

图 14.19　设置与追加样式运行效果

(a)

(b)

图 14.20　删除重复切换样式运行效果

14.3.9　获取和设置 Html、文本和值

1．html()方法

读取和设置元素的 html 内容，与 JavaScript 中的 innerHTML 属性功能类似。
HTML 代码如下：

```
<p>
    <strong>你最喜欢的编程语言是?</strong>
</p>
```

jQuery 代码及功能：

```
$(document).ready(function(){
                alert($("p").html());
});
```

获取<p>元素中的 html 内容，显示的结果是"你最喜欢的编程语言是?"。给 html()方法传递一个参数，用来设置元素的 html 内容。例如要设置<p>元素的 html 内容，可以用以下 jQuery 代码：

```
$("p").html("<strong>你最喜欢的编程语言是?</strong>"));
```

2．text()方法

读取和设置元素的内容，与 JavaScript 中的 innerText 属性功能类似。

修改 ready 中的代码如下：

```
$(document).ready(function(){
       alert($("p").text());
});
```

可以获取<p>元素中的内容，显示的结果是"你最喜欢的编程语言是?"。

给 html()方法传递一个参数，用来设置元素的 html 内容。例如要设置<p>元素的内容，可以用以下 jQuery 代码：

```
$("p").text("你最喜欢的编程语言是？"));
```

3．val()方法

用来获取和设置元素的值，与 JavaScript 中的元素的 value 属性功能类似。不论何种元素，比如文本框、单选按钮或下拉列表，val()都可以返回它的值。如果元素为多选，则返回一个包含所有选择的值的数组。

下面我们通过一个登录实例来介绍 val()方法的使用，HTML 代码如下：

```
<html>
    <head>
        <title>jQuery html()方法示例</title>
        <meta http-equiv="Content-Type" content="text/html; charset=UTF-8" />
        <title>修改样式</title>
        <script type="text/javascript" src="scripts/jquery-1.4.js"></script>
    </head>
    <body>
        用户名：<input type="text" id="userName" value="请输入用户名"/>
        <br />
        密    码：
<input type="password" id="userPwd" value="请输入密码"/>
        <br />
        <input type="button" value="登录" />
    </body>
</html>
```

运行效果如图 14.21 所示。

图 14.21　设置 html 文本值运行效果

当用户名文本框获得鼠标焦点时，如果用户名文本框的值为"请输入用户名"，则清空用户名文本框的值，jQuery 代码如下：

```
$("#userName").focus(function(){
     var userName = $(this).val();
     if(userName == "请输入用户名"){
         $(this).val("");
     }
});
```

当用户名文本框失去鼠标焦点时，如果用户名文本框的值为空，则设置用户名文本框的值为"请输入用户名"，jQuery 代码如下：

```
$("#userName").blur(function(){
     var userName = $(this).val();
     if(userName == ""){
         $(this).val("请输入用户名");
     }
});
```

对密码框实现和用户名文本框相同的操作。jQuery 代码如下：

```
$("#userPwd").focus(function(){
    var userPwd = $(this).val();
    if(userPwd == "请输入密码"){
        $(this).val("");
    }
});
$("#userPwd").blur(function(){
    var userPwd = $(this).val();
    if(userPwd == ""){
        $(this).val("请输入密码");
    }
});
```

通过上面的例子可以发现 val()方法不仅可以获取元素的值，还可以通过给 val()方法传参数来设置元素的值。

14.4　jQuery 选择器

jQuery 提供了一组用于操作 css 的方法，下面介绍几个常用的方法。
(1) css()方法：获取和设置元素的样式属性。
可以通过 css 方法根据属性名称来获取样式的值，jQuery 代码如下：

```
("div:last").css("font-size");
//获取最后一个div的字体大小
```

无论是外部 css 导入，还是直接在 HTML 元素 style 里编写的各种属性，css()方法都可以轻松将其取出。

也可以通过给 css()方法传入属性名和属性值来设置元素的单个样式。jQuery 代码如下：

```
("div:last").css("font-size","16px");
//设置最后一个div的字体大小为16px
```

css()方法也可以同时为元素设置多个样式属性。jQuery 代码如下：

```
("div:last").css({"font-size":"16px","background":"#888888"})
```

注意

在 css()方法里，如果属性带有 "-" 符号，例如 font-size 属性，如果在设置属性的时候不带引号，那么就要写成 fontSize，如果带上引号，则既可以写成 font-size，也可以写成 fontSize。建议大家加上引号，养成良好的习惯。

(2) height()方法：作用是获取和设置元素的高度值(px)，jQuery 代码如下：

```
$("div:last").height();   //获取div元素的高度值
$("div:last").height(400);//设置div元素的高度值为400px
```

(3) width()方法：获取和设置元素的宽度值(px)，jQuery 代码如下：

```
$("div:last").width();//获取div元素的宽度值
$("div:last").width(400);  //设置div元素的宽度值为400px
```

注意

height()和 width()方法，如果传递的是一个数字，默认的单位是 px，如果需要用其他的单位，需要传递一个字符串。

(4) offset()方法：获取匹配元素在当前视口的相对偏移。返回的对象包含两个整型属性：top 和 left。此方法只对可见元素有效。jQuery 代码如下：

```
var offset = $("div:last").offset();
var left = offset.left;
var top = offset.top;
```

(5) position()方法：获取匹配元素相对父元素的偏移。返回的对象包含两个整型属性：top 和 left。为精确计算结果，请在补白、边框和填充属性上使用像素单位。此方法只对可

见元素有效。jQuery 代码如下：

```
var position = $("div:last"). position();
var left = position.left;
var top = position.top;
```

(6) scrollLeft()方法：获取和设置元素的滚动条距左侧的距离。可以指定一个参数，来控制元素滚动条滚动到指定的位置。jQuery 代码如下：

```
$("textarea").scrollLeft();
$("textarea").scrollLeft(200);
```

(7) scrollTop()方法：获取和设置元素的滚动条距顶端的距离。可以指定一个参数，来控制元素滚动条滚动到指定的位置。jQuery 代码如下：

```
$("textarea").scrollTop();
$("textarea").scrollTop(300);
```

了解 jQuery 处理 css 常用的一些方法之后，下面通过综合示例来加强理解。

【示例 12】css.html

```html
<html>
    <head>
        <meta http-equiv="Content-Type" content="text/html; charset=UTF-8" />
        <title>jQuery 操作 css 常用方法示例</title>
        <script type="text/javascript" src="scripts/jquery-1.4.js"></script>
    </head>
    <body>
        <div id="formstylecontrols" style="margin-top:30px;margin-left:10px;">
            <label for="font-size">字体大小</label>
            <select id="fontSize">
                <option value="12px">小号</option>
…//省略代码请参看光盘源码
                <option value="24px">大号</option>
            </select>
            <label for="background">背景颜色</label>
            <select id="background">
                <option value="red">默认</option>
…//省略代码请参看光盘源码
                <option value="#ffffed">明黄</option>
            </select>
            <label for="color">字体颜色</label>
            <select id="fontColor">
                <option value="#ff0000">红色</option>
…//省略代码请参看光盘源码
                <option value="#660000">棕色</option>
            </select>
            <br />
            <label for="height">div 的高度: </label>
            <select id="height">
                <option value="200">200</option>
                <option value="250">250</option>
                <option value="300">300</option>
```

```
            </select>
            <label for="width">div 的宽度：</label>
            <select id="width">
                <option value="350">350</option>
                <option value="400">400</option>
                <option value="450">450</option>
            </select>
            <label><input type="button" id="styleButton" value="保存设置" /></label>
        </div>
        <div style="background: red; width: 400px; height: 200px; font-size: 16px;">
            <br />
            css 常用方法示例<br />
             1. css()方法 获取和设置元素的样式属性<br />
             2. height()和 width()方法<br />
             3. offset()方法<br />
             4. position()方法<br />
             5. scrollLeft()方法    <br />
             6. scrollTop()方法
        </div>
    </body>
</html>
```

设置 div 元素的默认样式属性到对应的下拉列表中，jQuery 代码如下：

```
//获取 div 元素中的字体大小，并设置字体下拉列表为当前值
$("#fontSize").val($("div:last").css("fontSize"));
//获取 div 元素中的背景色，并设置背景色下拉列表为当前值
$("#background").val($("div:last").css("background"));
//获取 div 元素中字体的颜色，并设置字体下拉列表为当前值
$("#fontColor").val($("div:last").css("color"));
//获取 div 元素的高度，并设置高度下拉列表为当前值
$("#height").val($("div:last").height());
//获取 div 元素的宽度，并设置宽度下拉列表为当前值
$("#width").val($("div:last").width());
```

运行效果如图 14.22 所示。

图 14.22　设置 CSS 样式运行效果

选择字体为"大号",背景色为"灰色",字体颜色为"蓝色",div 的高度为"300",div 的宽度为"450"。jQuery 代码如下:

```
//获取字体大小
var fontSize = $("#fontSize").val();
//获取背景色
var background = $("#background").val();
//获取字体颜色
var fontColor = $("#fontColor").val();
//获取高度
var height = $("#height").val();
//获取宽度
var width = $("#width").val();
```

单击"保存设置"按钮,设置选择元素的值应用到 div 元素上,jQuery 代码如下:

```
//设置最后一个 div 的样式为对应选择的值
$("div:last").css("fontSize",fontSize);
$("div:last").css("background",background);
$("div:last").css("color",fontColor);
$("div:last").height(height);
$("div:last").width(width);
```

保存后的效果如图 14.23 所示。

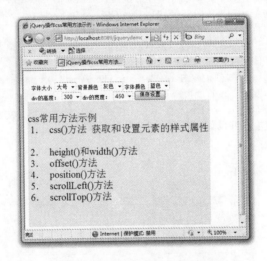

图 14.23 修改 CSS 样式运行效果

14.5 本章小结

本章介绍了 jQuery 的由来、优势和安装以及 jQuery 强大的选择器、DOM 处理以及 CSS 操作。本章内容已经基本涵盖了常见 jQuery 的用法。下一章节将继续 jQuery 的另一个重要学习环节——jQuery 事件。

14.6 上机练习

使用 jQuery 技术实现一个动态的在线表格。该表格和 Excel 有点类似,可以允许用户动态地添加删除行的操作。要创建的表格格式如下:

编号	部门	姓名	职务	基本工资	考勤工资	绩效考核	公司福利	操作
1	技术部	××	高级程序员	6000	1500	1500	200	编辑 删除
2	技术部	××	架构师	10000	2000	1000	200	编辑 删除
3	设计部	××	高级设计师	7000	1200	1300	200	编辑 删除
4	运维部	××	高级网管	5000	1000	1000	200	编辑 删除
								添加新记录

根据所学的知识完成下列需求。

1. 当用户单击"添加新记录"时,会弹出一个 div 表单,要求用户输入相应的字段信息,点击保存。div 自动关闭后,表格会自动在最后面追加一行刚才所输入的信息。

2. 当用户单击"编辑"操作时,会弹出一个 div 表单,要求用户对现有记录进行修改操作,点击保存。div 自动关闭后,表格会更新刚才所输入的信息。

3. 当用户单击"删除"操作时,会弹出一个警告,问用户是否真的删除。确定删除的记录会自动从表格中去掉。

第 15 章

jQuery 的应用二

学前提示

通过上一章的学习，相信各位读者一定对 jQuery 功能强大却又简洁明了的操作方式有了深刻的印象，本章主要学习 jQuery 的事件、动画效果以及 Ajax 交互等操作。完成本章内容的学习，基本上就可以掌握 jQuery 了。

知识要点

- jQuery 事件处理
- jQuery 效果处理
- jQuery Ajax 支持
- jQuery 工具函数

15.1　jQuery 的事件处理

JavaScript 和 HTML 之间的交互是用户通过浏览器操作页面引发的事件来处理的。当文档或元素发生变化或被操作时，浏览器会产生一个事件。虽然利用普通的 JavaScript 也能做到这一点，但 jQuery 增强并扩展了基本的事件处理机制。jQuery 不仅提供了更加优雅的事件处理语法，而且较大程度上扩展了事件处理能力。

15.1.1　页面加载

以浏览器加载文档为例，在页面加载完毕后，浏览器会通过 JavaScript 为 DOM 元素添加事件。在 JavaScript 中，通常使用 window.onload()方法，在 jQuery 中，使用的是 $(document).ready(fn)方法。$(document).ready(fn)方法是事件模块中最重要的一个函数，可以极大地提高 Web 应用程序的响应速度。简单地说，这个方法的目的是用来替换内置的 WindowsLoad 事件，但是通过使用这个方法，可以在 DOM 载入就绪能够读取并操纵时立即调用你所绑定的函数。在使用过程需要注意其区别，其区别主要有以下三点。

（1）执行时间

window.onload()方法在网页中的所有元素完全加载到浏览器后才执行，也就是说此时 JavaScript 才可以访问网页中的元素。而通过$(document).ready()方法注册的事件处理程序，在浏览器把 DOM 结构绘制完成后就可以被调用。此时，网页的所有元素对 jQuery 而言都是可以访问的，但是并不说明这些元素关联的文件都已经下载完毕。

（2）编写函数

假如已经定义了如下的 JavaScript 函数：

```
function first(){
    alert("first");
}
function second(){
    alert("second");
}
```

在网页加载完毕后，通过 JavaScript 调用两个函数：

```
window.onload = first;
window.onload = second;
```

运行代码，你会发现只会弹出"second"，效果如图 15.1 所示。

"first"字符串不能被弹出的原因是 onload 事件一次只能保存对一个函数的引用，它会自动用后面的函数覆盖前面的函数，所以不能在现有的行为基础上添加新行为。使用 $(document).ready()函数就能很好地解决这一问题。编写在 $(document).ready()函数中的代码，会根据定义的先后顺序依次执行。jQuery 代码如下：

图 15.1　页面加载效果图

```
$("document").ready(function(){
    alert("first");
});
$("document").ready(function (){
    alert("second");
});
```

运行代码效果如图 15.2 所示。

图 15.2　ready()函数运用效果图

(3) 简化写法

$(document) 可以简写成 $()，当 $() 不带参数时默认为"document"。所以 $("document").ready(function (){ });等价于$().ready(function (){ });。

此外，工厂函数可以接受另外一个函数作为参数，此时，jQuery 会在内部执行对 ready() 的隐式调用，因此也可以用下面的代码得到相同的结果：

```
$(function (){ });
```

用户可以根据自己的喜欢，任意选择一种。

15.1.2　事件绑定

除了页面加载外，如果还想对元素绑定事件来完成某些操作，则可以使用 bind()方法对元素进行特定事件的绑定，bind()方法的语法如下：

```
bind(type,[data],fn)
```

bind()方法有 3 个参数，说明如下。

参数一：事件类型，包括 blur、change、click、dbclick、focus、error、keydown、keypress、keyup、load、mousedown、mouseup、mousemove、mouseover、mouseout、mouseenter、select、submit、scroll、unload 等函数。

参数二：可选参数，作为 event.data 属性值传递给事件对象的额外数据对象。

参数三：绑定到元素的事件上的处理函数。

下面通过示例来说明 bind()方法的使用。

【示例 1】event-bind.html

```
<html>
    <head>
```

```html
        <title>jQuery bind()方法示例</title>
        <meta http-equiv="Content-Type" content="text/html; charset=UTF-8" />
        <script type="text/javascript" src="scripts/jquery-1.4.js"></script>
        <style type="text/css"><!--有关样式部分的代码,请参见光盘源码部分--></style>
    </head>
    <body>
        <div id="head">
            <span id="clickSpan">单击</span>   
            <span id="mouseOver">鼠标移过来</span>
        </div>
        <div id="content" class="content"><br />
            jQuery 是功能强大却又简洁明快的轻量级 JavaScript 库,
            是一个由 John Resig 于 2006 年 1 月底创建的开源项目。其宗
            旨是—WRITE LESS,DO MORE(写更少的代码,做更多的事情)。
            jQuery 凭借简洁的语法和多浏览器兼容性,极大地简化了 JavaScript
            开发人员处理 DOM、event,实现动画效果和 Ajax 交互等操作。
            它轻巧,并且执行速度快,因而赢得广大 js 开发者的青睐。
            <br />
        </div>
    </body>
</html>
```

运行效果如图 15.3 所示。

图 15.3　事件绑定示例效果

将 id 为 clickSpan 的<span>元素绑定 click 事件,id 为 mouseOver 的<span>元素绑定 mouseover 事件,jQuery 代码如下:

```
$("#clickSpan").bind("click",function(){
    $("#content").css("background","#daf");
});
$("#mouseOver").bind("mouseover",function(){
    $("#content").css("background","#daa");
});
```

就是说，当单击"单击"时，改变 id 为 content 的 div 元素的 background 为#daf。当把鼠标移到"鼠标移过来"时，改变 id 为 content 的 div 元素的 background 为#daa，效果如图 15.4 所示。

图 15.4　改变背景颜色示例效果

jQuery1.3 新增了一个和 bind()相似的方法 live()方法，live()方法的语法如下：

```
live(type,fn)
```

live()方法有两个参数，说明如下。

参数 1：事件类型，目前支持：click、dblclick、mousedown, mouseup、mousemove、mouseover、mouseout、keydown、keypress、keyup。

参数 2：绑定到元素的事件上面的处理函数。

与 bind()方法不同的是，live()方法一次只能绑定一个事件。这个方法跟传统的 bind 很像，区别在于用 live 来绑定事件会给所有当前以及将来在页面上的元素绑定事件(使用委派的方式)。比如说，如果你给页面上所有的 li 用 live 绑定了 click 事件。那么当在以后增加一个 li 到这个页面时，对于这个新增加的 li，其 click 事件依然可用。而无需重新给这种新增加的元素绑定事件。

对于只需要触发一次，随后就要立即解除绑定的情况，jQuery 提供了一种简写的方式：one()方法。one()方法为每一个匹配元素的特定事件绑定一个一次性的事件处理函数。在每个对象上，这个事件处理函数只会被执行一次，执行后就会被删除，其他规则与 bind()函数相同。

15.1.3　移除事件

jQuery 提供 unbind()方法用来移除用 bind()方法为元素绑定的事件，unbind()方法的语法如下：

```
unbind(type,data)
```

unbind()方法有两个参数，说明如下。

type (String)：(可选)事件类型。

data (Function)：(可选)要从每个匹配元素的事件中取消绑定的事件处理函数。

如果参数为空，unbind()方法移除元素上绑定的所有事件。

假设页面上有一个<div>元素，我们为它绑定了多个事件，html 代码如下：

```html
<html>
    <head>
        <title>jQuery unbind()方法示例</title>
        <meta http-equiv="Content-Type" content="text/html; charset=UTF-8" />
        <script type="text/javascript" src="scripts/jquery-1.4.js"></script>
        <script type="text/javascript">
            $(document).ready(function(){
                $("#head").bind("click",function(){
                    $("#content").append("<p>第一个绑定的事件<p>");
                }).bind("mouseover",function(){
                    $("#content").append("<p>第二个绑定的事件<p>");
                }).bind("click",function(){
                    $("#content").append("<p>第三个绑定的事件<p>");
                }).bind("click",function(){
                    $("#content").append("<p>第四个绑定的事件<p>");
                });
            });
        </script>
        <style type="text/css"><!--有关样式部分的代码，请参见光盘源码部分-->
</style>
    </head>
    <body>
        <div id="head">单击</div>
        <div id="content" class="content"></div>
    </body>
</html>
```

为 div 元素绑定了三个 click 事件，一个 mouseover 事件，运行效果如图 15.5 所示。

图 15.5　移除事件示例效果

修改上面的代码，在 div 元素内添加"删除事件"，html 代码如下：

```
<span id="removeSpan">删除事件</span>
```

为其绑定 click 事件，jQuery 代码如下：

```
$("#clickSpan").bind("click",function(){
});
```

删除元素绑定的所有 click 事件，jQuery 代码如下：

```
$("#clickSpan").bind("click",function(){
    $("#clickSpan").unbind("click");
});
```

如果要删除元素绑定的所有事件，jQuery 代码如下：

```
$("#clickSpan").bind("click",function(){
    $("#clickSpan").unbind();
});
```

对于使用 live()方法为元素绑定的事件，需要使用 die()方法来删除。

15.1.4 切换事件

jQuery 提供了用于在定义好的函数之间切换的方法：hover()和 toggle()方法。hover()和 toggle()方法都属于 jQuery 的自定义方法。

1. hover()方法

hover()是一个模仿悬停事件的方法，是一个自定义的方法，它为频繁使用的任务提供了一种"保持在其中"的状态。

hover()方法的语法如下：

```
hover(over,out)
```

hover()方法接收两个参数，参数说明如下。
- over (Function)：鼠标移到元素上要触发的函数。
- out (Function)：鼠标移出元素要触发的函数。

当鼠标移动到一个匹配的元素上面时，会触发指定的第一个函数。当鼠标移出这个元素时，会触发指定的第二个函数。而且，会伴随着对鼠标是否仍然处在特定元素中的检测，如果是，则会继续保持"悬停"状态，而不触发移出事件。

将上面事件绑定中的例子改成使用 hover()方法，jQuery 代码如下：

```
$("#mouseOver").hover(function(){$("#content").css("background","#daa");},
function(){$("#content").css("background","#adf");});
```

当鼠标悬停在"鼠标移过来"上时，改变 id 为 content 的 div 元素的背景色为#daa，鼠标移走后，背景色恢复。

2. toggle()方法

鼠标每次单击后，就会切换调用里面的属性或回调函数。

toggle()方法的语法如下：

```
toggle(fn1,fn2..fnN)
```

如果单击了一个匹配的元素，则触发指定的第一个函数，再次单击同一元素时，则触发指定的第二个函数，如果有更多函数，则再次触发，直到最后一个。随后的每次单击都重复对这几个函数的轮番调用。

将上面事件绑定中的例子改成使用 toggle()方法，jQuery 代码如下：

```
$("#clickSpan").toggle(function(){$("#content").css("background","#daf");},
function(){$("#content").css("background","#FF3300");},
function(){$("#content").css("background","ddd");  });
```

第一次单击时改变 id 为 content 的 div 元素的背景色为#daa，第二次单击改为#FF3300，第三次单击改为 ddd。

15.1.5 触发事件

上面所用的示例都是通过用户单击按钮触发 click 事件。但是有时，可能需要模拟单击效果。例如页面加载后，直接触发 click 事件，而不需要用户单击。

在 jQuery 中，提供了 trigger()方法来完成这种模拟操作。例如可以使用下面的代码触发 id 为 clickBtn 按钮的 click 事件：

```
$("#clickBtn").click(function(){$("#content").html("单击按钮了");});
$("#clickBtn").trigger("click");
```

页面加载后，运行效果如图 15.6 所示，源码请见 event-trigger.html。

图 15.6 触发事件示例效果

使用 trigger()方法也可以触发自定义的事件，例如为上面的按钮绑定一个 customFun 事件，并触发事件，jQuery 代码如下：

```
$("#clickBtn").bind("customFun",function(){$("#content").html("单击按钮了");});
$("#clickBtn").trigger("customFun");
```

trigger()方法触发元素绑定的事件后，同时会触发浏览器默认事件。如果只想触发元素绑定的事件，不执行浏览器默认事件，jQuery 提供了另一个方法：triggerHandler(type,data)。

看下面的例子来比较 trigger()和 triggerHandler()方法的不同，代码如下所示(源码请见 event-triggerHandler.html)：

```html
<html>
    <head>
        <title>jQuery trigger()和triggerHandler()方法示例</title>
        <meta http-equiv="Content-Type" content="text/html; charset=UTF-8" />
        <script type="text/javascript" src="scripts/jquery-1.4.js"></script>
        <script type="text/javascript">
            $(document).ready(function(){
                $("#textValue").focus(function(){
                    $("div").html($("div").html() + "onfocus 被触发了。");
                })
                $("#triggerHandlerBtn").click(function(){
                    $("#textValue").triggerHandler("focus");
                })
                $("#triggerBtn").click(function(){
                    $("#textValue").trigger("focus");
                })
            });
        </script>
    </head>
    <body>
        <h3>    jQuery 中的的 trigger()和 triggerHandler()方法.</h3>
        <input type="text" id="textValue"/>
        <input type="button" id="triggerHandlerBtn" value="测试 triggerHandler" />
        <input type="button" id="triggerBtn" value="测试 trigger" />
        <div></div>
    </body>
</html>
```

当单击"测试 triggerHandler"按钮时，效果如图 15.7(a)所示，当单击按钮"测试 trigger"时，效果如图 15.7(b)所示。

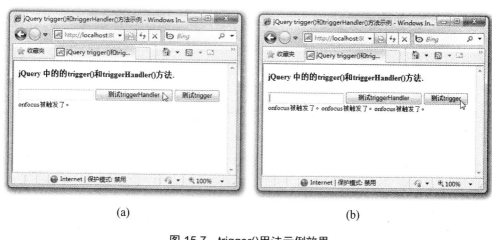

(a)　　　　　　　　　　　　(b)

图 15.7　trigger()用法示例效果

15.2 jQuery 效果处理

开发人员一直头疼做动画，但是有了 jQuery 后，你会瞬间成为别人眼里的动画高手！通过 jQuery 提供的做动画的方法，我们不仅能够轻松为页面添加精彩的视觉效果，还能创建简单的动画效果。

15.2.1 基本效果

show()方法和 hide()方法是 jQuery 中最基本的动画效果。它们的相关用法说明如下。
(1) show()：显示隐藏的匹配元素。相当于 css("display", "block/inline")。
例如，显示隐藏的<div>元素：

```
$("div").show();
```

show(speed,callback)：以动画效果显示匹配的元素，并在显示完成后可选地触发一个回调函数。它的两个参数说明如下。

- speed：三种预定速度之一的字符串("slow"、"normal"或"fast")或表示动画时长的毫秒数值(如：1000)。
- callback: (可选)在动画完成时执行的函数，每个元素执行一次。

(2) hide()：隐藏显示的元素。相当于 css("display"、"none")。

```
$("div").hide();
```

hide(speed,callback)：以动画效果隐藏匹配的元素，并在隐藏完成后可选地触发一个回调函数。它的两个参数说明如下。

- speed：三种预定速度之一的字符串("slow"、"normal"或"fast")或表示动画时长的毫秒数值(如：1000)。
- callback: (可选)在动画完成时执行的函数，每个元素执行一次。

看下面的例子(源码请见 show_hide.html)：

```
<html>
    <head>
        <title>shwo()和 hide()方法示例</title>
        <meta http-equiv="Content-Type" content="text/html; charset=UTF-8">
        <script type="text/javascript" src="scripts/jquery-1.4.js"></script>
        <style type="text/css">
                <!--有关样式部分的代码，请参见光盘源码部分-->
        </style>
    </head>
    <body>
        <div id="headDiv" class="head">jQuery 介绍</div>
        <div id="contentDiv" class="content">
            <br />
            jQuery 是功能强大却又简洁明快的轻量级 JavaScript 库,是一个由 John Resig
            于 2006 年 1 月底创建的开源项目。其宗旨是 WRITE LESS,DO MORE(写更少的代
            码，做更多的事情)。
```

jQuery 凭借简洁的语法和多浏览器兼容性，极大地简化了 JavaScript 开发人员处理 DOM、event，实现动画效果和 Ajax 交互等操作。它轻巧，并且执行速度快，赢得了广大 JS 开发者的青睐。

        </div>
    </body>
</html>
```

用 hide() 和 show() 方法控制 id 为 contentDiv 的 div 元素，jQuery 代码如下：

```
    $("#headDiv").hover(function(){$("#contentDiv").show();}
,function(){$("#contentDiv").hide();});
```

为 hide() 和 show() 方法指定一个速度参数，使元素慢慢地显示和隐藏，jQuery 代码如下：

```
        $("#headDiv").hover(function(){$("#contentDiv").show(600);}
,function(){$("#contentDiv").hide(600);});
```

jQuery 提供了 toggle() 方法用来切换元素的可见状态。改写上面的例子，jQuery 代码如下：

```
$("#contentDiv").toggle();
```

如果元素是可见的，切换为隐藏，如果元素是隐藏的，切换为可见。

15.2.2 淡入、淡出效果

1. fadeOut()和 fadeIn()方法

fadeOut()和 fadeIn()方法用于改变元素的不透明度。fadeOut()方法会在指定的一段时间内降低元素的不透明度，直到元素完全消失。fadeIn()则相反。

在上个例子中，如果想改变内容的透明度，可以使用 fadeOut()方法。jQuery 代码如下：

```
$("#headDiv").hover(function(){$("#contentDiv").fadeIn();},
function(){$("#contentDiv").fadeOut();});
```

2. fadeTo()方法

把所有匹配元素的不透明度以渐进方式调整到指定的不透明度，并在动画完成后可选地触发一个回调函数。fadeTo()方法的语法如下：

```
fadeTo(speed,opacity,callback)
```

fadeT0()方法有以下三个参数。

- speed：三种预定速度之一的字符串("slow"、"normal"或"fast")或表示动画时长的毫秒数值(如 1000)。
- opacity：要调整到的不透明度值(0～1 之间的数字)。
- callback(可选)：在动画完成时执行的函数，每个元素执行一次。

修改上面的例子，用 200 毫秒快速将段落的透明度调整到 0.25，大约 1/4 的可见度，jQuery 代码如下：

```

```
$("#contentDiv").fadeTo(200,0.25);
```

运行效果如图 15.8 所示。

图 15.8　fadeTo()用法示例效果

15.2.3　滑动效果

1. slideUp()和 slideDown()方法

slideUp()和 slideDown()方法只会改变元素的高度。如果一个元素的 display 属性值为 "none"，当调用 slideDown()方法时，这个元素将由上至下延伸展示。slideUp()方法正好相反，元素将由下到上缩短隐藏。使用 slideUp()和 slideDown()方法对上面的例子再次改写，jQuery 代码如下：

```
$("#headDiv").hover(function(){$("#contentDiv").slideUp();},
       function(){$("#contentDiv").slideDown();    });
```

2. slideToggle()方法

slideToggle()方法通过高度变化来切换元素的可见性。这个动画效果只调整元素的高度。把上面的例子用 slideToggle()方法改写，jQuery 代码如下：

```
$("#contentDiv").slideToggle();
```

15.2.4　自定义动画

很多情况下，上面介绍的 jQuery 效果处理方法无法满足用户的各种需求，我们需要对动画有更多的控制，需要采取一些高级的自定义动画来解决此问题。jQuery 提供了 animate()方法来自定义动画。语法结构如下：

```
animate(params,duration,easing,callback)
```

animate()方法有以下四个参数。
- params (Options)：设置动画如何显示的属性参数集合。
- duration (String,Number)(可选)：可以选用三种预定速度之一的字符串("slow"、

"normal"或"fast")，也可以用表示动画时长的毫秒数值(如：1000)。
- easing (String)(可选)：实现擦除效果的名称(需要插件支持)。默认 jQuery 提供 "linear" 和 "swing"两种动画效果。
- callback (Function)(可选)：在动画完成时执行的函数。

前面介绍的方法用不同的方式使元素动起来，animate()方法也能使元素动起来，并且更加灵活和新颖。示例如下：

```html
<html>
    <head>
        <title>自定义动画示例</title>
        <meta http-equiv="Content-Type" content="text/html; charset=utf-8" />
        <script type="text/javascript" src="scripts/jquery-1.4.js"></script>
        <script type="text/javascript">
            $(document).ready(function() {
                $("p").hover(function() {$(this).addClass("show");},
                function() {$(this).removeClass("show");});
                $("#a").animate({ height: 'hide', opacity: 'hide' }, 5000).animate({ height: 'show', opacity: 'show' }, 'slow');
                $("#b>#rightDiv>a").toggle(function() {
                    $("#a>#content").animate({ opacity: "hide" }, 'slow');
                    $(this).html("+");
                },function() {
                    $("#a>#content").animate({ opacity: "show" }, 'slow');
                    $(this).html("—");
                });
            });
        </script>
        <style type="text/css">
            <!--有关样式部分的代码，请参见光盘源码部分-->
        </style>
    </head>
    <body>
        <div id="a">
            <div id="b">
                <div align="left">
                      jQuery 介绍
                </div>
                <div id="rightDiv" align="right">
                    <a href="#">—</a>
                </div>
            </div>
            <div id="content">
                <p>
                    jQuery 是功能强大却又简洁明快的轻量级 JavaScript 库，
                </p>
                <p>
                    是一个由 John Resig 于 2006 年 1 月底创建的开源项目。
                </p>
                <p>
```

```
                              其宗旨是 WRITE LESS,DO MORE(写更少的代码，做更多的事情)。
                         </p>
                         <p>
                              jQuery 凭借简洁的语法和多浏览器兼容性，极大地简化了 JavaScript
                         </p>
                         <p>
                              开发人员处理 DOM、event，实现动画效果和 Ajax 交互等操作。
                         </p>
                         <p>
                              它轻巧，并且执行速度快，赢得了广大 JS 开发者的青睐。
                         </p>
                    </div>
               </div>
          </body>
</html>
```

当 DOM 加载完毕后，设置 id 为 a 的 div 元素隐藏，然后再设置 id 为 a 的 div 元素显示。jQuery 代码如下：

```
$("#a").animate({ height: 'hide', opacity: 'hide' }, 5000).animate({ height: 'show', opacity: 'show' }, 'slow');
```

效果如图 15.9 所示。

图 15.9　div 隐藏时的效果

为 p 元素添加一个鼠标悬停事件，当鼠标移到 p 元素上时，为 p 元素添加类 show，当鼠标移出 p 元素时，删除 p 元素的类 show，jQuery 代码如下：

```
$("p").hover(function() {
    $(this).addClass("show");
}, function() {
    $(this).removeClass("show");
});
```

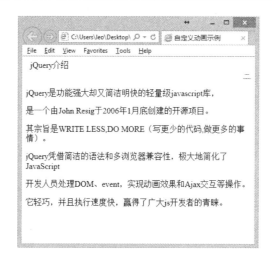

图 15.10　div 展开时的效果

效果如图 15.11 所示。

图 15.11　通过元素控制显示与隐藏效果

当单击 a 元素时，依次隐藏和显示 id 为 content 的 div 元素。jQuery 代码如下：

```
$("#b>#rightDiv>a").toggle(function() {
    $("#a>#content").animate({ opacity: "hide" }, 'slow');
    $(this).html("＋");
},function() {
    $("#a>#content").animate({ opacity: "show" }, 'slow');
    $(this).html("－");
});
```

效果如图 15.12 所示。

图 15.12　通过 a 元素控制显示与隐藏效果

学了这么多 jQuery 动画的方法，接下来我们来实现一个幻灯片的实例，不过在实现之前我们要考虑以下两点。

(1) 判断元素是否处于动画效果

在使用 animate()方法的时候，要避免动画积累而导致动画与用户的行为不一致，当用户快速地在某个元素上执行 animate()方法时，就会出现动画的积累。解决办法是先判断元素是否正处于动画状态，如果元素处于动画状态，不添加新动画，否则就为元素添加新的动画。jQuery 代码为$(element).is(":animated");，如果处于动画状态，返回 true，否则返回 false。

(2) 停止动画

很多时候需要停止元素正在进行的动画，这时可以使用 jQuery 提供的 stop()方法。

下面通过制作一个幻灯片实例来说明 jQuery 提供的动画效果方法的使用。幻灯片展示效果如图 15.13 所示。

图 15.13　幻灯片示例效果

用户可以通过选择右下角的序号，来控制显示的图片，也可以由程序控制定时依次播放图片。

(1) 页面编写，页面分为两部分，显示图片和显示图片序号。HTML 代码如下：

```
<div id="window" class="window">
    <!-- 图片显示区 -->
    <div id="image_reel" class="image_reel">
        <div style="display:none">
            <a href="#"><img src="img/1.jpg" /> </a>
        </div>
        <div style="display:none">
            <a href="#"><img src="img/2.jpg" /> </a>
        </div>
        <div style="display:none">
            <a href="#"><img src="img/3.jpg" /> </a>
        </div>
        <div style="display:none">
            <a href="#"><img src="img/4.jpg" /> </a>
        </div>
    </div>
</div>
<!-- 图片序号显示区 -->
<div id="seq" class="slide_btn">
```

```
    <a href="#" rel="1">1</a>
    <a href="#" rel="2">2</a>
    <a href="#" rel="3">3</a>
    <a href="#" rel="4">4</a>
</div>
```

(2) CSS 编写

```css
.main_view {
    float: left;
    position: relative;
}
.window {
    height: 286px;
    width: 490px;
    position: relative;
    overflow:hidden;
}
.image_reel {
    position: absolute;
    top: 0;
    left: 0;
}
.image_reel img {
    float: left;
}
.slide_btn {
    position: absolute;
    bottom: 40px;
    right: -7px;
    width: 178px;
    height: 47px;
    z-index: 100;
    text-align: center;
    line-height: 40px;
}
.slide_btn a {
    padding: 5px;
    text-decoration: none;
    color: #fff;
}
.slide_btn a.autoHover {
    font-weight: bold;
    background: #920000;
    border: 1px solid #610000;
}
.slide_btn a:hover {
    font-weight: bold;
    background: #920000;
    border: 1px solid #610000;
}
```

(3) jQuery 代码编写

下面我们按照需要来编写 jQuery 脚本，以控制页面的交互。

图片播放功能 jQuery 代码如下：

```
//图片序号添加 hover 样式 autoHover
$("#seq a").eq(currentIndex).addClass("autoHover").
siblings().removeClass("autoHover");
//设置当前要显示的图片的透明度为 0.25
$("#image_reel div").eq(currentIndex).css("opacity",0.25);
//显示当前需要的图片，并隐藏其他的
$("#image_reel div").eq(currentIndex).show().siblings().hide();
//图片在 4 秒内，透明度由 0.25～1
$("#image_reel div").eq(currentIndex).animate({
    opacity:1},4000);
```

通过 jQuery 选择器和操作 DOM 的方法获取当前图片序号所在的<a>元素，并为<a>元素添加 autoHover 样式，删除其他序号的 autoHover 样式。获取要显示的图片所在的<div>元素，设置其透明度为 0.25，调用 show()方法，显示<div>元素，隐藏其他同级的 div，为 div 添加动画效果，在 4 秒钟内，图片的透明度由 0.25 长到 1。

定义每 5 秒钟变换一次图片，播放完第四张，再回到第一张，依次播放，jQuery 代码如下：

```
//定时自动播放图片
autoPlay = function(){
    //播放图片
    animatPlay();
    currentIndex++;
    if(currentIndex > 3){
        currentIndex = 0;
    }
    //设置定时，每 5 秒钟变一次
    play = setTimeout(autoPlay,5000);
};
```

为图片和图片序号绑定鼠标悬停事件，当鼠标停留在图片和图片序号上时，自动播放失效，图片停留在当前状态，jQuery 代码如下：

```
//为图片序号绑定鼠标悬停事件
$("#seq a").hover(function(){
    clearPlayTime();
    currentIndex = $("#seq a").index(this);
    animatPlay();
},function(){
    currentIndex = $("#seq a").index(this);
    autoPlay();
});
//为图片绑定鼠标悬停事件
$("#image_reel a").hover(function() {
        clearPlayTime();
}, function() {
```

```
clearPlayTime();
autoPlay();
});
```

最终的 jQuery 代码如下：

```
            $("document").ready(function (){
                var currentIndex = 0;
                var play;
                //定时自动播放图片
                autoPlay = function(){
                    //播放图片
                    animatPlay();
                    currentIndex++;
                    if(currentIndex > 3){
                        currentIndex = 0;
                    }
                    //设置定时，每 5 秒钟变一次
                    play = setTimeout(autoPlay,5000);
                };
                //播放图片
                animatPlay = function(){
                    //图片序号添加 hover 样式 autoHover
                    $("#seq a").eq(currentIndex).addClass("autoHover").
                        siblings().removeClass("autoHover");
                    //设置当前要显示的图片的透明度为 0.25
                    $("#image_reel div").eq(currentIndex).css("opacity",0.25);
                    //显示当前需要的图片，并隐藏其他的
                    $("#image_reel div").eq(currentIndex)
                        .show().siblings().hide();
                    //图片在 4 秒内，透明度由 0.25 到 1
                    $("#image_reel div").eq(currentIndex).animate({
                        opacity:1
                    },4000);
                };
                //清除定时
                clearPlayTime = function(){
                    clearTimeout(play);
                };
                autoPlay();
                //为图片序号绑定鼠标悬停事件
                $("#seq a").hover(function(){
                    clearPlayTime();
                    currentIndex = $("#seq a").index(this);
                    animatPlay();
                },function(){
                    currentIndex = $("#seq a").index(this);
                    autoPlay();
                });
                //为图片绑定鼠标悬停事件
                $("#image_reel a").hover(function() {
```

```
            clearPlayTime();
    }, function() {
        clearPlayTime();
        autoPlay();
    });
});
```

此时所有的功能都已完成，图片能自动播放，动画效果也能正常运行，运行结果如图 15.14 所示。

图 15.14　通过 a 元素控制显示与隐藏效果

15.3　jQuery Ajax 支持

jQuery 提供了一组 Ajax 日常开发中常用的快捷操作，如 load、ajax、get 和 post 等方法，使得用 jQuery 开发 Ajax 变得极其简单。

15.3.1　load()方法

load()用于载入远程 HTML 文件代码并插入 DOM 中，load()方法是 jQuery 中最简单和常用的 ajax 方法。load()方法的语法结构如下：

```
load(url,data,callback)
```

load()方法接受三个参数：url，待装入 HTML 网页网址；data(可选)，发送至服务器的 key/value 数据；callback(可选)，载入成功时回调函数。

下面我们通过一个实例来说明 load()方法的使用，构建一个 load()方法加载的页面 ajax-load-info.html，代码如下：

```
<html>
    <head>
        <title>jQuery ajax load()方法</title>
        <meta http-equiv="Content-Type" content="text/html; charset=UTF-8">
    </head>
```

```
<body>
    <table id="domTable" border="0" align="center" cellpadding="0"
        cellspacing="0">
        <tr>
            <th>姓名</th>
            <th>年龄</th>
            <th>Email</th>
        </tr>
        <tr>
            <td>梅三</td>
            <td>21</td>
            <td>mscnjavaee@gmail.com</td>
        </tr>
        <tr>
            <td>周吴</td>
            <td>21</td>
            <td>zhouwu@vip.qq.com</td>
        </tr>
    </table>
</body>
</html>
```

构建一个触发 Ajax 事件和显示获取的信息的页面，代码如下：

```
<input type="button" id="loadBtn" value="ajax load"/>
<div id="loadContent" class="content"></div>
```

DOM 加载完毕，单击 id 为 loadBtn 的按钮，触发 Ajax 事件，并把获取的元素加载到 id 为 loadContent 的元素中，jQuery 代码如下：

```
$("#loadBtn").click(function(){
    $("#loadContent").load("ajax-load-info.html");
});
```

单击 ajax load 按钮后，效果如图 15.15 所示。

图 15.15　load 方法使用效果

在一些情况下，若只需要页面中的一部分信息，则可以通过使用 load()方法的 URL 参数来实现，通过为 URL 参数指定选择符，可以很方便地从加载的 HTML 文档里筛选出需要的内容。

load()方法的 URL 参数的语法结构为"url selector"。URL 和选择符之间有一个空格。例如需要加载 table 元素的最后一条信息，jQuery 代码如下：

```
$("#loadBtn").click(function(){
         $("#loadTable").load("ajax-load-info.html #domTable tr:last");
});
```

单击 ajax load 按钮后，效果如图 15.16 所示。

图 15.16　带参数的 load 方法使用效果

load()方法的传递方式默认为 get 方式，如果传递时附加参数，会自动转换为 post 方式。对于必须在加载完成后才能执行的操作，load()方法提供了回调函数(callback)，该函数需要 3 个参数，分别是请求返回的内容、请求状态和 XMLHttpRequest 对象，jQuery 代码如下：

```
$("#loadTable").load("ajax-load-info.html",function (responseText, textStatus, XMLHttpRequest){
    this;//在这里 this 指向的是当前的 DOM 对象，即$("# loadTable ")[0]
    responseText;//请求返回的内容
    textStatus;//请求状态: success, error 等
    XMLHttpRequest;//XMLHttpRequest 对象
    });
```

15.3.2　$.get()方法

此方法通过远程 HTTP GET 请求载入信息。$.get()方法的语法结构如下：

```
$.get(url,data,callback)
```

$.get()方法的三个参数说明如下。

- url (String)：待载入页面的 URL 地址。
- data (Map)(可选)：要发送给服务器的数据，以 key/value 的键值对形式表示，会作为 QueryString 附加到请求 URL 中。
- callback (Function)(可选)：载入成功时回调函数(只有当 Response 的返回状态是 success 时才调用该方法)。

下面是一个登录页面的 HTML 代码，通过登录的例子来介绍 jQuery.ajax()方法的使用。代码如下：

```html
<html>
    <head>
        <title>jQuery ajax 示例</title>
        <meta http-equiv="Content-Type" content="text/html; charset=UTF-8" />
        <script type="text/javascript" src="scripts/jquery-1.4.js"></script>
    </head>
    <body>
        用户名：<input type="text" id="userName" value="请输入用户名"/>
        <br />
        密    码：<input type="text" id="userPwd"
            value="请输入密码"/>
        <br />
        <input type="button" id="loginBtn" value="登录" />
    </body>
</html>
```

运行效果如图 15.17 所示。

填好数据，准备登录，如图 15.18 所示。

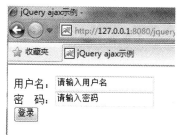
图 15.17　登录页面

图 15.18　收集用户数据

首先确定请求的 url 地址，然后需要获取"用户名"和"密码"的值作为 data 参数传递到后台，jQuery 代码如下：

```
var userName;
var userPwd;
//用户名框获得鼠标焦点
$("#userName").focus(function(){
    userName = $(this).val();
    if(userName == "请输入用户名"){
        $(this).val("");
    }
});
//用户名框失去鼠标焦点
$("#userName").blur(function(){
    userName = $(this).val();
    if(userName == ""){
        $(this).val("请输入用户名");
    }
```

```
});
//密码框获得鼠标焦点
$("#userPwd").focus(function(){
    userPwd = $(this).val();
    if(userPwd == "请输入密码"){
        $(this).val("");
    }
});
//密码框失去鼠标焦点
$("#userPwd").blur(function(){
    userPwd = $(this).val();
    if(userPwd == ""){
        $(this).val("请输入密码");
    }
});
$("#loginBtn").click(function(){
    if(userName == "" || userPwd == ""){
        return false;
    }
    var url="ajax";
var params={username:userName,pass:userPwd};
$.get(url,params,callback);
});
```

服务器端接收到传递的 data 数据并成功返回,可以通过 data 数据判断是否登录成功。回调函数有两个参数,jQuery 代码如下:

```
function (data, textStatus) {
    // data 可能是 xmlDoc、jsonObj、html、text 等
    // textStatus 请求状态
}
```

回调函数只有当数据成功(success)返回后才调用。服务器返回的数据格式有多种,它们都可以完成相同的任务。以下是几种数据格式的对比。

1. HTML

HTML 片段实现起来只需要很少的工作量,不需要处理就可以直接插入到页面中。但是这种数据的结构方式不一定能够在其他的 Web 应用程序中得到重用。jQuery 代码如下:

```
$("#loginBtn").click(function(){
    var url="ajax";
var params={username:userName,pass:userPwd};
$.get(url,params,function(data){
        $("#result").html(data);
    });
});
```

2. XML 文档

服务器端返回 XML 文档,需要对返回的数据进行处理,可以通过 jQuery 提供的强大的 DOM 处理能力,使用 find()、filter()、attr()等方法来处理 XML 文档。jQuery 代码如下:

```
$("#loginBtn").click(function(){
    var url="ajax";
var params={username:userName,pass:userPwd};
$.get(url,params,function(data){
        var r= $(data).find("login").attr("result");
        if(r.indexOf("true")!=-1){
            window.location.href="welcome.html";
        }else{
            window.location.href="error.html";
        }
    });
});
```

XML 文档的可移植性是当之无愧的王者，是其他数据格式无法比拟的，但是 XML 文档的体积相对较大，与其他的数据格式相比，解析和操作它们的速度相对慢一些。

3. JSON 文件

服务器端返回 JSON 文件，需要对返回的数据进行处理，根据获取的数据进行下一步的操作，jQuery 代码如下：

```
$("#loginBtn").click(function(){
    if(userName == "" || userPwd == ""){
        return false;
    }
    var url="ajax";
var params={username:userName,pass:userPwd};
$.get(url,params,function(data){
        var r= data.result;
        if(r.indexOf("true")!=-1){
            window.location.href="welcome.html";
        }else{
            window.location.href="error.html";
        }
    });
});
```

JSON 文件的结构使它能方便地被重用，并且简洁易读。JSON 文件的个数非常严格，构建的 JSON 文件必须完整无误。

通过对三种数据格式的优缺点进行分析，可以得出在不需要与其他应用程序共享数据时，使用 html 来提供返回数据是最简单的；如果数据需要重用，JSON 文件是不错的选择，它在性能和文件大小方面具有优势；当应用程序未知时，XML 文档是最好的选择，它是 Web 领域的"世界语"。具体选择哪种数据格式，没有严格的规定，可以根据需求来选择最适合的数据格式。

15.3.3 $.post()方法

$.post()方法的语法和使用方式都和$.get()方法相同，不过它们之间还是有些区别的。

- Get 请求会将参数跟在 URL 后进行传递，Post 请求则是作为 http 消息的实体内容发送给 Web 服务器。
- Get 方式对传输的数据有大小限制(通常不能大于 2KB)，而使用 Post 方式传递的数据量理论上不受限制。
- Get 方式请求的数据会被浏览器缓存起来，其他人可以从浏览器的历史记录中读取到这些信息。在一些情况下，Get 方式会带来严重的后果，Post 方式相对来说可以避免这些问题。

使用 load()、$.get()和$.post()方法可以完成一个简单的 Ajax 程序，如果需要编写复杂的 Ajax 程序，那么就要用到 jQuery 中的$.ajax()方法。$.ajax()方法不仅能实现与 load()、$.get()和$.post()方法同样的功能，还可以设定提交前回调函数(beforSend)、请求失败处理(error)、请求成功后处理(success)以及请求完成后处理(complete)回调函数，可以为用户提供更多的 Ajax 提示信息。还有一些参数，可以设置 Ajax 请求的超时时间或者页面的"最后更改"状态等。$.ajax()方法会在后面讲解。

15.3.4 $.getScript()方法

通过 HTTP GET 请求载入并执行一个 JavaScript 文件。$.getScript()方法的语法结构如下：

```
jQuery.getScript(url,callback)
```

$.getScript()方法有两个参数，说明如下。
- url (String)：待载入 JS 文件地址。
- callback (Function)：(可选)成功载入后回调函数。

jQuery 提供了$. getScript()方法来直接加重.js 文件，并且不需要对 JavaScript 文件进行处理，JavaScript 文件会自动执行。

15.3.5 $.getJson()方法

通过 HTTP GET 请求载入 JSON 数据。$.getJson()方法的语法结构如下：

```
$.getJson(url,data,callback)
```

$.getJson()方法有三个参数，说明如下。
- url (String)：发送请求地址。
- data (Map)：(可选)待发送 key/value 参数。
- callback (Function)：(可选)载入成功时回调函数。

15.3.6 $.ajax()方法

$.ajax()方法是 jQuery 最底层的 Ajax 实现，通过 HTTP 请求加载远程数据。$.ajax()方法的语法结构如下：

```
$.ajax(options)
```

$.ajax()方法只有一个参数，此参数包含了$.ajax()方法需要的请求设置和回调函数等信息，参数以 key/value 键值对方式存在，所有的参数都是可选的，常用参数如表 15.1 所示。

表 15.1　ajax()方法常用参数说明

参 数 名	类 型	描 述
url	String	(默认：当前页地址) 发送请求的地址
type	String	(默认："GET") 请求方式 ("POST" 或 "GET")，默认为 "GET"。注意：其他 HTTP 请求方法，如 PUT 和 DELETE 也可以使用，不过有些浏览器暂时不支持
timeout	Number	设置请求超时时间(毫秒)。此设置将覆盖全局设置
async	Boolean	(默认：true) 默认设置下，所有请求均为异步请求。如果需要发送同步请求，需将此选项设置为 false。注意，同步请求将锁住浏览器，用户其他操作必须等待请求完成才可以执行

beforeSend	Function	发送请求前可修改 XMLHttpRequest 对象的函数，如添加自定义 HTTP 头。XMLHttpRequest 对象是唯一的参数。
		function (XMLHttpRequest) {
		this;// 调用本次 Ajax 请求时传递的 options 参数}

cache	Boolean	(默认：true) jQuery 1.2 新功能，设置为 false 将不会从浏览器缓存中加载请求信息

complete	Function	请求完成后回调函数 (请求成功或失败时均调用)。参数：XMLHttpRequest 对象，成功信息字符串。
		function (XMLHttpRequest, textStatus) {
		this;// 调用本次 Ajax 请求时传递的 options 参数 }

contentType	String	(默认："application/x-www-form-urlencoded")发送信息至服务器时内容编码类型。默认值适合大多数应用场合
data	Object, String	发送到服务器的数据。将自动转换为请求字符串格式。参数必须为 key/value 格式。如果为数组，jQuery 将自动为不同值对应同一个名称。如 {foo:["bar1", "bar2"]} 转换为 '&foo=bar1&foo=bar2'
dataType	String	预期服务器返回的数据类型。如果不指定，jQuery 将自动根据 HTTP 包 MIME 信息返回 responseXML 或 responseText，并作为回调函数参数传递，可用值如下。 xml：返回 XML 文档，可用 jQuery 处理。 html：返回纯文本 HTML 信息；包含 script 元素。 script：返回纯文本 JavaScript 代码。不会自动缓存结果。 json 返回 JSON 数据。 jsonp: JSONP 格式。使用 JSONP 形式调用函数时，如 "myurl?callback=?" jQuery 将自动替换 ? 为正确的函数名，以执行回调函数

续表

参数名	类型	描述

error	Function	(默认：自动判断 (xml 或 html)) 请求失败时将调用此方法。这个方法有三个参数：XMLHttpRequest 对象、错误信息、(可能)捕获的错误对象。
		`function (XMLHttpRequest, textStatus, errorThrown) {`
		　　`// 通常情况下，textStatus 和 errorThown 只有其中一个有值`
		　　`this; //调用本次 Ajax 请求时传递的 options 参数}`

global	Boolean	(默认：true) 是否触发全局 Ajax 事件。设置为 false 将不会触发全局 Ajax 事件，如 ajaxStart 或 ajaxStop。可用于控制不同的 Ajax 事件
ifModified	Boolean	(默认：false)仅在服务器数据改变时获取新数据。使用 HTTP 包 Last-Modified 头信息判断
processData	Boolean	(默认：true) 默认情况下，发送的数据将被转换为对象(技术上讲并非字符串) 以配合默认内容类型 "application/x-www-form-urlencoded"。如果要发送 DOM 树信息或其他不希望转换的信息，请设置为 false

success	Function	请求成功后回调函数。这个方法有两个参数：服务器返回数据，返回状态
		`function (data, textStatus) {`
		　`// data 可能是 xmlDoc, jsonObj, html, text, 等等。`
		　`this; //调用本次 Ajax 请求时传递的 options 参数}`

上面介绍的参数是使用$.ajax()方法来进行 Ajax 开发所必须了解的，此外，jQuery.ajax()方法还有其他的参数，具体的参见 jQuery API(网址：http://api.iquery.com)。

前面用的$.load()、$.get()、$.post()、$.getScript()和$.getJson()方法都是基于$.ajax()方法构建的，所以可以用$.ajax()方法代替前面的所有方法。

下面代码就是用$.ajax()方法代替上面的$.get()方法，jQuery 代码如下：

```
$("#loginBtn").click(function(){
    var url="ajax";
var params={username:userName,pass:userPwd};
$.ajax({
      type:"GET",
      url: url,
      data:params,
    beforeSend: function(XMLHttpRequest){
    },
    success: function(data, textStatus){
          var r= $(data).find("login").attr("result");
      if(r.indexOf("true")!=-1){
            window.location.href="welcome.html";
      }else{
            window.location.href="error.html";
      }
    },
    complete: function(XMLHttpRequest, textStatus){
    },
    error: function(){
```

```
        //处理错误请求
    }
});
```

15.3.7 序列化元素

做项目的过程中，表单是必不可少的，例如用于收集用户的信息：注册、登录等。传统的表单提交操作，整个浏览器都会被刷新，而使用 Ajax 技术能够异步提交表单，并把处理结果显示到当前页面。

前面讲解$.get()用的是登录的例子，改写 html 代码如下：

```
        <form id="loginForm" action="#">
            用户名：<input type="text" id="userName" value="请输入用户名"/>
            <br />
            密      码：<input type="text" id="userPwd" value="请输入密码"/>
            <br />
            <input type="button" id="loginBtn" value="登录" />
        </form>
```

我们常用的提交表单的方式的代码如下：

```
var url="ajax";
var params={username:userName,pass:userPwd};
$.get(url,params,function(data){
    var r= $(data).find("login").attr("result");
    if(r.indexOf("true")!=-1){
        window.location.href="welcome.html";
    }else{
        window.location.href="error.html";
    }
});
```

这种方式在表单数据比较少的时候还可以使用，但是如果表单元素很复杂，会大大增加开发人员的工作量。jQuery 为这一操作提供了一个简化的方法：serialize()方法。与 jQuery 的其他方法一样，serialize()方法也是作用于一个 jQuery 对象上。它能够将 DOM 元素的值序列化为一个字符串，用于 Ajax 请求。使用 serialize()方法修改上面的代码如下：

```
$("#loginBtn").click(function(){
    var url="ajax";
        $.get(url,$("#loginForm").serialize(), function(data){
        var r= $(data).find("login").attr("result");
        if(r.indexOf("true")!=-1){
            window.location.href="welcome.html";
        }else{
            window.location.href="error.html";
        }
    });
});
```

因为 serialize()方法是作用于 jQuery 对象上,所以不仅表单可以使用它,其他选择器选取的元素也都能使用它,jQuery 代码如下:

```
$(":checkbox,:radio").serialize();
```

把复选框和单选按钮的值序列化为字符串形式,但只会将选中的值序列化。

jQuery 还提供了一个与 serialize()方法类似的方法:serializeArray(),该方法将 DOM 元素序列化后,返回 json 格式的数据。

下面的示例可以说明 serializeArray()方法的使用,html 代码如下:

```
<form id="form1">
    学历:
    <input type="radio" name="items" id="item1" value="博士"/>博士
    <input type="radio" name="items" id="item1" value="本科"/>本科
    <input type="radio" name="items" id="item1" value="专科"/>专科
    <input type="radio" name="items" id="item1" value="高中"/>高中
    <br />
    工作:
    <input type="checkbox" name="chJobType" id="chkJobType1" value="全职" checked/>全职
    <input type="checkbox" name="chJobType" id="chkJobType1" value="兼职" />兼职
    <input type="checkbox" name="chJobType" id="chkJobType1" value="临时" />临时
    <input type="checkbox" name="chJobType" id="chkJobType1" value="实习" />实习
    <br />
    <input type="button" id="chekBtn" value=" 查看结果 "/>
</form>
<div id="results"></div>
```

获取选中的学历和工作,jQuery 代码如下:

```
$("#chekBtn").click(function(){
    var checkVals=$(":radio,:checkbox").serializeArray();
    $.each(checkVals, function(i, checkVal){
        $("#results").append(checkVal.value + " ");
    });
});
```

单击"查看结果"按钮,效果如图 15.19 所示。

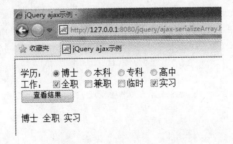

图 15.19 序列化元素效果

15.3.8　Ajax 全局事件

jQuery 简化 Ajax 操作不仅体现在调用 Ajax 方法和处理响应方面，而且还体现在对调用 Ajax 方法的过程中的 http 请求的控制。通过 jQuery 提供了一些自定义全局函数，能够为各种与 Ajax 相关的事件注册回调函数。例如我们打开网页时，由于加载的速度比较慢，如果在加载的过程中，不给用户提供一些提示信息，很容易让用户误认为网站有问题，使用户对网站失去信心。此时，需要为网页添加一个提示信息，代码如下：

```
<div id="loading" class="loading">
    加载中...请稍候
</div>
```

使用 css 控制元素的显示隐藏，Ajax 请求开始的时候，显示元素，提示用户请求正在进行。当 Ajax 请求结束时，隐藏元素。jQuery 代码如下：

```
$("#loading").ajaxStart(function(){
    $(this).show();
});
$("#loading").ajaxStop(function(){
    $(this).hide();
});
```

Ajax 的全局事件中还有其他的几个方法，也可以在使用 Ajax 的过程中提供方便，如表 15.2 所示。

表 15.2　Ajax 全局事件中其他方法说明

方　法	说　明
ajaxStart(callback)	AJAX 请求开始时执行函数
ajaxStop(callback)	AJAX 请求结束时执行函数
ajaxSend(callback)	AJAX 请求发送前执行函数
ajaxError(callback)	AJAX 请求发生错误时执行函数
ajaxSuccess(callback)	AJAX 请求成功时执行函数
ajaxComplete(callback)	AJAX 请求完成时执行函数

15.4　jQuery 工具函数

jQuery 提供了一组处理 URL、字符串、数组和对象、浏览器及其特性的工具函数。具体用法如下所示。

1. URL 操作

$.param(obj)：将表单元素数组或者对象序列化，是.serialize()的核心方法。数组或 jQuery 对象会按照 name/value 对进行序列化，普通对象按照 key/value 对进行序列化。代码如下：

```
var params = { width:1024, height:768 };
var str = jQuery.param(params);
```

str 的值是 width=1024&height=768。

2. 字符串操作

jQuery 提供了$.trim(str)函数去掉字符串起始和结尾的空格。去掉字符串的前后空格:

```
$.trim(" hello, how are you ");
```

结果如下:

```
hello, how are you
```

3. 数组和对象操作

1) 遍历

jQuery.each(obj,callback): 通用遍历方法,可用于遍历对象和数组。不同于遍历 jQuery 对象的 $().each() 方法,此方法可用于遍历任何对象。

jQuery.each()函数有两个参数,说明如下。

- obj(Object): 需要遍历的对象或数组。
- callback(Function)(可选): 每个成员/元素执行的回调函数。

回调函数拥有两个参数: 第一个为对象的成员或数组的索引, 第二个为对应变量或内容。如果需要退出 each 循环可使回调函数返回 false, 其他返回值将被忽略。

对于数组我们可以使用 jQuery.each(object,callback)来遍历, 这等同于使用 for 循环。比如下面的示例遍历到第二个元素后会终止:

```
$.each(["a", "b", "c"], function(i, n){
  alert("Item #" + i + ": " + n);//可以获取到i值
    if (i >= 1){
        return false;
    }
});
```

如果传递的是对象,则遍历对象的每一个属性,即使函数返回 false 也依然会遍历完所有的属性,下面示例会遍历所有的属性:

```
$.each({ name: "ziqiu.zhang", sex: "male",
status: "single" }, function(i, n){
                    alert("Item #" + i.toString() + ": " + n );
//第一个参数i表示属性的key(object),this表示属性值
                    if (i >= 1){
                        return false;
                    }
});
```

2) 筛选

jQuery.grep(array,callback,invert): 使用过滤函数过滤数组元素。

jQuery.grep()函数有三个参数,参数说明如下。

- array (Array): 待过滤数组。

- callback (Function)：此函数将处理数组中的每个元素。第一个参数为当前元素，第二个参数是元素索引值。此函数应返回一个布尔值。另外，此函数可设置为一个字符串，当设置为字符串时，将视为 lambda 表达式。
- invert (Boolean)(可选)：如果设置为 false，则函数返回数组中由过滤函数返回 true 的元素，当 invert 为 true 时，则返回过滤函数中返回 false 的元素集。

下面的示例演示了如何过滤数组中索引小于 0 的元素：

```
$.grep( [0,1,2], function(n,i){
    return n > 0;
});
```

3) 转换

$.map(array,callback)：将一个数组中的元素转换到另一个数组中。

$.map()函数有两个参数，说明如下。

- array (Array)：待转换数组。
- callback (Function)：由每个数组元素调用，而且会给这个转换函数传递一个表示被转换的元素作为参数。函数可返回任何值。另外，此函数可设置为一个字符串，当设置为字符串时，将视为 lambda 表达式。

看下面的例子：

```
var arr = [ "a", "b", "c", "d", "e" ]
arr = jQuery.map(arr, function(n, i){
return (n.toUpperCase() + i);
});
$("div").text(arr.join(", "));
```

结果如下：

```
A0, B1, C2, D3, E4
```

4) 合并

合并对象是我们常常编写的功能，通常使用臃肿的 for 循环来实现。jQuery 为我们提供了很多具有合并功能的函数，如表 15.3 所示。

表 15.3　jQuery 中合并功能的相关函数说明

名　称	说　明	示　例

$.extend(target,obj1,[objN])	用一个或多个其他对象来扩展一个对象，返回被扩展的对象。如果不设置 target，则 jQuery 命名空间本身进行扩展。这有助于插件作者为 jQuery 增加新方法。如果第一个参数设置为 true，jQuery 返回一个深层次的副本，递归地复制找到的任何对象。否则的话，副本会与原对象共享结构	合并 settings 和 options，修改并返回 settings：
		`var settings = { validate: false, limit: 5, name: "foo" };`
		`var options = {validate: true, name: "bar" };`
		`jQuery.extend(settings, options);`
		结果：
		`settings == { validate: true, limit: 5, name: "bar" }`

续表

名 称	说 明	示 例
.makeArray(obj)	将类数组对象转换为数组对象。类数组对象有 length 属性，其成员索引为 0～length-1。实际中，此函数在 jQuery 中将自动使用而无须特意转换	将 DOM 对象集合转换为数组： `var arr = jQuery.makeArray(document.getElementsByTagName("div"));`

$.inArray(value, array)	确定第一个参数在数组中的位置，从 0 开始计数(如果没有找到则返回 -1)	查看对应元素的位置：
		`var arr = [ 4, "Pete", 8, "John" ];`
		`jQuery.inArray("John", arr); //3`
		`jQuery.inArray(4, arr); //0`
		`jQuery.inArray("David", arr); //-1`

$.unique(array)	删除数组中的重复元素。只处理删除 DOM 元素数组，而不能处理字符串或者数字数组	删除重复 div 标签： `$.unique(document.getElementsByTagName("div"));`

5) 浏览器及特性检测

$.support：在 jQuery 1.3 版本中新增的功能。一组用于展示不同浏览器各自特性和 bug 的属性集合。jQuery 提供了一系列属性，用户也可以自由增加自己的属性。其中许多属性是很低级的，所以很难说他们能否在日新月异的发展中一直保持有效，但这些属性主要用于插件和内核开发。所有这些支持的属性值都通过特性检测来实现，而不是用任何浏览器检测。下面是一些非常棒的资源用于解释这些特性检测是如何工作的。

http://peter.michaux.ca/articles/feature-detection-state-of-the-art-browser-scripting

http://yura.thinkweb2.com/cft/

http://www.jibbering.com/faq/faq_notes/not_browser_detect.html

$.support 主要包括的测试如表 15.4 所示。

表 15.4 $.support 包括的测试说明

名 称	说 明
boxModel	如果这个页面和浏览器是以 W3C CSS 盒式模型来渲染的，则等于 true。通常在 IE 6 和 IE 7 的怪癖模式中这个值是 false。在 document 准备就绪前，这个值是 null
cssFloat	如果用 cssFloat 来访问 CSS 的 float 的值，则返回 true。目前在 IE 中会返回 false，它用 styleFloat 代替
hrefNormalized	如果浏览器从 getAttribute("href")返回的是原封不动的结果，则返回 true。在 IE 中会返回 false，因为它的 URLs 已经常规化了
htmlSerialize	如果浏览器通过 innerHTML 插入链接元素的时候会序列化这些链接，则返回 true，目前 IE 中返回 false
leadingWhitespace	如果在使用 innerHTML 的时候浏览器会保持前导空白字符，则返回 true，目前在 IE 6～8 中返回 false

续表

名 称	说 明
noCloneEvent	如果浏览器在克隆元素的时候不会连同事件处理函数一起复制，则返回 true，目前在 IE 中返回 false
objectAll	如果在某个元素对象上执行 getElementsByTagName("*")会返回所有子孙元素，则为 true，目前在 IE 7 中为 false
opacity	如果浏览器能适当解释透明度样式属性，则返回 true，目前在 IE 中返回 false，因为它用 alpha 滤镜代替
scriptEval	设置可以动态地解析内联的 Javascript 代码片段。目前 IE 中为 false，可以用 text()方法来代替
style	如果 getAttribute("style")返回元素的行内样式，则为 true。目前 IE 中为 false，可以用 cssText 代替
tbody	如果浏览器允许 table 元素不包含 tbody 元素，则返回 true。目前在 IE 中会返回 false，可以自动插入缺失的 tbody

(6) 测试工具函数

测试工具函数主要用于判断对象是否是某一种类型，返回的都是 Boolean 值。jQuery 提供了$.isFunction(obj)函数来判断测试对象是否为函数。

15.5 本章小结

本章详细介绍了 jQuery 的事件处理、动画效果处理、完善的 Ajax 封装等内容，以及 jQuery 常用的工具函数。第 14 和 15 章的内容已经基本涵盖了常见 jQuery 的用法。如果还需要深入了解 jQuery 的用法，请查看专业书籍。

15.6 上机练习

14.6 节的上机练习只完成了一个纯 JavaScript 操作的表格，无法将数据持久化在数据库中。现在我们结合本章的 Ajax 技术，将 14.6 节的练习和后台结合在一起。新需求如下：

1. 默认访问该页时，把数据库里的记录分页列表显示出来。

2. 当用户单击"添加新记录"时，会弹出一个 div 表单，要求用户输入相应的字段信息，单击保存。div 自动关闭后，表格会自动在最后面追加一行刚才所输入的信息。此时通过 Ajax 将输入的用户信息保存到后台数据库。

3. 当用户单击"编辑"操作时，会弹出一个 div 表单，要求用户对现有记录进行修改操作，单击保存。div 自动关闭后，表格会更新刚才所输入的信息。此时通过 Ajax 更新，我们修改后的信息，保存到数据库里。

4. 当用户单击"删除"操作时，会弹出一个警告，问用户是否真的删除。确定删除的记录会自动从表格中去掉。此时别忘了数据库的记录也要一并删除。

第 16 章

Struts2 的测试

学前提示

当软件开发完成后,并不意味着这个软件立即可以投入使用,也许还有许多未知的 bug 并未发现,这个时候就必须经过测试,使得程序在达到可容忍的程度时,再投入使用。软件测试的目的是为了保证软件产品的质量,证明程序有错,而不能保证程序没有错误。看上去,软件测试的目的有点让人沮丧,测试也需要技术与成本,但总地来说,经过测试的软件总会比未经过测试的软件在质量上要好得多。

知识要点

- Struts2 单独进行单元测试
- Struts2 与 Spring 集成进行单元测试

16.1 单元测试简介

测试涉及的技术也比较多，图16.1是一个常见的软件测试流程；但对于开发人员来说，"单元测试"是关系最密切的测试，本章讨论的主要都是单元测试。

单元测试就是针对程序模块(软件设计的最小单位，对于Java来说一般就是方法)来进行正确性校验的测试工作。单元测试的依据是详细描述，单元测试应对模块内所有重要的控制路径设计测试用例，以便发现模块内部的错误。单元测试多采用白盒测试技术，系统内多个模块可以并行地进行测试。

由此可见，单元测试对开发人员而言太平常不过了。我们天天必须与之打交道，比如写完的程序起码都会运行，看一眼输出结果是否正确，这也算单元测试(但与本章讨论的编写单元测试还是有区别的)，只是这种测试的方法很片面，通常写程序的开发人员都是按照理想的输入输出进行测试的，一般开发时不会发现什么问题。但如果直接拿到生产环境时，就很难经得起各种情况的考验了。当然，笔者也遇到过由于项目极度紧张，开发人员努力地保证开发进度，甚至连看运行结果的时间都没有，只要能通过编译，就提交给测试人员，对于这种情况软件的质量可想而知。对于进度而言，是按照要求做完了，但很多功能都存在bug，测试人员测试出的所有bug需要花费更多的时间来修改。

单元测试作为软件测试的第一道入口，重要性是不言而喻的。单元测试的落实不仅是技术问题，更是一个政策性的问题，如果公司管理层不大力推进并支持单元测试的话，光凭几个开发人员的热情很难推广下去。笔者经过的几家公司都未做过单元测试的要求，开发完成后，直接交给测试人员进行测试后修改bug，反反复复回归几轮后，才得到一个比较稳定的版本进行发布。这样看起来，似乎编不编写单元程序没有多大关系，但事实上如果某个模块没有编写单元测试，很可能是因为它很复杂，不好进行单元测试，一旦这个模块出问题时，又不得不打开调试器，小心翼翼地修改代码，害怕因为修改而造成别的bug。因此，单元测试除发现错误本身外，还在潜移默化地改变程序员的编码习惯——能够测试的代码，才是好代码。

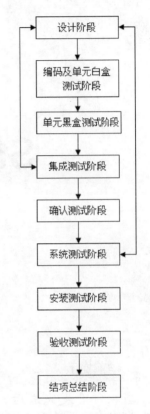

图16.1 软件测试流程

16.2 Struts2的单元测试

本节并未打算深入讲解单元测试的相关内容，只是基于实用为前提来简要讲述Struts2如何在单元测试和集成环境下测试。

16.2.1 Struts2 单独进行单元测试

本节讨论的 Struts2 单元测试主要是针对 Struts2 的 Action。Struts2 的优点在前面的章节都有详细的介绍。这一章主要介绍如何对 Struts2 进行单元测试，Struts2 的测试可以不需要与 Servlet API 进行耦合，你可以像测试普通 POJO 类一样操作。接下来，我们就来看看 Struts2 是如何进行单元测试的。

这里还是以登录验证的示例来进行单元测试，即实现这样的功能：要求用户输入正确的用户名和密码后才能登录成功，否则登录失败，并返回错误信息。

> **提示**
> 在进行单元测试的时候，使用 JUnit 测试框架(如果不熟悉 Junit 框架的用法可以参阅《Struts 基础与案例开发详解》一书)时需要读者将 junit.jar 包复制至项目的 classpath 中。

创建一个 LoginAction.java，用于执行登录的 Action：

```java
package lesson16;
import com.opensymphony.xwork2.ActionSupport;
public class LoginAction extends ActionSupport {
    private static final long serialVersionUID = -10350414605500572216L;
    private User user;
    private UserService userService;
    public void setUserService(UserService userService) {
        this.userService = userService;
    }

    public User getUser() {
        return user;
    }

    public void setUser(User user) {
        this.user = user;
    }
    // 执行登录的方法
    public String execute() {
        try {
            // 校验用户名，密码是否正确
            user = userService.checkUser(user);
            // 如果登录失败
            if (user == null) {
                this.addActionMessage("您输入的用户名或密码错误。");
                return INPUT;
            }
            // 登录成功
            this.addActionMessage("登录成功。");
            return SUCCESS;
        } catch (Exception e) {
            e.printStackTrace();
```

```
            return ERROR;
        }
    }
}
```

在这里引用了 User.java 类和 UserService.java 接口。User.java 类扮演的是 POJO 角色，只有 set/get 方法，代码清单如下：

```
package lesson16;
public class User {
    private String username;
    private String password;

    public String getUsername() {
        return username;
    }

    public void setUsername(String username) {
        this.username = username;
    }

    public String getPassword() {
        return password;
    }

    public void setPassword(String password) {
        this.password = password;
    }
}
```

UserService.java 是一个服务接口，里面有一个 checkUser 方法，用于判断用户名和密码是否合法：

```
package lesson16;
/**
 * UserService
 *
 */
public interface UserService {
    /**
     * 判断登录的用户是否合法
     *
     * @param user
     * @return 如果找到就返回 user 对象，否则返回 null
     */
    public User checkUser(User user);
}
```

UserService 接口的具体实现类是 UserServiceImp.java，代码清单如下：

```
package lesson16;
public class UserServiceImpl implements UserService {
```

```
    public User checkUser(User user) {
        if (user != null) {
            // 下面代码本从数据库里取出进行判断
            // 但为了简单，直接用语句判断
            if ("admin".equals(user.getUsername()) && "admin".equals(user.getPassword())) {
                return user;
            }
        }
        return null;
    }
}
```

以上所有代码是程序的登录逻辑。对于 Struts2 的单元测试来说，并不需要配置 Struts2 XML。接下来就是如何对 Struts2 的 Action 进行单元测试了。我们创建一个名叫 LoginActionTest.java 的测试类，分别用于测试 Struts2 登录成功和失败的情况：

```
package lesson16;
import java.util.Collection;
import junit.framework.TestCase;
import com.opensymphony.xwork2.Action;
public class LoginActionTest extends TestCase {
    private LoginAction loginAction;
    private UserService userService;
    // 初始化测试代码
    protected void setUp() {
        loginAction = new LoginAction();
        userService = new UserServiceImpl();
        loginAction.setUserService(userService); // 将 UserService 注入
    }

    // 销毁测试代码
    protected void tearDown() {}

    public void testCheckUserFail() {
        User user = new User();                   // 要登录的用户
        user.setUsername("admin");
        user.setPassword("123");
        Collection<String> msgs = null;           // 消息列表
        String msg = null;                        // 单条要显示的消息
        // 执行登录程序
        loginAction.setUser(user);                // 将要登录的用户设置给 action
        String result = loginAction.execute();
        /** ************************登录失败********************** */
        assertEquals(Action.INPUT, result);
        msgs = loginAction.getActionMessages();
        // 错误消息列表为 1
        assertEquals(1, msgs.size());
        msg = msgs.iterator().next();
        // 错误消息为
        assertEquals("您输入的用户名或密码错误。", msg);
```

```java
    }

    public void testCheckUserSuccess() {
        User user = new User();                       // 要登录的用户
        user.setUsername("admin");
        user.setPassword("admin");
        Collection<String> msgs = null;               // 消息列表
        String msg = null;                            // 单条要显示的消息
        // 执行登录程序
        loginAction.setUser(user);                    // 将要登录的用户设置给 action
        String result = loginAction.execute();
        /** ************************登录成功********************** */
        assertEquals(Action.SUCCESS, result);
        msgs = loginAction.getActionMessages();
        // 成功消息列表为1
        assertEquals(1, msgs.size());
        msg = msgs.iterator().next();
        // 验证成功消息是否正确
        assertEquals("登录成功。", msg);
    }

    public static void main(String[] args) {
        // 对 LoginActionTest 的所有方法进行测试
        String[] name = { LoginActionTest.class.getName() };
        junit.textui.TestRunner.main(name);
    }
}
```

读者在运行时，可修改 user 的用户名和密码，看看测试不通过时的情况，比如用户名或密码在 testCheckUserSuccess 方法中输入错误的话，运行 main 方法会在控制名出现如图 16.2 所示的控制台信息。

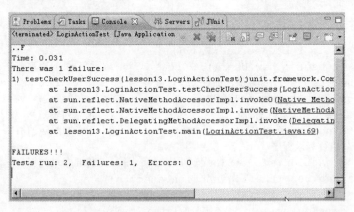

图 16.2　testCheckUserSuccess 方法检测有误时控制台的显示信息

如果测试无误的话，会出现如图 16.3 所示的控制台信息。

第 16 章 Struts2 的测试

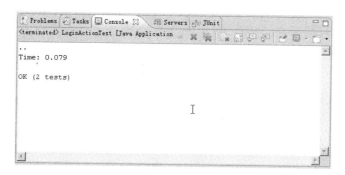

图 16.3 testCheckUserSuccess 方法检测无误时控制台的显示信息

16.2.2 Struts2 与 Spring 集成进行单元测试

在上面的 LoginActionTest.java 中,我们看到过如下代码:

```
// 初始化测试代码
    protected void setUp() {
        loginAction = new LoginAction();
        userService = new UserServiceImpl();
        loginAction.setUserService(userService); // 将 UserService 注入
    }
```

在测试代码中是根据依赖具体实现而编码的,这个时候我们希望能够使用 Spring 的依赖注入帮我们组装现成的 LoginAction 对象。要做到这一点并不难,Struts2 提供了一个叫作 LoginActionSpringTest 的测试基类,我们的测试类只要继承这个基类,就可以无缝地与 Spring 框架进行集成了。

由于项目要引入 Spring 框架,所以 spring 的 jar 包及相关的插件 jar 包都必须引入到项目的 classpath 中,图 16.4 就是项目依赖的所有必需的 jar 包。

图 16.4 Struts2 与 Spring 整合所需的 jar 包

我们创建一个名为 spring-bean.xml 的配置文件,将 LoginAction 和 UserService 都配置在里面,由 Spring 来托管:

```xml
<!DOCTYPE beans PUBLIC "-//SPRING//DTD BEAN 2.0//EN"
        "http://www.springframework.org/dtd/spring-beans-2.0.dtd">
<beans>
    <!-- userService 配置 -->
    <bean id="userService" class="lesson16.UserServiceImpl" />
    <!-- loginAction 配置 -->
    <bean id="loginAction" class="lesson16.LoginAction" scope="prototype">
        <property name="userService" ref="userService" />
    </bean>
</beans>
```

配置完成后,最后再创建一个 LoginActionSpringTest.java 来进行单元测试,代码如下:

```java
package lesson16;
import java.util.Collection;
import org.apache.struts2.StrutsSpringTestCase;
import com.opensymphony.xwork2.Action;

public class LoginActionSpringTest extends StrutsSpringTestCase {
    private LoginAction loginAction;
    // 默认 contextLocations 的值为 classpath*:applicationContext.xml
    protected String getContextLocations() {
        return "classpath*:spring-bean.xml";
    }
    // 初始化测试代码
    protected void setupBeforeInitDispatcher() throws Exception {
        // 初始化 Spring 容器
        super.setupBeforeInitDispatcher();
        loginAction = (LoginAction) applicationContext.getBean("loginAction");
    }

    public void testCheckUserFail() {
        User user = new User();              // 要登录的用户
        user.setUsername("admin");
        user.setPassword("123");
        Collection<String> msgs = null;     // 消息列表
        String msg = null;                   // 单条要显示的消息
        // 执行登录程序
        loginAction.setUser(user);           // 将要登录的用户设置给 action
        String result = loginAction.execute();

        /** ************************登录失败************************ */
        assertEquals(Action.INPUT, result);
        msgs = loginAction.getActionMessages();
        // 错误消息列表为 1
        assertEquals(1, msgs.size());
        msg = msgs.iterator().next();
        // 错误消息为
```

```java
        assertEquals("您输入的用户名或密码错误。", msg);
    }

    public void testCheckUserSuccess() {
        User user = new User();                    // 要登录的用户
        user.setUsername("admin");
        user.setPassword("admin");
        Collection<String> msgs = null;            // 消息列表
        String msg = null;                         // 单条要显示的消息
        // 执行登录程序
        loginAction.setUser(user);                 // 将要登录的用户设置给action
        String result = loginAction.execute();

        /** ***********************登录成功*********************** */
        assertEquals(Action.SUCCESS, result);
        msgs = loginAction.getActionMessages();
        // 成功消息列表为1
        assertEquals(1, msgs.size());
        msg = msgs.iterator().next();
        // 成功消息为
        assertEquals("登录成功。", msg);
    }

    public static void main(String[] args) {
        // 对 LoginActionTest 的所有方法进行测试
        String[] name = { LoginActionSpringTest.class.getName() };
        junit.textui.TestRunner.main(name);
    }
}
```

最后运行的效果与 16.2.1 节一样。

16.3 本章小结

本章主要讨论了 Struts2 的单元测试。Struts2 的单元测试非常简洁，用户无需依赖额外的容器或 API，当然如果要是与 Spring 集成的话，相关的 jar 还是必须引入的，但通过 XML 的解耦也会让 Struts2 的测试更加灵活与方便。

本章讨论的是针对 Struts2 Action 测试的基本技术，更多的测试细节与技巧只能在实际的开发中才能掌握。如果读者有幸进入一个重视单元测试的研发团队，那么这就是一个非常好的开始。

16.4 上机练习

用 Struts2 的 TDD 测试驱动开发完成以下练习。

现在需要你完成一个商场会员卡办理系统，用户首次申请时需要提交相关信息，如果

不符合相关信息则拒绝办理。

  1. 用户通过浏览器提交包含以下字段的表单，提交到后台，并存储到数据库。表单包括"身份证号"，"用户姓名"，"性别"，"年龄"，"工作单位"以及"住址"。如果用户小于 16 岁，则拒绝办理会员卡。

  2. 提交的表单要经过商场主管以及总监批准，他们都可以通过浏览器查看哪些是需要自己审批的列表。如果主管拒绝了则直接拒绝，没有必要再由总监审批。

  3. 用户使用会员卡，只需要通过浏览器输入自己的姓名和卡号就可以使用；会员卡有效期为一年，超过一年再使用时则表示无效，用户需要续期或重新办理。

  请使用 Struts2 + Spring + Hibernate 结合测试驱动开发，依次完成上述功能。

第 17 章

AOP 日志管理系统

学前提示

如同有写日记习惯的人，工作日志只是个人用来记录有关工作的事，描述你做了什么，以及详细的结果。以往的日志系统都是零零散散在模块的各个地方，不仅枯燥，而且还容易忘记，重构的时候也麻烦。本章所讲授的日志管理系统，功能比较简单，虽然只是记录管理员对用户的相关操作，如果将记录日志代码编写到各个业务方法里面，其实是一件很痛苦和麻烦的事。本项目是通过 AOP 来配置实现的，不需要在每个模块分散记录日志的代码，只要通过配置即可轻松实现。读者朋友在了解日志管理系统的同时能加强对 Struts2 与 Hibernate、Spring 整合的理解。本章节将从系统概述、需求分析、数据库结构设计、系统设计和功能实现等方面讲述如何实现留言管理系统的开发。

知识要点

- 系统需求描述
- 系统功能描述
- 数据库设计
- 编写配置文件

17.1 系统概述

日志管理系统在很多 Web 应该程序中被广泛使用，亦即说明日志管理系统是 Web 开发中较重要的一部分。这也是在本书的项目实践中安排本章的目的。

日志管理系统的目的比较明确，就是提供管理员相关操作的记录，比如增加、删除、修改和查看等操作。本案例基于 Struts2+Hibernate+Spring 环境进行开发，希望能通过本例的学习，为以后开发相关 Struts2 应用程序打下良好的基础。

17.2 系统需求

在制作本日志管理系统前，读者朋友最好能了解一下日志管理系统，建议读者朋友可以观摩动网新闻中的日志管理功能。

本章的日志管理系统并未涉及太多的业务逻辑。所以管理的项目比较简单，主要有管理者昵称、管理者密码、管理员操作时间、管理员操作内容等。只有拥有管理权限的用户才可以进入日志管理系统。也就是说日志管理系统只需要面对管理员用户，为管理员提供管理用户等功能。

根据以上描述，系统的主要角色管理员拥有的操作权限如图 17.1 所示。

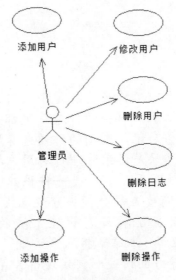

图 17.1 系统用例

17.3 系统功能描述

在正式开发之前，应先了解一下系统实现了哪些功能。

管理员用户可以执行浏览所有用户、增加用户、修改用户、删除用户、修改操作配置等操作。

1. 登录日志管理系统

日志管理系统的首页如图 17.2 所示，管理员用户访问日志管理系统，必须先登录方能进入系统。在登录界面中，输入用户名与密码，单击"登录"按钮，如果成功则转至欢迎的界面；否则将提示相应的错误信息。(还原数据后，默认用户名/密码是 admin/password)

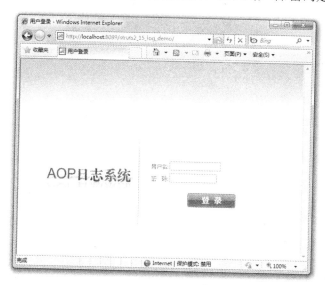

图 17.2　日志管理系统的首页

2. 日志管理系统界面

用户登录后可以进入日志管理系统的界面，左侧区域是导航条，右侧区域是欢迎页面，底部是版权信息。图 17.3 所示为登录成功的界面。

图 17.3　日志管理系统欢迎页面

3. 查看用户

在首页页面的左侧，单击"用户管理"按钮，进入"用户管理"页面，这样有利于管理员管理相关用户信息，并且提供了"添加用户"和"删除用户"的功能。图 17.4 所示为管理用户的页面。

图 17.4　用户管理页面

4. 日志管理

当用户单击导航中的"日志管理"按钮时，进入"管理日志"页面，所有被记录的日志均显示于此。选择相应的日志，单击"删除日志"按钮，可以删除选中的日志。考虑到记录的日志数量过多时，不方便管理员查看，所以提供分页查看日志的功能。图 17.5 所示为管理日志的页面。

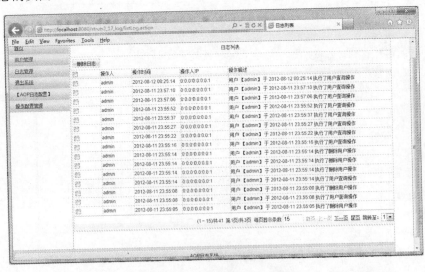

图 17.5　管理日志信息页面

5. 操作配置管理

在首页页面的左侧，单击"操作配置管理"按钮，进入"管理配置"页面，这样有利于管理员管理相关用户信息，并且提供了"添加操作"和"删除操作"的功能。图 17.6 所示为管理配置的页面。

图 17.6　管理配置信息页面

6. 添加操作配置

在操作配置管理页面，可以单击"添加操作"按钮，进入"添加配置"的页面。根据页面提示填写相应的信息。图 17.7 所示为管理员所见的添加配置信息页面。

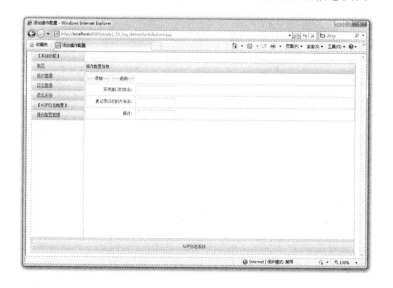

图 17.7　添加配置信息页面

17.4　数据库设计

数据库设计是系统开发过程中的一个重要环节，它具体可以分为两个部分：一个是概念模型设计，即 E-R 图的设计；二是物理模型设计，即数据库/表字段的设计。本章利用 PowerDesigner 来进行 E-R 图设计的数据库建模。

17.4.1　E-R 图设计

系统的实体关系(E-R)的设计是建立在需求分析、系统分析基础之上的。在本章中，实体的设计比较简单，包括用户实体(User)、日志实体(Lg)和操作实体(Actions)。系统的 E-R 图如图 17.8 所示。

图 17.8　系统的 E-R 图

17.4.2　物理建模

物理建模，即数据库建模，建立在概念模型的基础上，每一个实体对应一个数据库表，实体中的每一个属性对应数据库表中的一个字段。有关系连接的实体，在生成物理模型以后子表会继承父表的主键生成子表的外键。系统数据库的物理模型如图 17.9 所示。

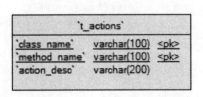

图 17.9　系统数据库的物理模型

图 17.9 中列出了表的所有字段及字段类型。至此，已经确定了建立数据库的相关信息。下面就创建相关的数据库表，在创建数据库表之前，首先要创建一个数据库。本章系统使用的数据库系统为 MySql，数据库名为 aop_log，数据库用户为 root。

17.4.3　设计表格

在系统中包含用户表(td_user)、日志表(t_log)和操作表(t_actions)，下面分别介绍它们的表结构。

1. 用户表 t_user

表 t_user 用来统计管理员的相关信息，结构如图 17.10 所示。

Field Name	Datatype	Len	Default	PK?	Not Nul	Unsigne	Auto	Charset	Collation
id	varchar	50	''	✓	✓			utf8	utf8_genera...
username	varchar	50	''		✓			utf8	utf8_genera...
password	varchar	50	''		✓			utf8	utf8_genera...

图 17.10　用户表 t_user 的结构

2. 日志表 t_log

表 t_log 用来统计管理员用户相关操作的记录信息，结构如图 17.11 所示。

Field Name	Datatype	Len	Defau	PK?	Not Null?	Unsigned?	Auto Incr?	Collation
log_id	varchar	50	''	✓	✓			utf8_ge...
log_time	varchar	50						utf8_ge...
log_desc	varchar	200						utf8_ge...
log_ip	varchar	20						utf8_ge...
username	varchar	20						utf8_ge...

图 17.11　日志表 t_log 的结构

3. 操作表 t_actions

表 td_actions 用来配置操作信息，结构如图 17.12 所示。

Field Name	Datatype	Len	Default	PK?	Not Null?	Unsigned?	Auto I	Charset	Collation
class_name	varchar	100	''	✓	✓			utf8	utf8_gene...
method_name	varchar	100	''	✓	✓			utf8	utf8_gene...
action_desc	varchar	200						utf8	utf8_gene...

图 17.12　操作表 t_actions 的结构

17.4.4　表格脚本

创建上述表结构的 SQL 脚本如下：

```
create database if not exists 'aop_log';

USE 'aop_log';
CREATE TABLE 't_actions' (
  'class_name' varchar(100) NOT NULL,
  'method_name' varchar(100) NOT NULL,
  'action_desc' varchar(200) default NULL,
  PRIMARY KEY  ('class_name', 'method_name')
) ENGINE=InnoDB DEFAULT CHARSET=utf8;

CREATE TABLE 't_log' (
```

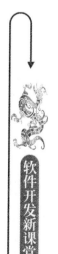

```
 'log_id' varchar(50) NOT NULL,
 'log_time' varchar(50) default NULL,
 'log_desc' varchar(200) default NULL,
 'log_ip' varchar(20) default NULL,
 'username' varchar(20) default NULL,
 PRIMARY KEY USING BTREE ('log_id')
) ENGINE=InnoDB DEFAULT CHARSET=utf8;

CREATE TABLE 't_user' (
 'id' varchar(50) NOT NULL,
 'username' varchar(50) NOT NULL,
 'password' varchar(50) NOT NULL,
 PRIMARY KEY USING BTREE ('id')
) ENGINE=InnoDB DEFAULT CHARSET=utf8;
```

17.5 编码实现

本例以 Struts2 为基础，整合 Hibernate 和 Spring 应用框架，所以读者朋友的学习重点应该落在这三大框架的整合上面。本小节只是通过实现登录的功能，来分析登录过程中对三大框架的应用。登录功能所涉及的类文件或接口文件的调用过程如图 17.13 所示。

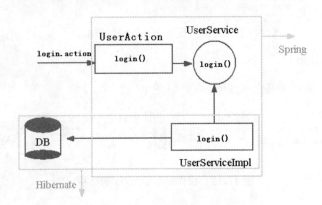

图 17.13 登录功能的实现过程

要完成登录过程的编码，需要涉及 web.xml、struts.xml、applicationContext.xml 等配置文件和 UserAction 类、UserService 接口及 UserServiceImpl 实现类等。它们的具体功能描述及编码说明如下所示。

17.5.1 编写配置文件

编写配置文件 web.xml，它是 Web 应用程序的核心大脑。web.xml 文件的代码清单如下：

```
<?xml version="1.0" encoding="UTF-8"?>
…省略相应内容
    <!-- 配置上下文参数，它们的载入时机看 listenter 的注册 -->
    <context-param>
```

```xml
        <param-name>contextConfigLocation</param-name>
        <param-value>classpath*:applicationContext.xml </param-value>
    </context-param>

    <!-- struts2的filter配置 -->
    <filter>
        <filter-name>struts2</filter-name>
        <filter-class>org.apache.struts2.dispatcher.ng.filter.
StrutsPrepareAndExecuteFilter</filter-class>
    </filter>
    <filter-mapping>
        <filter-name>struts2</filter-name>
        <url-pattern>/*</url-pattern>
    </filter-mapping>

    <!-- spring的listener配置 -->
    <!-- 默认会加载WEB-INF/applicationContext.xml -->
    <listener>
    <listener-class>org.springframework.web.context.ContextLoaderListener
</listener-class>
    </listener>
    <welcome-file-list>
        <welcome-file>index.jsp</welcome-file>
    </welcome-file-list>
</web-app>
```

web.xml文件中引入了Struts2的filter和Spring的ContextLoaderListener。当启动应用程序时,将会初始化Spring和Struts2的上下文环境。

Struts2的配置文件struts.xml的代码清单如下:

```xml
<?xml version="1.0" encoding="UTF-8" ?>
<!DOCTYPE struts PUBLIC
        "-//Apache Software Foundation//DTD Struts Configuration 2.0//EN"
        "http://struts.apache.org/dtds/struts-2.0.dtd">
<struts>
<package name="default" namespace="/" extends="struts-default">

    <!-- 定义全局呈现 -->
    <interceptors>
        <interceptor name="accessInterceptor"
 class="lesson17.aop.AccessInterceptor" />
        <interceptor-stack name="completeStack">
            <interceptor-ref name="accessInterceptor" />
            <interceptor-ref name="defaultStack" />
        </interceptor-stack>
    </interceptors>
    <default-interceptor-ref name="completeStack" />
    <global-results>
        <result name="error">/error.jsp</result>
        <result name="exception">/error.jsp</result>
        <result name="login">/index.jsp</result>
```

```xml
            </global-results>

            <global-exception-mappings>
                <exception-mapping exception="java.lang.Exception" result="error" />
                <exception-mapping exception="java.lang.Error" result="error" />
            </global-exception-mappings>

    </package>

    <!-- 其他配置文件 -->
    <include file="struts-actions.xml" />
    <include file="struts-log.xml" />
    <include file="struts-user.xml" />
</struts>
```

Spring 的配置文件 applicationContext.xml 代码清单如下:

```xml
<?xml version="1.0" encoding="UTF-8"?>
<beans xmlns="http://www.springframework.org/schema/beans"
    xmlns:xsi="http://www.w3.org/2001/XMLSchema-instance"
    xmlns:aop="http://www.springframework.org/schema/aop"
    xmlns:tx="http://www.springframework.org/schema/tx"
    xsi:schemaLocation="
    http://www.springframework.org/schema/beans
http://www.springframework.org/schema/beans/spring-beans-2.5.xsd
    http://www.springframework.org/schema/tx
http://www.springframework.org/schema/tx/spring-tx-2.5.xsd
    http://www.springframework.org/schema/aop
http://www.springframework.org/schema/aop/spring-aop-2.5.xsd">

        <!-- 配置数据连接类 -->
    <bean id="dataSource"
  class="org.springframework.jdbc.datasource.DriverManagerDataSource">
        <property name="driverClassName" value="com.mysql.jdbc.Driver" />
        <property name="url" value="jdbc:mysql://localhost:3306/aop_log" />
        <property name="username" value="root" />
        <property name="password" value="root" />
    </bean>

        <!-- 配置session工厂类 -->
    <bean id="sessionFactory"
  class="org.springframework.orm.hibernate3.LocalSessionFactoryBean">
        <property name="dataSource" ref="dataSource" />
        <property name="hibernateProperties">
            <props>
                <prop key="hibernate.dialect">org.hibernate.dialect.MySQLDialect</prop>
                <prop key="hibernate.show_sql">true</prop>
            </props>
        </property>
        <property name="mappingLocations">
```

```xml
            <list>
                <value>classpath*:**/*hbm.xml</value>
            </list>
        </property>
    </bean>

    <!-- 事务管理 -->
    <bean id="transactionManager"
            class="org.springframework.orm.hibernate3.HibernateTransactionManager">
        <property name="sessionFactory" ref="sessionFactory" />
    </bean>


    <!-- 事务添加的属性 -->
    <tx:advice id="txAdvice" transaction-manager="transactionManager">
        <tx:attributes>
            <!-- 除以下开头的 service 方法外，其他均为 SUPPORTS -->
            <tx:method name="add*" propagation="REQUIRED" />
            <tx:method name="save*" propagation="REQUIRED" />
            <tx:method name="update*" propagation="REQUIRED" />
            <tx:method name="insert*" propagation="REQUIRED" />
            <tx:method name="delete*" propagation="REQUIRED" />
            <tx:method name="do*" propagation="REQUIRED" />
            <!-- other methods are set to SUPPORTS -->
            <tx:method name="*" propagation="SUPPORTS" />
        </tx:attributes>
    </tx:advice>

    <aop:config>
        <!-- 配置AOP的范围，即lesson17包及其子包下所有以Service结束的类的所有方法 -->
        <aop:pointcut id="txMethods" expression="execution(* lesson17..*Service.*(..))"/>
        <!-- 将定义的规则应用到txAdvice中-->
        <aop:advisor advice-ref="txAdvice" pointcut-ref="txMethods"/>
    </aop:config>


    <!-- 配置日志 AOP -->
    <aop:config proxy-target-class="true">
        <aop:pointcut id="aopLog"
            expression="(execution( public * lesson17..*Service.*(..))) and !execution
( * lesson17..LogService.*(..)) and !execution( * lesson17..ActionsService.*(..))"/>
        <aop:aspect id="loggerAspect" ref="logAOPUtil">
            <aop:around pointcut-ref="aopLog" method="invoke" />
        </aop:aspect>
    </aop:config>

    <!-- 配置日志 AOP 的操作类 -->
    <bean id="logAOPUtil"
```

```xml
        class="lesson17.aop.LogAOPUtil">
        <property name="logService" ref="logService" />
        <property name="actionsService" ref="actionsService" />
    </bean>

    <!-- 配置userService -->
    <bean id="userService" class="lesson17.service.impl.UserServiceImpl">
        <property name="sessionFactory" ref="sessionFactory" />
    </bean>

    <!-- 配置logService -->
    <bean id="logService" class="lesson17.service.impl.LogServiceImpl">
        <property name="sessionFactory" ref="sessionFactory" />
    </bean>

    <!-- 配置actionsService -->
    <bean id="actionsService" class="lesson17.service.impl.ActionsServiceImpl">
        <property name="sessionFactory" ref="sessionFactory" />
    </bean>
</beans>
```

Spring AOP 支持在切入点表达式中使用如下的 AspectJ 切入点指示符，笔者在工作中经常使用 execution 切入点指示符。所以本书也推荐读者采用这种切入点指示符。execution 执行表达式的格式如下：

```
execution(modifiers-pattern? ret-type-pattern declaring-type-pattern?
        name-pattern(param-pattern)
        throws-pattern?
        )
```

这其中的问号(?)后缀表示可选的表达式元素。从表达式格式可以看出除了返回类型模式(上面代码片段中的 ret-type-pattern)，名字模式和参数模式以外，所有的部分都是可选的。返回类型模式决定了方法的返回类型必须依次匹配一个连接点。你会使用的最频繁的返回类型模式是*，它代表了匹配任意的返回类型。 一个全限定的类型名将只会匹配返回给定类型的方法。名字模式匹配的是方法名。可以使用*通配符作为所有或者部分命名模式。 参数模式稍微有点复杂：()匹配了一个不接受任何参数的方法，而(..)匹配了一个接受任意数量参数的方法(零或者更多)。模式(*)匹配了一个接受一个任意类型的参数的方法。 模式(*,String)匹配了一个接受两个参数的方法，第一个可以是任意类型，第二个则必须是 String 类型。

为了更好地理解 execution 的用法，读者请看以下通用切入点表达式的示例。

任意公共方法的执行：execution(public * *(..))

任何一个名字以"set"开始的方法的执行：execution(* set*(..))

MyService 接口定义的任意方法的执行：execution(* com.xmh.service.MyService.*(..))

在 service 包中定义的任意方法的执行：execution(* com.xmh.service.*.*(..))

在 service 包或其子包中定义的任意方法的执行：execution(* com.xmh.service..*.*(..))

在 Spring 中涉及的"execution(* lesson17..*Service.*(..))"所表述的意思是：匹配

lession17 包及其子包下的以 Service 结尾类中的所有方法。有关 execution 的用法就讲解这么多。

切入点表达式还可以使用'&'、'||' 和 '!'来组合。读者朋友如想了解更多 execution 或 Spring 的内容，可以查看"Spring FrameWork 开发手册"或其他专业书籍。

17.5.2 编写 Action 类

当用户在登录页面提交相应的信息单击"登录"按钮之后，页面信息将交由"login.action"处理。本例把与此请求相关的配置写在 struts-user.xml 文件之中。

```xml
<action name="login" method="login" class="lesson17.action.UserAction">
    <result name="success">/main.jsp</result>
    <result name="input">/index.jsp</result>
</action>
```

由此可知，处理用户登录请求是由 UserAction 类完成的。UserAction 类的代码清单如下：

```java
package lesson17.action;
…

/**
 * 用户增、删、改、查所用到的Action类
 *
 */
public class UserAction extends ActionSupport {

    private User user = new User();

    private UserService userService;

    public void setUserService(UserService userService) {
        this.userService = userService;
    }

    /**
     * 用户登录action
     *
     * @return
     */
    public String login() {
        try {
            User tmp = userService.login(user);
            if (tmp != null) {
                tmp.setLoginIp(ServletActionContext.getRequest().getRemoteHost());
                ServletActionContext.getContext().getSession().put("user", tmp);
                return SUCCESS;
            }
            this.addActionMessage("用户名或密码错误。");
            return INPUT;
```

```
        } catch (Exception e) {
            e.printStackTrace();
        }
        return ERROR;
    }
    ...

    public User getUser() {
        return user;
    }

    public void setUser(User user) {
        this.user = user;
    }
}
```

17.5.3 编写业务类

当用户在登录页面输入相应的信息并单击"登录"按钮之后，页面信息将通过 Spring 注入 UserService 接口的实现类 UserServiceImpl，然后调用 userAction 的 login()方法验证用户提交的信息。

```
public User login(User user) {
        if (user != null) {
            Object[] objs = new Object[2];
            objs[0] = user.getUsername();
            objs[1] = user.getPassword();
            List<User> list = this.getHibernateTemplate().find("from User where username = ? and password = ?", objs);
            if (list != null && list.size() > 0) {
                return list.get(0);
            }
        }
        return null;
    }
```

在底层操作是由 Hibernate 与数据库打交道完成的。亦即 UserServiceImpl 类不仅实现了 UserService 接口，而且还要继承 HibernateDaoSupport 类。详细代码请查看光盘源码部分。其他模板类似，在此不再一一赘述。请读者朋友查阅光盘。

17.6 运 行 工 程

17.6.1 使用工具

在编写本系统时，采用的开发环境组件如下所列，读者可以对照参考以搭建自己的环

境，初学者更可以顺利入手开发。

Web 服务器：Tomcat 6.0

数据库服务器：本章节采用 MySQL 数据库

开发平台：Eclipse3，集成 MyEclipse 插件

17.6.2 工程部署

工程部署如图 17.14 所示。请读者朋友依据所示的目录分别放置相应文件，并导入 lib 包。

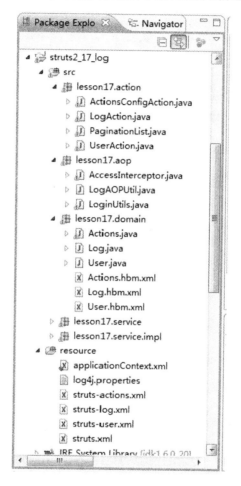

图 17.14 工程目录和包结构图

17.6.3 运行程序

运行程序步骤如下。

（1）在 Servers 面板中选中 MyEclipse Tomcat，在弹出的右键菜单中选择 Add Deployment…命令，如图 17.15 所示。

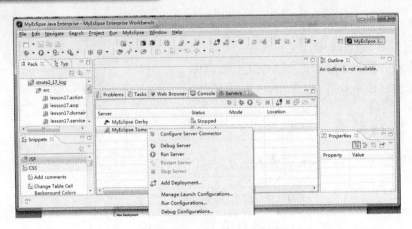

图 17.15 准备发布工程

(2) 在弹出的对话框中设置 Server 为 Tomcat，如图 17.16 所示。

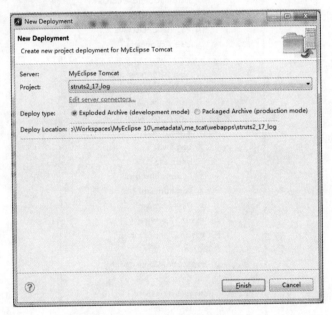

图 17.16 发布工程到 Tomcat

(3) 启动 Tomcat，如图 17.17 所示。

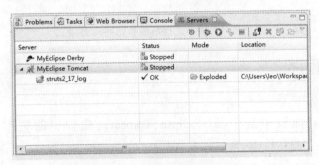

图 17.17 启动 Tomcat 容器

(4) 在地址栏中输入"http://localhost:端口号/工程名"来访问本系统。访问效果如图 17.18 所示。

图 17.18　访问程序效果

17.7　本　章　小　结

本章介绍了日志管理系统，其基本功能是完善的，所有功能的实现均借助于 Struts2+Hibernate+Spring 编写而成。读者朋友可以通过本系统对 Struts2 的相关用法有更深入的了解，并对留言管理系统的业务逻辑有清晰的理解。本章节只是介绍了基本的日志管理系统，广大读者朋友可以以本章节为基础，开发多用户或多功能的日志管理系统。

- struts.devMode = false
  设置 struts 是否为开发模式，默认为 false，测试阶段一般设为 true。
- struts.i18n.reload=false
  设置是否每次请求，都重新加载资源文件，默认值为 false。
- struts.ui.theme=xhtml
  标准的 UI 主题，默认的 UI 主题为 xhtml，可以为 simple、xhtml 或 ajax。
- struts.ui.templateDir=template
  struts.ui.templateSuffix=ftl
  设置模板的目录及类型，可以为 ftl、vm 或 jsp。
- struts.url.http.port = 80
  指定 Web 应用的端口。
- struts.url.https.port = 443
  指定加密端口。
- struts.url.includeParams = get
  设置生成 url 时，是否包含参数，值可以为 none、get 或 all。
- struts.custom.i18n.resources=testmessages,testmessages2
  设置要加载的国际化资源文件，以逗号分隔。
- struts.dispatcher.parametersWorkaround = false
  对于一些 Web 应用服务器不能处理 HttpServletRequest.getParameterMap()。
  像 WebLogic、Orion、OC4J 等，须设置成 true，默认为 false。
- struts.freemarker.manager.classname=org.apache.struts2.views.freemarker.FreemarkerManager
  指定 freemarker 管理器。
- struts.freemarker.templatesCache=false
  设置是否对 freemarker 的模板设置缓存。
  效果相当于把 template 复制到 Web_APP/templates。
- struts.freemarker.wrapper.altMap=true
  通常不需要修改此属性。
- struts.xslt.nocache=false
  指定 xslt result 是否使用样式表缓存，开发阶段设为 true，发布阶段设为 false。
- struts.configuration.files=struts-default.xml,struts-plugin.xml,struts.xml
  设置 struts 自动加载的文件列表。
- struts.mapper.alwaysSelectFullNamespace=false
  设定是否一直在最后一个斜线(/)之前的任意位置选定 namespace。